U0309887

中国书籍学术之光文库

藏族服饰文化研究

李玉琴 | 著

中国书籍出版社
China Book Press

图书在版编目（CIP）数据

藏族服饰文化研究/李玉琴著 . —北京：中国书籍出版社，2020.4

ISBN 978－7－5068－7832－6

Ⅰ.①藏…　Ⅱ.①李…　Ⅲ.①藏族—民族服饰—服饰文化—研究—中国　Ⅳ.①TS941.742.814

中国版本图书馆 CIP 数据核字（2020）第 052895 号

藏族服饰文化研究

李玉琴　著

责任编辑　兰兆媛　李田燕

责任印制　孙马飞　马　芝

封面设计　中联华文

出版发行　中国书籍出版社

地　　址　北京市丰台区三路居路 97 号（邮编：100073）

电　　话　（010）52257143（总编室）　　（010）52257140（发行部）

电子邮箱　eo@ chinabp. com. cn

经　　销　全国新华书店

印　　刷　三河市华东印刷有限公司

开　　本　710 毫米×1000 毫米　1/16

字　　数　253 千字

印　　张　15.5

版　　次　2020 年 4 月第 1 版　2020 年 4 月第 1 次印刷

书　　号　ISBN 978－7－5068－7832－6

定　　价　95.00 元

序

　　藏族是我国历史悠久、文化璀璨、人口较多、分布较广且具有较大影响的一个少数民族。正因为如此,藏族及其文化历来备受关注。服饰作为藏族文化中最直观和最具表现力的一种文化符号,是人们认识藏族文化的第一道门径。从此意义上说,将服饰作为藏族文化的一个有机部分来进行研究,就显得尤为必要。

　　呈现在读者面前的《藏族服饰文化研究》正是从藏族文化的整体视野与角度来探讨藏族服饰文化的一部专著。和以往的同类论著相比,本书最重要的特色,是从藏族文化的整体角度与视野出发,对藏族服饰的文化内涵、意义与价值作了比较系统、深入的挖掘。藏族服饰虽很直观,但要深入认识服饰背后所蕴藏的文化内涵却并非易事,不但需要对藏族整体文化有较全面深入的认识和把握,同时,需要从综合和整体的视角来梳理和审视各种文化要素同藏族服饰之间的内在或外在关联性,否则,对藏族服饰的讨论往往只能就事论事,流于空泛和表面化,难以由表及里,挖掘出其背后的丰富内涵。本书对藏族服饰的研究,正是遵循了上述原则,即不是孤立地就服饰论服饰,而是在对藏族文化进行整体把握的基础上,从藏族文化的整体视野及各种文化因素的层面分别梳理和分析其与服饰间内在的关联性。正因为如此,本书为我们呈现的藏族服饰文化可谓异彩纷呈、丰富多样,让人着实领略到藏族服饰所隐含的丰富的社会及文化内涵。

　　本书对藏族服饰文化的研究主要有两个贡献:一是提出了藏族服饰新的分区区划。这一新的服饰区划兼顾了自然、人文之双重属性,并对藏族服饰的文化特征、多元性和融合性及各区域间服饰文化的关系及规律作了细致的揭示与讨论。虽然这一新的藏族服饰区划是一个尝试，并非定论，但却提供了一个新的思路，尚属创见，不仅有利于全面认识和把握藏族服饰的特征和地域差异，同时，对服饰文化学这一分支学科理论的构建亦不乏启示意义。二是深入探讨了藏族服饰的社会文化意义。特别是对服饰作为藏族的历史记忆、心意民俗、身份符号、族界标志等方面的功能意义作了比较细致的分析论述，在许多方面突破了以往的认识水平，如书中对藏传佛教僧伽服饰的发展脉络及其与印度、汉地僧人袈裟之间的关系、相互影响进行了考证即颇具新见。因此，本书不仅对藏族服饰文化的传承、保护、发展有十分重要的实践意义与学术价值，同时，因其多层面地揭示了藏族服饰所蕴藏的丰富文化内涵，亦为读者从较直观的途径认识和了解藏文化提供了一个很好的窗口。

　　本书是作者在博士学位论文基础上不断充实、完善而成的。作为作者博士学习阶段的指导老师，我见证了此书从酝酿、构思、田野调查、写作及修改的全过程。有两点给我的印象很深：一是作者随我带领的一个团队在西藏做田野调查期间，作者以罕见的热情不知疲倦地遍访拉萨和山南各地村寨和裁缝老人，为求证一个细节不惜多次重访同一地点和同一人物，以致时常错过了拉萨朋友提供的丰盛宴请。二是论文送同行专家匿名评审时，5 位专家均同时给出了 90分以上的高分，这是对作者一丝不苟的严谨治学态度及写作中所付出的大量心血最中肯的评价。我对此书最终能出版而深感欣慰，并乐于向广大读者推荐此书。

石　硕

于川大江安花园

目 录
CONTENTS

导　论

　　藏族是中国 56 个民族之一，自称"蕃"（Bod），总人口 541.6 万人（2005年），主要聚居于西藏、四川、青海、甘肃、云南五省区。

　　藏族世居青藏高原，是有着悠久历史和连续不断的文化传承的民族。在远古传说时代，雪域高原已出现了十二邦国、四十二小邦并立的局面。公元 7 世纪初，崛起于雅隆河谷（今西藏山南琼结一带）的雅隆悉博野王松赞干布统一了分散的大小诸部，建立了强大的吐蕃统一政权。自此后的两百年间，吐蕃的政治、经济、文化得到了空前发展，其统辖范围基本覆盖了整个青藏高原及河湟地区，今天的藏族也随吐蕃的建立和发展而逐步形成。9 世纪中叶，吐蕃政权瓦解，形成了互不统属的割据势力。其中一支王室后裔在西藏西部阿里地区建立了辉煌而神秘的古格王朝达 700 年之久。13 世纪，在元朝扶持下，建立了以藏传佛教教派势力为核心的萨迦政权，治理西藏地方事务。

　　明代中后期，宗喀巴创立了格鲁派，并在藏族居住地区迅速兴起。经过几代格鲁派领袖的努力，于 1642 年建立由蒙古和硕特汗与达赖喇嘛联合掌权的第巴政权。清初，中央政府排除蒙古诸部对西藏的影响，正式建立了以达赖喇嘛为代表的西藏政教合一的噶厦政府，这一体制延续至西藏和平解放，1959 年正式解散。

　　从吐蕃王朝的建立、兴盛，到分裂割据，再到以宗教力量为核心的政教合一制度的确立，在长期的历史进程中，以社会政治制度的转变与发展为背景，藏族人民创造和演绎着自己独特而璀璨的文化。一方面，藏族沿袭自古以来的体系，其文化总是与所处的自然、社会环境相适应；另一方面，藏族文化又自觉或不自觉地跟随民族历史的发展演变而与别的文化发生着密切的联系，其文

1

化内涵也不断丰富和完善。藏族服饰作为该民族独具特色的外显"符号",是藏族社会生活中非常重要的组成部分。

一、藏族服饰文化研究的学术意义

本书以"藏族服饰文化研究"为题,笔者认为主要有以下几个方面的学术意义:

藏族服饰是藏学的研究范畴之一。作为物质文化的藏族服饰文化,蕴含了丰富的研究素材和内涵,是藏学研究不可忽视的重要组成部分。开展对藏族服饰文化的全面、系统研究有助于不断拓展藏学研究领域,推动藏学研究进一步向纵深发展。

目前,在藏族文化的学术研究领域里,涉及藏族文化的文学、语言、宗教以及艺术等文化诸形态的研究,业已达到了较高的水平。然而,对于服饰文化的研究并没有得到相应的重视,研究学者也寥寥无几。① 就藏族服饰的专题研究而言,除安旭、杨清凡等学者的成果外(藏族服饰艺术、藏族服饰史),其他研究大部分囿于地方服饰的介绍和描述,涉及服饰文化也多从历史的角度进行阐释,且观点各述其义、大同小异,更没有形成较完备的体系。

服饰研究者一致认为,服饰是一种"文化符号",要理解一个民族的服饰,就必须把它作为一种文化来加以研究。藏族服饰不仅有充分的统一性,同时也有繁多的种类,而且区域特征显著。从这些现象出发追溯文化学上的渊源,不难看出,藏族服饰文化有着深厚的民族文化土壤。因此,笔者拟以服饰文化学的理论为基础,运用多学科的研究方法,从藏族服饰的整体视角来对藏族服饰文化进行综合研究,以期更准确和深入地认识藏族服饰的内涵和特点,从而透过纷繁复杂的文化现象,去洞察和揭示负载它的民族和社会。

藏族服饰古朴典雅、美观实用,独具一格,极富审美情趣,是中国服饰文化宝库中闪亮的瑰宝。中华民族服饰文化是各民族互相渗透及影响而生成的。其中,各少数民族服饰构成我国服饰文化不可或缺的重要组成部分。但长期以

---

① 对于藏族的研究,历来受到学界重视,其研究视野主要集中于历史地理、宗教哲学、文学等方面,目前已取得了丰硕的研究成果,是藏学研究的主体部分。据统计,这三个方面的研究占到了整个藏学研究的60%,而对其他领域的研究都表现不足。参见邓玲:《从文献统计分析看藏学研究现状——也谈藏学文献在期刊中的分布》,《西藏民族学院学报》1994年第2期。

来，对中国服饰文化的研究主要集中在历代中原王朝的服饰上①，尤其是古代官服的研究，而对各地区民间百姓的一般服饰的研究甚少。近年来，随着民族学发展，中国少数民族服饰的研究有所升温，在众多的少数民族服饰研究中，有关藏族服饰的研究，又较苗、彝、满等民族服饰的研究为少。比较而言，藏族服饰粗犷豪放，着装方式和款式特征较为统一，容易让研究者流于表面而难以深入，再加上藏族分布范围广泛，有关文献资料稀少分散，让很多研究者望而却步。通过对藏族历史、文化以及社会生活的各个侧面的了解，笔者发现藏族服饰除本身蕴含相当的艺术价值外，还承载了非常丰富的文化信息，藏族的部落群体，个体的社会身份、经济地位、社会习俗、审美情趣以及宗教信仰等，在服饰上都有投射和标记。在以往的藏族服饰文化研究中，通常都是独立分散成文，缺乏同类服饰或关联民族、族群的同异比较和分析。有鉴于此，本书将从历史和空间两个维度去分析藏族服饰的特色及文化内涵，揭示服饰与民族发展、自然环境、文化模式、风俗、宗教之间的关系，若能从这种个案研究中获得一些不同于以往的认识并具有普遍意义的话，这也可以说在一定程度上为中国民族服饰文化的研究尽了一点绵薄之力。

　　总之，本书在前人研究的基础上，补充了大量细致的实地调查资料，对藏族服饰文化进行了全面、系统的综合研究。笔者立足于藏族服饰的自然和人文背景，从整体研究的视野来考察藏族独特的服饰文化，研究范围触及了藏族社会的历史、政治、宗教、风俗等各个领域，对于深入认识和研究藏族历史文化以及藏族社会具有重要的学术和现实意义。因此，无论从哪种意义上来说，研究藏族服饰文化都是对藏学研究的丰富和拓展。同时，本书的研究也是服饰文化研究领域的具体深化，有利于促进我国服饰文化的深入研究，繁荣民族服饰艺术，发展中国文化，保护人类文化的宝贵遗产。

---

①　学术界从文化的角度来研究服饰的著述较多。参见王维堤：《中国服饰文化》，上海古籍出版社 2001 年版；周汛等：《中国古代服饰风俗》，陕西人民出版社 2002 年版；戴钦祥等：《中国古代服饰》，商务印书馆 1998 年版；沈从文：《中国古代服饰研究》，上海书店 2004 年版；杭间主编：《服饰英华》，山东科学技术出版社 1992 年版；戴平：《第二皮肤的魅力：服饰美谈片》，北京出版社 1994 年版等。

二、相关文献简述及研究综述

（一）文献简述

在笔者刚开始涉足藏族服饰这一领域时，就感觉研究资料的匮乏和分散，研究难度较大。从历史文献来看，源于藏族人自己的记载基本上是没有的。在长期的历史过程中，随着藏族与其他民族的交往，藏族才有认识自己并记录自己的可能。20世纪著名的藏族学者更敦群培说过："如果想了解古代（藏族）的风俗如何，唯有阅读其他文字撰写的历史，至于藏族详细描写本地区风俗者，实在难得。"① 因而，更敦群培在《白史》中关于吐蕃时期的衣食住等民俗的详细论述，完全是间接引用汉文史籍的记载。汉文史籍的记载多侧重于正史的记述，民俗、风情偶有涉及，所记内容多系传闻，较模糊简略，缺乏系统性、整体性。历史上有关藏族服饰的文字材料和形象资料，散见于各种史书、地方志、笔记、游记、调查报告等历史文献和近人收藏的文物。

笔者将有关藏族服饰的历史文献资源作以下分类：

古史典籍：新、旧《唐书》是古史中记载吐蕃最早，也是最全面的，其中有关服饰、风俗内容成为认识古代藏族生活最主要的资料，相关记载被后代史家沿用和引证。之前的《隋书》有对附国、女国等记载，虽然寥寥数语，但对藏族服饰研究者来说，也是弥足珍贵的。宋、元、明时期，有关藏族的史料虽不少，但多为历史事件的记述。

考古、实物和图像资料：此方面内容在《藏族服饰史》一书中已有详尽的记述②，在此不用多赘。近代一些藏族服饰藏品，由于无缘得见，只能透过图像资料进行研究或参考相关的研究报告。

地方志及游记：这部分主要集中在清代和民国时期。清朝建立后，随着赴藏者渐多，关于藏事著述和藏族聚居区各地方志不断增加，其中不乏藏族地区风土人情的文字传世，著作中或多或少、或深或浅地涉及藏族服饰。从研究的

---

① 更敦群培著，格桑曲批译：《更敦群培文集精要·白史》，中国藏学出版社1996年版，第155页。

② 书中记述了新石器时代考古材料，早期金属朝代墓葬出土有关实物，早期岩画中的服饰形象，吐蕃时期墓葬出土实物，图像资料中的吐蕃人物服饰，以及古格壁画中的人物服饰形象。参见杨清凡：《藏族服饰史》，青海人民出版社2003年版，第4、15—20、35—47、49—60、114—122页。

角度去考虑，这些可以视为参考价值极高的第一手文献资料。西藏地区主要有《西藏见闻录》《西藏纪游》《西藏志卫藏通志》《卫藏图识》以及西藏以外其他藏族聚居区的记载，如《绥靖屯志》《维西见闻纪》等，这些资料为我们了解清代藏族服饰提供了新的途径。其中，《皇清职贡图》以图说的形式形象地记录了清代各地藏族服饰，是研究清代各少数民族生活的重要参考资料之一。

调查资料：包括20世纪50年代以来的一些藏族社会历史调查资料，如西藏、青海、四川各地藏族聚居区都有汇编成册的《藏族社会历史调查》，中国社会科学院民族研究所、中国藏学研究中心社会经济所合编的《西藏的商业与手工业调查研究》，当中就有当时服饰的面貌记录，以及当地手工业（其中就有制衣、纺织等）情况的调查。

在一些有关藏族民俗的文化学研究著作中，不少涉及人生礼俗、节日庆典、宗教仪礼、禁忌等内容，其中有的内容与服饰文化相关，比如图齐的《西藏宗教之旅》及石泰安的《西藏史诗与说唱艺人》等著述中就分别涉及藏传佛教各派僧人的服饰元素以及格萨尔说唱人的特殊着装及意义。显然，从文化角度出发可以使我们在现有的资料中发掘出不少有价值的有关服饰文化的材料。另外，一些来自民间的与服饰相关的传闻、故事，如"藏族男女喜挂珠串及珍宝的来历""藏族工布服饰来历"等也都从不同视角反映了服饰这一物质载体丰富的文化内涵，虽然有的故事被人们赋予了很多想象的成分，有的可能还有着极浓的宗教意蕴，但作为民俗事象，其深层的根源与藏族人民的情感、价值取向及审美是分不开的。

（二）研究综述及现状

在新中国成立前，有关藏族服饰的文章很少，对其研究可以说是一片空白。据有关资料检索，直接以藏族服饰为题的文章只有一篇，即马若达于1945年发表在《旅行杂志》第8期上的《康藏人的服饰忆略》（一）（二），其他有关藏族服饰的介绍都包含在藏族的衣食住行等风俗习惯的整体介绍之中，比如，任乃强先生于1933—1934年陆续在《新亚细亚》上发表的《西康图经——民俗篇》（1）—（8），"衣服"的介绍就是作为该文的一个部分。

藏族服饰的研究与我国其他少数民族服饰研究基本同步，以沈从文先生的《中国古代服饰研究》（1965年）为起始点，全面起步于20世纪80年代，经过三十多年的发展，作为学科领域，不断有民族学者、文化学者、艺术研究者以及民俗学者加入，研究成果不断问世。下面作一简要综述：

1. 专著

沈从文编著的《中国古代服饰研究》，可以说是国内最早研究藏族服饰的著作，但其中的论述以古代服饰为主，内容少，涉及面狭。此后，有关少数民族服饰的研究著作陆续出版，如邓启耀所著《民族服饰：一种文化符号 中国西南少数民族服饰文化研究》《中国少数民族服饰赏析》《中国民族服饰文化研究》《黄河文化丛书 服饰卷》《中国少数民族服饰》《东方霓裳·解读中国少数民族服饰》以及徐海荣主编的《中国服饰大典》等。这些论著或以综论的形式，或分类阐释，叙述了包括藏族服饰在内的各少数民族服饰文化及特征，但多为概要的叙述，未有细微的分析和深入的讨论。

随着国内少数民族服饰研究的全面展开，藏族服饰日益引起了学者的注意。1988 年，由安旭主编的《藏族服饰艺术》出版。它是我国首次比较全面介绍藏族服饰艺术的论著。书中同刊藏、汉、英三种文字对照，以图文并茂的形式系统阐述了藏族服饰的渊源和发展的因素，以及服饰地域差异及审美特征，正如姚兆麟先生评价的一样：该书是藏族研究在习俗文化方面这片荒漠上作出的一个新开拓。[①] 同时，编者还从民族学、民俗学角度，根据大量的调查和研究，创见性地对藏族服饰的类别进行了宏观的地域分类划分，即按藏族语言三大方言区而相应分为卫藏服饰、康巴服饰、安多服饰三个大类，每类中又列为若干类型。这种划分基本上概括了藏族服饰文化的倾向性特征，这就是卫藏服饰细腻，康巴服饰粗犷，安多服饰繁复。该书可以称为藏族服饰研究的奠基之作，对后来研究者影响很大。著者论述了藏族服饰形成的自然和人文的因素，但未作深入阐释；在藏族服饰的类型划分上也过于粗略，提到了几种特殊的服饰，如工布的"古休"（mgo shubs）、白马型以及云南的几种服饰，但都没有进一步探讨，服饰民俗文化内容少有涉及。

《藏族服饰史》是 2003 年出版的藏族服饰研究的又一力作。该书综合运用考古、文物资料以及文献等历史研究方法对历史时期服饰面貌进行了详尽的梳理，分史前时期、吐蕃王朝时期、藏区分裂时期及元明之际、清前期及噶厦政府时期、当代五个时期来探求藏族服饰的历史发展轨迹，较全面地论述了史前

---

① 姚兆麟：《藏族文化研究的新贡献——评〈藏族服饰艺术〉兼述工布"古休"的渊源》，《西藏研究》1990 年第 2 期。

至近代藏族社会的服饰文化及相关社会风貌，并对当代藏族服饰文化特点和概况予以介绍。本书虽题为服饰史，由于资料局限，对于服饰本身的研究较弱，侧重于历史阐述，对历史服饰的时代背景和服饰发展脉络的清理，条分缕析，甚为明晰。

近年来出版的几本藏族服饰图册是研究藏族各地服饰的可贵资料，为本研究提供了形象而生动的参考依据。

《服装佩饰》图册分农林区服饰、牧区服饰、宗教服饰三大类，包括"绣花缎外袍""妇女服""节日里的牧民服饰""作法事的喇嘛""僧服"等珍稀的实物资料。

《中国藏族服饰》图册，2002年由北京出版社和西藏人民出版社共同推出，按照行政区划分门别类地介绍了西藏、青海、甘肃、四川及云南省的藏族服饰，书尾还附录了僧侣服饰和原西藏地方政府官员服饰。书中五百余幅精美的图片较为全面、准确、形象地展现了藏族丰富多彩的服饰文化。图册的前言为著名民俗学家廖东凡先生撰写，概要地介绍了藏族服饰的历史沿革和民俗内涵，是认识藏族服饰文化的向导。

《西藏藏族服饰》，2001年11月由五洲传播出版社出版，国务院新闻办公室编，安旭、李泳撰文。分各地服饰、官服、僧侣服饰、藏戏、藏舞服饰及时装，并对男女发饰、佩饰及靴帽等分类作了介绍。

李致主编的《中国四川甘孜藏族服饰奇观》以图片形式介绍了甘孜州的丹巴、石渠、道孚、白玉、乡城、新龙、稻城、炉霍、得荣、理塘、德格、色达及康巴藏族民间表演艺术服饰等。

除上述几部图册外，近年，藏族服饰的研究视野和角度更广更新，《裳舞之南：云南（迪庆）藏族舞蹈与服饰文化研究》以当地舞蹈及服饰为例，探讨了藏族舞蹈与服饰的关系。一批高校研究生也开始关注藏族服饰，以此为题的硕士论文有刘睿平（天津工业大学2001级）的《藏族服饰研究——在现代服饰理念下对藏族服饰文化的系统与借鉴》，该文以民族服饰文化的继承和弘扬为目的，试图从藏族服饰的文化模式、形成和发展的基本规律的探寻中，找到一条中国服装走向民族化的路子。论文对藏族服饰文化的概述基本上是前人研究的综合，没有新的突破。申鸿以《川西嘉绒藏族服饰审美与历史文化研究》（四川大学艺术学院硕士论文2002级）为题，按历史发展的脉络，对嘉绒藏族服饰及文化进行了系统梳理,同时,对现代嘉绒服饰的组成要素及作为符号的各类服饰作了介绍,对服饰所蕴含的文化内涵及审美价值进行了提炼。一些文化研究著述也对藏族服饰文化专章述及,如《西部民族文化研究》《西南历史文化地理》对分布于西南边陲的历代藏族服饰及其文化进行了探讨。李涛等著的《西藏民俗》、陈立明的《西藏民俗文化》对西藏的民俗服饰进行了较为详细的叙述。康·格桑益希所著的《藏族艺术史》及李永宪著的《西藏原始艺术》都从艺术发展史的角度专章对藏族的服饰及早期的人体装饰艺术进行研究,特别对人体饰品和装饰习俗进行了深入探讨。

另外,藏族服饰作为一种物质存在,其物性特征如结构、功能、工艺等近几年得到专家学者的关注并展开实证研究,比如北京服装学院的刘瑞璞教授及其团队对藏族结构的研究。[①] 他们首次以田野调查、文献和博物馆标本相结合的方法,确立了藏袍结构形制并梳理了其结构图谱,通过藏汉和多民族传统服饰结构的比较研究,指出藏服结构与中华服饰结构中的共同基因以及其"深隐式插角结构"的特殊形态,揭示了服饰结构中承载的中华远古"服制"人文信息。同时,该书从一个新的视角揭示了藏袍结构图谱在中华传统服饰结构谱系中具有的特殊地位和一体多元的文化面貌。这些研究为藏族服饰进一步的应用研究奠定了基础,也拓展了民族服饰课题研究的方法和路径。

2. 论文

通论:1980 年,安旭先生在《民族研究》上发表的《藏族服饰的形成和特点》,可称得上是藏族服饰研究的力作。紧随其后,罗荣的《藏族服饰刍议》、宁世群的《论藏族的服饰文化和艺术》等对当时和后来的藏族服饰研究产生了较大影响,在藏族服饰的形态特征、地区差异、审美特性及历史演变等方面进行了初步探索,提出了颇有价值的见解。概述了藏族服饰的变迁、特点及形制、服饰材料和制作工艺、文化内涵。魏新春《藏族服饰文化的宗教意蕴》、叶玉林《天人合一 取法自然——藏族服饰美学》、桑吉才让《藏族服饰的地域特征及审美情趣》等论文对藏族服饰与宗教的关系、独特的审美价值和地域特征方面专文论述,李玉琴《藏族服饰区划新探》针对藏族服饰的区域差异特征,提出了

---

① 刘瑞璞,陈果,王丽绢:《藏族结构的人文精神:藏族古典袍服结构研究》,中国纺织出版社 2017 年版;刘瑞璞,陈果,王丽绢:《藏族服饰研究:藏族服饰结构研究》,东华大学出版社 2017 年版。

综合区划方案，依据气候环境、生产生活方式和文化因素将藏区服饰划分为13个服饰类型区。同时，一些历史学者也对古代藏族服饰产生了兴趣，并进行了深入的研究，主要成果有〔匈〕希恩·卡曼著、胡文和译《7—11世纪吐蕃人的服饰》，王尧《吐蕃饮馔与服饰》，休·理查逊《多种多样的西藏古代服饰》，李涛《藏族服饰的流变与特色》等。

区域性服饰研究：卫藏是藏文化的核心区域，其服饰文化的研究是构成综合研究的主体，但单独成文的不多，据笔者掌握的资料来看，仅有零星的一二篇。安多藏族聚居区受到民俗学科发展的推动，服饰研究受到广泛关注，以甘南舟曲服饰和青海湟水流域服饰为主体，近二十年来在《青海民族研究》《甘肃民族研究》《西北民族研究》等刊物上发表研究论文数十篇，主题涉及区域服饰成因探讨、审美分析、分类及文化内涵等。如王一清《甘南藏族服饰》、乐天《青海藏族服饰文化》、拉毛措《青海藏族妇女服饰》、陈亚艳《浅谈青海藏族服饰蕴藏的民族文化心理》、甘措《湟水流域藏族服饰及其演变》、刘夏蓓《隆务河流域的藏族及其服饰文化》、桑吉才让《形成舟曲藏族服饰独特的结构式样的历史渊源及其艺术特点》、马宁《舟曲藏族服饰初探——舟曲藏族服饰的分类及其文化内涵》等都是该区域服饰研究的代表作，在此不一一列举。相比之下，地域宽广、样式多样的康区服饰研究则逊色得多，概述性的文章有杨环《康区服饰文化面面观》和格桑益西《康巴藏族服饰文化》，袁殊丽、李明《川西康巴藏族染织装饰纹样的分类及审美价值》对康区玉树地区和昌都地区服饰也有介绍。此外，嘉绒藏族服饰正日益受到广泛关注，研究论文有多尔吉《嘉绒藏族服饰文化调查》、张昌富《嘉绒藏族的服饰艺术》、袁殊丽《川西嘉绒藏族刺绣、纺织品的表现形式及造型特征》、李玉琴《嘉绒藏族传统服饰变迁述论》、邵小华等《探析嘉绒藏族服饰的符号化系统》等。

装饰艺术：研究主要集中在藏族的头饰文化，如：们发延《藏族头饰文化初探》、旦秀英《安多妇女服饰装饰艺术》、汤夺先《论藏族人生仪礼中的头饰》、汤夺先《青海安多藏族的头饰及其功能》、先巴《湟中藏族妇女头饰"哈热"》以及李立新《藏族服饰之佩饰艺术研究》等文章从审美艺术、民俗学、人类学等角度给予了不同的解读。在其他方面，如装饰艺术及饰品、绘面习俗、服饰色彩仅有一些表层性的探讨。

工艺技术：关于藏族服饰的材料及制作方面的研究，可能由于调查困难的原因，一直以来少有人涉足，其中关于藏族特有的毛织物——氆氇的介绍较多，如周凤兰《略述藏族服饰的独特材料——氆氇》、[日]上村六郎《西藏的毛织物——以氆氇为主题》、康·格桑益希《藏族民间编织工艺》、钱丽梅《迪庆藏族妇女与传统手工技能的传承》等。

藏传佛教僧服：次仁白觉著、达瓦次仁译《藏传佛教僧服概述》，伊尔·赵荣璋《藏传佛教格鲁派（黄教）的喇嘛及扎巴服饰》，吕霞《隆务河畔的僧侣服饰》等对藏传佛教僧伽服饰进行了一些概要性的介绍和一些象征意义的阐释。

综上所述，藏族服饰的研究重点主要在两个方面：一是藏族服饰的外形特点及历史演变的梳理，强调藏族服饰的独特性和传承性；二是对藏族内部某一区域或某一族群的服饰的研究。从目前研究的现状来看，普遍存在这样的缺陷或问题：第一，大多数的研究还停留在现象描述，对一些文化现象虽都已涉及，但也是泛泛而谈，分析与研究性专著甚少，特别是没有将藏族服饰的资料进行综合分析和研究，对隐含于复杂的服饰文化现象之中的文化内涵，还缺乏理论分析和理论提炼。第二，从藏族服饰的研究内容来看，不偏则狭，全局性的研究少有人涉足，一些专题研究和比较研究的工作都有待来者，比如藏传佛教僧服的研究，一些处于藏族聚居区边地的人群服饰（如甘孜州扎巴藏人的服饰、尔苏人的服饰）的研究等。迄今为止，还没有人系统研究藏族服饰文化。

有学者指出，人类对服饰理论的研究一般要经过三个阶段："（1）认知阶段，带来了对服饰史、服饰考古的深入研究；（2）应用阶段，有关服饰礼制（表现在官书上最明显）、设计工艺方面的著述甚丰；（3）思考阶段，即对服饰进行文化性的考察，先是美学、心理学，后进入多元文化学的研究，必然会形成人类服饰文化学的体系或工程。"① 以此看来，藏族服饰的研究历程，虽然步履蹒跚，略显滞慢，但迈出的步伐已经令人激动了。

三、研究理论与研究方法

本书研究的对象是藏族服饰及其文化。这里的"服饰"是广义的概念，是泛指任何覆盖于身体表面的修饰物的总称，它包括人体穿着的衣装（服装、鞋、帽等）和饰物，以及固于身体表面的纹面、发型、蓄须、化妆品等方面。藏族

---

① 华梅：《人类服饰文化学》，天津人民出版社1995年版。

服饰是指藏族着装的整体状态，包括了藏族服饰形成和发展过程中的各个历史时期的服饰以及分布于全国藏族聚居区的各种类型的服饰。服饰文化与服饰是两个不同的概念，两者既有联系又有区别，前者的内涵要丰富和复杂得多。服饰研究一般是指本体的研究，包括服装、饰品、装饰、图案、服饰材料、加工工艺等各方面的内容。服饰文化则强调服饰是一种综合的文化现象，它包含了多个层面的内容，既有体现使用价值的文化，也有属于精神层面的文化，尤其是服饰反映的物质文明与精神文明的水平与状态。某一特定的民族服饰，比如说苗族、藏族或纳西族的民族服饰，这个民族服饰的文化内涵是特有的，是体现这个民族文化特质的东西。所以，研究少数民族服饰文化是研究人类文化的重要组成部分。

（一）研究原则及理论

1. 历史发展观

藏族是一个高原民族，具有悠久历史和灿烂文化。通过对藏族历史和民族学的研习，我们能对藏族社会历史的进程有较为清晰和深刻的理解，特别是宗教在藏族社会中的作用。同时，藏学研究领域中，一些涉及藏族历史、社会制度和族群文化等的研究成果对于本书研究无疑是有帮助的。笔者积极汲取和借鉴前辈各类研究成果，并且，坚持以唯物史观作为自己的立论基础，探寻民族发展与服饰之间的有机联系，既重视服饰文化的物质因素、重视技术基础，又在此基础上努力挖掘与藏族服饰关联的文化表象的内涵。随着社会的发展，藏族不可避免地面临现代化问题，服饰的延续和变异，是民族文化研究者面临的主要问题，如何保护、如何发展都要遵循历史发展的客观规律，充分尊重藏族人民自己的选择。

2. 文化学和民俗学的有关理论

由于本书研究的核心内容是"文化"，对文化概念的界定有助于对研究框架的建构和具体研究中服饰文化现象的理解。"文化"的定义非常复杂，存在着各种各样的学说，泰勒把文化看作一个复合的整体，包括知识、信仰、艺术、道德、法律、风俗以及作为社会成员的人所获得的一切才能和习惯①；功能学派认为文化是为处理在满足需求过程中所面临的各种问题的手段工具，包括人体

① ［英］爱德华·B. 泰勒著，连树声译：《原始文化》，广西师范大学出版社 2005 年版，第 1 页。

的或心灵的习惯①；象征人类学认为文化就是象征、意义的符号系统②等。为了更准确、更贴近于我们研究的对象，笔者对于文化的诠释，集中在一个群体的文化上，认为文化是"一个特定社会中代代相传的一种共享的生活方式，这种生活方式包括技术、价值观念、信仰以及规范"③。文化是一个有机整体，它具有多层次特征，这是文化学者的共识。但关于文化的结构，学者们有不同的分析方法。根据何晓明的概括，如今主要存在三种观点，即物质文化与精神文化的"二分说"，物质、制度、精神的"三层次说"，物质、制度、风俗习惯、思想与价值的"四层次说"。④ 从广义的概念来讲，服饰文化属于物质文化，包括服饰生产、工艺和技术，以及创造和使用服饰的人们的精神、心理、审美情趣、价值观念等。本书以藏族服饰文化为研究对象，是狭义地看待服饰文化的结构，这里采用文化"三层次说"。文化的"三层次说"结构严密、层次分明、界定清晰。概括而言，服饰文化的物质层面是显性的、可见的，处于最表层，具有变化快的特性，体现了服饰受环境制约的一面；而服饰所蕴含的审美趣味、价值观念、道德规范、宗教感情等，是服饰文化的核心部分，是观念形态上的反映，属于精神层面的东西，是最深层的；介于二者之间的，是具有准制度和准理论性质的习俗层面的体系，反映的是个人与他人、个人与社会群体之间的关系，表现为与服饰有关的行为习惯和风俗禁忌等。后两者都是隐性的，属于非物质的，具有规范和制约人们行为的作用。因此，我们可以根据服饰的形态和功能作一个整体的把握与划分，如图0－1所示：

$$
服饰系统\left\{\begin{array}{l}表层→物态形式\\中层→民俗活动\\深层→精神心态\end{array}\right\}\begin{array}{l}↔媒介↔文化内涵\\↔主体↔文化心理\end{array}\Bigg]一种文化符号
$$

图0－1　服饰文化系统的结构⑤

---

① ［英］B. 马林诺斯基著，费孝通译：《文化论》，华夏出版社2001年版，第12—15页。

② 庄孔韶主编：《人类学通论》，山西教育出版社2000年版，第29页。

③ Raymond Scupin: *Cultural Anthropology*: *A Global Perspective*，Englewood Cliffs，New Jersey，Prentice-Hall，1992. 46. 转引自庄孔韶主编：《人类学通论》，山西教育出版社2000年版，第21页。

④ 张岱年等：《中国文化概论》，北京师范大学出版社1994年版，第4—6页。

⑤ 杨鹓：《背景与方法：中国少数民族服饰文化研究导论》，《贵州民族学院学报》（社科版）1997年第4期。

　　显然，三个层面具有不同的内涵，而彼此之间又相辅相成，互相渗透、互相作用，是不能截然分开的有机整体。

　　文化是不断变迁的，但又具有相对稳定的传承性。文化的传承与发展始终是民族学者关注的重要问题。少数民族的文化发展通常有两条基本的路径，"一是在自己固有文化的基础上的发展，一是吸收外来营养的发展"①。综观藏族发展的整个历史过程，藏族文化的发展同样具有上述两条路径的特点。因此，笔者在涉及有关藏族服饰漫长演变的历史时期之服饰，以及现在服饰的式样、色彩、质料和装饰风格等方面与过去服饰的渊源关系等问题时，都会讨论服饰与藏族社会文化发展和对外交流之间的关系。

　　服饰是民俗的载体，在人们一生的重要仪礼、节事活动、民间游艺和宗教习俗中，服饰对社会和个体都具有重要的意义，寄托着服饰主体及人群的情感、信仰、审美、性格和价值取向，这也是本研究对藏民族服饰进行文化关注的原因。

　　3. 服饰文化学及民族服饰理论

　　服饰文化学和少数民族服饰研究中有关"服饰"和"民族服饰"的核心概念和理论体系，对于本书的研究主题具有基本的指导意义。服饰文化研究在我国是一个新兴的学术领域，其理论体系的构建，一般由服饰史、服饰社会学、服饰生理学、服饰民俗学和服饰艺术学等几部分组成。服饰文化是人类特有的文化现象，是民族文化最直观的体现，服饰文化学的研究打破了过去对服饰进行工艺学、美学或心理学等部门学科的孤立研究状态，将服饰提高到文化人类学的大背景下，进行综合审视和研究。服饰文化学的任务就是揭示服饰中的各种文化意义，因此，强调社会性是服饰的首要特性，服饰是历史文化的积淀，是文化的表征。在这一界定之下，服饰使自然人秉承了社会属性，通过服饰可以探究着装者的族别、职业、地位、爱好甚至气质；反过来，这种特定的社会文化也制约着服饰的方方面面，包括服装形制、装饰风格、色彩偏好及着装习俗等。所以，藏族服饰既是物质的，又是精神的。正是由于服饰具有多方面的社会功能和作用，才使得藏族服饰这一物质文化在一个"重精神、轻物质"的宗教社会里能够散发出耀眼的光芒，成为老百姓生活中十分重要的东西。举个

---

　　① 马戎，周星主编：《中华民族凝聚力形成与发展》，北京大学出版社 1999 年版，第 225 页。

例子，有的地方女孩子到了一定的年龄要"戴天头"，这既是成人标志，也是婚姻仪式，这种习俗的形成具有深层的社会原因。当然，笔者在研究中强调服饰的社会属性、文化价值的同时，也并不放弃对藏族服饰的实用功能的探讨，物质层面的文化研究是藏族服饰研究的基础和条件。

如前述，少数民族服饰文化的研究已经取得可喜的成绩。尤其是 20 世纪 90 年代发表的系列有关研究论文，对我国少数民族服饰研究产生了一定的影响，如何晏文《我国少数民族服饰的主要特征》（《民族研究》1992 年第 5 期）、管彦波《中国少数民族服饰的文化功能》（《民族研究》1995 年第 6 期）、何晏文《关于民族服饰的几点思考》（《民族研究》1994 年第 6 期）、杨鹓《背景与方法：中国少数民族服饰文化研究导论》（《贵州民族学院学报》1997 年第 4 期）、刘军《试析我国少数民族服饰文化的多维属性》（《黑龙江民族丛刊》1992 第 1 期）等。其中，关于少数民族服饰形成和发展的一般规律，如服饰与民族历史、地理环境、经济文化、生活习俗等关系的论述，民族服饰的"跨文化传统"，服饰具有多维属性的特点等观点都是学术界普遍认可的民族服饰研究的基础理论。具体而言，藏族服饰最主要的特征是民族性和地域性，民族性就是指每一个民族具有自己鲜明的，能够反映本民族历史、文化及生活习俗的个性特征。区域性包括民族内部的区域性和民族间的区域性，这里主要指藏族内部的区域性，即是指一个民族内部不同支系、不同地区间除了共同性特征外，还具有各自的特点。对此，文中将针对藏族服饰的区域特征进行全面讨论，总结出藏族服饰的分布规律，并究其原因。

（二）主要的研究方法

费孝通先生曾讲过："我们做研究工作的人，首先要选择自己研究的对象，从实际出发，进行科学研究，不必过分重视自己研究的工作应当划入哪个学科的范围里去。"① 这句话的意思就是说，研究一个对象不必拘泥于学科领域，需要多学科的综合研究。当然了，这就要注意研究重心、研究倾向或研究角度的问题。如上所述，服饰文化学是一门综合性的边缘学科，在研究中渗透和融合人文学科及自然学科的理论和方法已成为一种发展趋势。目前，就藏族服饰的研究而言，对其仅作泛泛的现状描述或综述已没有什么意义，因此，

---

① 张晨紫编：《民俗学讲演集》，书目文献出版社 1986 年版，第 3 页。

笔者的研究主要针对藏族服饰的特点，注重田野调查及比较的研究方法，运用文化学、民俗学、人文地理学及民族学等相关学科的理论、知识，实现将单纯地以服饰为客体的研究转变为研究服饰作为文化现象的存在。由此，主要研究方法有：

1. 历史文献研究方法

主要是基于历史文献和史料而进行研究的一些方法，包括社会生活史、地方志、社会历史调查资料等。通过历史文献资料对藏族服饰历史发展作纵向的描述。本研究虽然不是服饰史的梳理，但对于历史典籍或社会历史调查文献中的资料，如果不了解它的来龙去脉，搞清它的文化背景，得出的结果可能会产生歧义，不能使人信服。

2. 实地调查的方法

实地考察或田野考察工作是民族学、人类学研究的重要基础，是获取研究资料的基本途径之一。过去，服饰研究的实地调查主要是实物采集、服饰形态描述以及工艺的传承等方面。由于本课题研究的是藏族服饰文化，故而，田野考察内容除了这些之外还增加了属于"文化"方面的东西。比如民俗活动中服饰的地位和作用如何，对服饰的一些特殊符号有什么样的看法和理解等。在实地调查过程中还运用拍摄、描摹、观察、访谈的方法和手段。近几年，笔者先后多次深入藏族聚居区开展田野调查（表0-1），获得了丰富的一手资料，书中图片除注明出处外皆为笔者所拍摄。为深刻了解藏族的文化，笔者尽可能地参与并深入他们的生活，如参加婚庆仪典、宗教及节庆活动，以期获得一般情况下调查不到的资料，而且在一定程度上可以丰富体验、加深理解。

表0-1　笔者近年实地调查情况一览

时　间	地　点	主要收获
2005年11月5日—2005年11月8日	九寨沟	服饰、建筑、制银工艺、捻线
2006年1月3日—2006年1月6日	雅江县	木雅藏人的婚礼
2006年1月16日—2006年1月19日	马尔康、壤塘	访谈

续表

时　间	地　点	主要收获
2006 年 7 月 20 日—2006 年 7 月 29 日	丹巴、塔公、理塘、稻城	理塘"八一赛马会"服饰表演、旅游区服饰面貌、腰带编织
2007 年 2 月 7 日—2007 年 2 月 10 日	云南中甸	服饰表演、访谈
2007 年 4 月 8 日—2007 年 4 月 21 日	甘孜州炉霍、道孚、甘孜、新龙、理塘、稻城、乡城、德荣	全面调查，采集文字和图像资料、专题访谈
2007 年 7 月 5 日—2007 年 7 月 12 日	青海海晏、门源	青海湖首届沙雕节服饰表演、民间访谈
2007 年 8 月 10 日—2007 年 8 月 21 日	西藏拉萨、山南、日喀则、林芝	收集文字和图像资料，包括服饰的外形特征、民俗、工艺技术等
2010 年 10 月 25 日—2010 年 11 月 4 日	阿坝州马尔康、小金、金川、红原、松潘、九寨沟、理县、壤塘、阿坝等县	藏族服饰全面调查，包括刺绣、纺织等工艺
2012 年 12 月 23 日—2012 年 12 月 27 日	丹巴	节日服饰、访谈、图像视频资料

3. 比较研究法

比较法是社会科学的重要研究方法之一，它可以在同类对象之间进行，也可以在异类对象之间进行，还可以在同一对象的不同方面、不同部分之间进行。在藏族服饰的研究中，注重比较研究，可使研究更加深入、更加系统化。常用的比较方法有历史的比较（时间的比较）和人类学的比较（空间的比较）。就藏族服饰文化而言，从纵向看，藏族服饰文化是经过较长历史时期积淀而延续下来的，且处于动态的发展中。通过比较，不仅使我们对藏族服饰文化产生的历史环境有一个清晰的了解，而且还有助于我们正确理解藏族文化；从横向看，一定区域的服饰文化有它产生的社会条件和自然条件，与地域文化相关联。通过比较，不仅可以发现服饰之间的相似点和不同点，而且可能对这些相同和相异的现象作出恰当的理解。因此，本书的研究是把藏族服饰放到整个少数民族服饰、西南少数民族服饰、西北少数民族服饰之中，在具备可比性的前提下，与周边相邻民族或有历史渊源的民族做一些适当的比较，以便突出藏族服饰的主要特点。

四、研究与写作的基本思路

本书是首次全面、系统地探讨藏族服饰及其文化，是藏族文化领域中的专项和综合研究。对于服饰文化的研究，如果超离文化土壤和物态面貌，则会陷入空洞无物的理论高蹈，而从某一支系类别服饰去透视服饰文化现象或事象，也容易局限在个体或局部研究层面，难以对现象中的文化内涵进行总结。因此，笔者立足于藏族服饰的自然和人文背景，从整体研究的视野来考察藏族独特的服饰文化，这是笔者研究的出发点。本书突破前人研究集中于藏族服饰的艺术特征及历史演变的梳理的视阈，深入挖掘藏族服饰文化的内涵和意义，在借鉴前人研究成果和实地田野调查的基础上，全面考察了藏族服饰文化系统的三个层面，即表层的物态形式、中层的民俗活动以及深层的精神心态等方面的内容，研究由表及里，由浅入深，既有宏观把握，也有细微分析，重点突出、力求全面，尽可能为我们认识和理解藏族服饰文化丰富内涵提供一个合理的解读文本。

本书由导论、正文和结语等部分构成。

导论介绍本书的理论基础和学术价值。归纳起来，本书的研究在学术价值上有两点：第一次全面、系统地研究藏族服饰文化及其艺术特点，涵盖面广，涉及文化学、民族学、历史学、人类学的理论和方法，是综合研究藏族服饰的尝试；同时，也是服饰文化学在民族服饰研究领域的具体实践。此外，还简要叙述了本课题所涉及的方法和资料，以及有重要参考价值的前人研究成果等。

第一章系统概述藏族服饰的基本要素，包括藏族服饰的总体特征和各个构成要素。总体特征包括结构特征、着装习俗和艺术以及男女服饰特点等显著的风格和倾向。藏族服饰的构成要素从服装、饰物、图纹、原料和工艺技术几个方面分别加以介绍，以便获得一个整体而全面的藏族服饰的印象。

第二章全面探讨藏族服饰形成和发展的渊源，包括自然环境、民族发展、宗教信仰和文化交流等主要因素。其中，自然环境对藏族服饰产生和发展发挥着重要的、根本性的作用。在此基础上勾画出了藏族服饰的历史嬗变轨迹。

第三章着重讨论了藏族服饰的区域类型分布及所呈现的文化特征。藏族服饰种类繁多，地域分异明显，具有鲜明的区域性特征。笔者在逐一考察了气候环境、生产生活方式和文化因素对服饰区域性特征影响作用的基础上，提出了藏族服饰综合区划方案，运用叠置法划分出了13个服饰类型区，然后对各服饰区的重要特征作了概括和提炼，并探讨了藏族服饰的区域文化特征。指出边缘服饰区的多元性和融合性值得进一步研究。

第四章主要讨论藏族服饰作为文化符号在社会生活、群体生活、个人生活中的作用和意义，对存在于民俗、宗教、仪礼中的服饰文化表象进行深层次的剖析。比如：服饰是心意民俗的载体；服饰还是藏族或地方族群认同的符号；在藏族社会，服饰还具有社会制约的功能；藏族是普遍信教的民族，宗教投影下的服饰特征与宗教仪式中的服饰都是值得探讨的问题。通过大量详实的材料阐述了藏族服饰的社会文化意义，有助于从一个侧面来深入理解藏族的社会与文化。

第五章从衣与饰两个层面考察了藏族服饰的艺术表现力，包括服饰结构形态、色彩、图案及配饰等方面表现出来的美学原则和审美观念。在此基础上，揭示了藏族服饰蕴藏的丰富审美含义和价值。

第六章将藏传佛教僧伽服饰作为特殊类别加以研究。依据有限的历史材料初步勾勒了藏传佛教僧伽服饰的发展脉络，并就汉、印两地佛教僧伽服饰对藏族僧伽服饰带来的影响及藏地僧伽服饰服制形成进行了考证，进而阐释了僧伽服饰在藏族社会中的意义。

第七章探讨了四川藏族服饰的多元特征。四川藏族服饰以康巴和安多的服饰特点为主，兼具边缘服饰文化的特征。嘉绒藏族作为藏族的一支，其服饰式样和风格的形成过程体现了一个边缘族群的多元文化特征。

结语针对现代化背景下的藏族传统服饰的变化特点，以及保护和发展问题作了初步探讨。社会经济发展给生活于高原的藏族也带来了很大的变化，藏族传统服饰正面临着巨大的冲击。因此，为避免某些富有特色的民族服饰文化的消失，一方面抢救性地保护和调研尤显紧迫，同时，也要加强藏族服饰文化的研究，加大开发和保护力度，引导藏族服饰走上现代化之路。

第一章

藏族服饰的基本要素

服饰是藏族物质文化的重要组成部分，是有形的文化遗产。要研究藏族服饰文化，首先要对作为物质的藏族服饰的外观表象有一个整体的认识，无论是着眼点在服饰文化的全面透视的文化研究，还是以服饰技艺传承和保护为目的的应用研究，全面了解和认识藏族服饰的形式要素都是必要的，这也是服饰文化研究者普遍遵循的范式。

服饰，即服装和饰物。民族服饰是以民族群体为基础的，是历史发展的产物，从这个意义上说它近似于一般传统社会中的民众服饰，它不仅普遍存在于民间，被大多数人接受和传承，并且具有广泛的历史和文化意义，强调的是共性[1]。惯制就是习惯成自然的规范与体制，它潜藏于人民的意识之中，服饰惯制是指一定区域内的人民在服饰穿戴上的一种带有民间自发又自律性质的着装行为。[2] 通常情况下，服饰构成要素有五个方面：质（面料）、形（款式）、饰（饰物）、色（色彩）、画（图案花纹）。藏族服饰的组成要素概括起来主要表现在款式、服装结构、材料、工艺技术、图案、服装附件、装饰品、色彩搭配等。

第一节　藏族服饰的结构特征及穿着艺术

藏族服饰属于典型的平面结构，其领、袖、肩及腰身的裁剪多呈直线状，平摊于一个面上，其外形是平直的，相比立体结构的服装裁剪较为简单，对

---

① 王娟：《民俗学概论》，北京大学出版社2002年版，第231页。

② 华梅：《服饰民俗学》，中国纺织出版社2004年版，第83页。

着装者的形体要求不那么严格。尤其是藏袍，基本上不用量体裁衣，只需要在穿着的时候根据身材来调节袍衣的长短宽窄就行了。藏装的基本特点是长袖、束腰、斜襟、右衽、宽大。全身没有一个口袋，所需随身携带的生活用品往往用带子系于腰上或贮于藏袍胸前宽大的囊中。藏袍左襟大，右襟小，一般在右腋下钉有一个纽扣，有的用红、蓝、绿、雪青等色布做两条宽4厘米、长20厘米的飘带，穿时结上，就不用扣子了。一般夏天或劳动时只穿左袖，右袖顺垂于后，也可以左右袖均不穿，两袖缠束在腰间，在冬天一般两袖均穿上。藏族衬衫的特点是袖子要比其他民族服装的袖子长40厘米左右，长出部分平时卷起，跳舞时放下。

　　农区和牧区的服装在用料和制作上各有不同。农区的藏袍以氆氇、毡子为主要原料，也有用毛哔叽等做料的，袍身较为合体，不如牧区袍子宽大，节日盛装袍面还喜以色彩鲜丽的缂金绸缎挂面，在襟、袖口和下摆镶上宽大的虎豹皮。牧区服装多以无面皮袍为主，夏天也有用毛织物衣料制成的袍衣。男子喜在襟、袖口和底边镶上黑色平绒或彩色毛呢，节日穿的还要镶上虎豹皮，镶边宽10—15厘米。女式袍多在领口、袖口、下摆用黑平绒或5厘米的五彩"邦典"料镶边，再以红、蓝、绿三色平绒条做装饰。牧区的皮袍肥大，袍袖宽敞，臂膀伸缩自如。更为明显的特点是腰间的腰带上，缀挂"火镰"（me cha）、奶钩"学纪"（bzho gzung）、小刀、鼻烟壶、银元等装饰品，而农区男女的腰带上则系挂钱包、针线盒、腰刀、洛松（glo zur）等。

　　藏族男女服饰在样式和质料的选择上明显不同。首先，男式服装讲究实用，质料以结实为上乘，款式变化较少；女子的服装比男子的样式多，而且增加许多装饰，质料以轻柔为主，还要在腰前围上一块围裙"邦典"（pang gdan）。藏族的男式袍衣以黑、白氆氇为主，节日多穿锦缎花袍或毛呢袍，领子、袖口、襟和底边镶上色布绸缎。女式藏袍大多以氆氇、毛料、呢子做料，夏秋季节穿深色无袖的长袍"普美"（phu meng）。其次，男女衬衫也有区别。女子多着印花或红、绿等色彩鲜艳的衬衣，衣领为大襟立领或交领外翻式。男子一般着白色绸料的衬衣，男式衬衫多高领，外套缂金绸类大襟立领坎肩。男子所着袍衣至膝盖上下，而女子所着袍则垂自脚踝。男女佩饰皆有项链、戒指、嘎乌、耳环、小刀、洛松，不过这些饰品有大小和形式上的不同。除此之外，男子还佩戴火镰、烟袋，远行时一般还佩长刀及嘎乌，女子则系挂小刀、针套、奶钩等与日常生产、生活密切相关的器具。有的地方还佩系镶嵌小螺片或小海贝的腰带。

藏装穿着表面上给人以自然、随意的感觉，但细细地探究起来，还是有许多技巧和讲究。要想将如此宽大的袍子合适地穿戴在身上，既要美观，又要能够自由活动，实在不是件容易的事情，尤其是牧区藏袍，穿不好就会掉下来，更别说骑马、跳舞了。藏装穿戴程序十分讲究，先穿上衬衣和裤子，然后穿藏袍，藏袍一般比人的身高要长。穿着时，将袍领顶于头部或把腰部提起至习惯高度，一般男至膝，女至脚面（即所谓的"男人穿短，女人穿长"），束紧腰带，再放下袍领，那么胸前自然形成一宽大的囊，藏族同胞们可以随身贮物乃至装下婴儿。而妇女的袍服要求前身平直，身后褶皱有序，腰带前低后高，前摆不能过长，否则走路容易被衣裾绊倒。因此，女子穿袍尤显挺拔身姿，分外妖娆。男子穿藏袍时，后摆也要打褶，约有十余褶，用腰带固定在臀部，这种打褶工艺称为"堆章说"。[1] 穿好袍后一般要露出右臂，将右袖垂搭在身后，天热或劳作时双袖均脱掉，男子习惯将双袖相系于前腰，女子则系在腰后。如果进佛堂或寺庙时必须将双袖穿上，如只穿了一只袖，则脱掉的袖要搭在肩上，以示敬仰。穿靴戴帽和佩挂各种饰物在服装穿好后进行。

在穿衣习惯上的一些特征：如下摆的高度、腰带的结法、摆底的齐斜、袖的放置、襟的操叠等也可以反映一个地区人们的性格特征和生活风貌。摆底高过膝盖，是剽悍英武的象征；摆底至脚面，显悠闲温雅。[2] 康巴男子一般将袍下摆提升至膝盖以上，脱两袖扎于腰际；安多人摆底斜吊一边，方便跨马乘骑，潇洒自如；卫藏男子袍摆放至膝下或脚面，饰品相对较少，显得温文尔雅。吊袖从背部搭上右肩胸部，是欢迎客人之意，反向搭则有不敬之意。绸腰带较长，一般长约 2 米至 4 米，不仅是系装带，还是装饰带，盛装时先系绸带，再在外系革带或金属带。大部分藏区的腰带皆自前而后，束两圈后，结于腰侧，腰带穗结都不突出，如四川扎坝地方女子腰带两头穗线要塞入腰带，而甘南和青海湖一带的藏族女子的腰带束扎于背后，留出较长的带头垂落于臀部，随风摇曳分外美观。

---

① 徐海荣：《中国服饰大典》，华夏出版社 2000 年版，第 192 页。

② 仁真洛色等：《藏族服饰的区域特征及其文化内涵》，杨岭多吉主编：《四川藏学研究》（四），四川民族出版社 1997 年版，第 370 页。

女装和男装在穿着艺术上也有不同，尤其是城镇的男女着装表现得明显。男装一般比女装宽大，穿着时均需系紧腰带。男装的上部宽松、离身性高，双臂活动方便自如，下部一般需提高到膝盖部位，体积较小，总体感觉宽松大方，沉稳敏捷，显示出藏族男子的粗犷和潇洒的英姿。而女装襟围比男装瘦小，宽围边，长下摆，上部紧贴于身，下部长袍较为随意，但袍沿长度需触及脚背，并将宽大的长袍从前往后张紧裹住腰部，在背后折成两片，勾画出了藏族女性苗条的身段，显得亭亭玉立、端庄大方。在整体风格上，女性的装束为上紧下松，有利于表现女性的形体，富于装饰效果。男性的装束上松下紧，有利于表现男性的姿态与动作，富于夸张效果。这种着装差异所展示的服饰特色符合审美的标准，是性别的社会活动和角色的需要。

第二节　藏族服饰的组成

一、衣（彩图1）

（一）上衣

上衣一般由衣领、襟、袖、扣等部分组成。藏袍为藏服的主体，虽然连接着下装，但以上部为主要部分，故归为上衣类。藏族的上衣除袍外还有衬衣、坎肩。

1. 藏袍：袍是上下相连的长衣。自古以来，藏族人以袍服为主，其特点是大领、斜襟、无衩、无扣、宽腰长袖。袍的种类很多，依据制袍材质的不同，可分为羔羊皮袍、板皮袍、素布袍、氆氇袍、毛呢夹袍、锦花袍等。牧区藏袍多不饰面，俗称"光板羊皮袍"，板质坚韧、保暖防潮，舒适耐磨，四季皆宜。玉树高原上有一句顺口溜，"白天穿、夜里盖，光板皮子露在外，不怕风吹日头晒"[1]，说的正是这种老羊皮藏袍。羊皮藏袍分为山羊与绵羊皮袍，农区妇女多穿山羊皮袍，具有轻巧柔软和易裁剪等特点。其中，仅从饰面的材料又可分绸花袍、绣花袍、提花皮面袍、豹獭皮缎尖皮袍、毛呢夹袍等。从衣的形态结构上，可分为右衽斜襟袍、圆领无袖袍、立领大襟短袍、女子无袖长袍。

（1）右衽斜襟袍：大多数藏袍都属此类，男女皆开右襟，无扣，下摆不开

---

① 梁钦：《江源藏俗录》，华艺出版社1993年版，第20页。

衩。藏袍的袖子宽大且长出手面三四寸。在冬天，长袖既可以保护双手不受冻，又可遮挡寒风，起到口罩的作用。一般藏袍的大襟与前摆下沿交叉处呈锐角，前后摆长短不齐，唯有康区的藏袍两处相交处呈直角。皮质藏袍面上往往有布或绸类饰面，此外，还在袖边、领口、襟沿及下摆处镶饰水獭皮、豹皮或别的艳丽的锦缎、氆氇等。平日里穿的藏袍少有装饰，节日里常见的袍服有"夹衫袍"、盖皮袍、锦缎袍。"夹衫袍"（图1-1）里有内衬，外多用氆氇或彩花缎制作，在领口及襟摆四周，镶有宽窄相异、绿红相接的不同花色绸类，绚丽多彩。"盖皮袍"多用纯黑、藏蓝、紫青、咖啡色织锦缎或布料做面，下摆和双袖镶以名贵的水獭皮，而且大襟下半部还利用水獭皮自然形成的不同颜色，拼成"寿"字纹、斑马纹或

图1-1 红色镶边冬季袍

"十"字纹等，水獭皮边内用窄于水獭边的锦缎边，再用扁形金银线镶饰，显得高雅华贵。

（2）圆领无袖袍：属贯头衣的一种，仅有西藏工布地区保存有此类款式（图1-2），即"古休"。此衣形似一幅布对折后挡于身体前后，两边并不缝接，只在领处开一个圆形口可穿头便可，腰束绸带。衣沿及领口处也镶边饰。夏天以氆氇缝制，冬天以羊皮缝制，节日还穿猴皮制作的"古休"。

（3）立领大襟短袍：如堆通（Stod thung），其特点是暖和、舒适、方便，深受广大牧区男子喜爱（图1-3）。可用各种面料缝制，冬衣里面通常为羔毛，也有夹层外面饰以各种锦缎为面，看上去豪华、现代。四川雅砻江鲜水河一带还流行一种长袖无领锁边高腰外套，多用自织毡子制作，一般穿在无袖夹袍外，随意大方。

（4）女子无袖长袍（彩图2）：也称"普美"，为藏族女子夏季的日常装，左右襟连接的下边两片合起来的为西式藏装（卫藏妇女多着此款），开直襟右衽式，两片未缝合上下交叠的为汉式。另外，山南塔布地区女装为无袖、肩宽、

开襟，外不挂面。①

图1-2　工布"古休"

图1-3　堆通

2. 衬衣：衬衣是构成藏装的重要部分，多为浅色布料或绸料制成。男衬衫多为白色，女衬衫颜色鲜艳，多用白色、绿色、大红、粉红以及印花绸缎制成。立领式衬衣，男女样式无异，皆大领长袖侧扣、竖领绲边（男女的绲边纹饰有区别），与汉地过去大领衣相似，唯领形呈直角，较高。女式翻领衬衣短腰、长袖、无扣，衬衣最显著的特点是袖子长出手指40厘米左右，平时挽起，跳舞长袖飞舞，翩若仙子。

3. 坎肩：也称背心。藏族男子夏季一般情况下，要穿三件上衣，即先穿一件衬衣，外面套一件无袖坎肩，然后再着藏袍。藏式坎肩通常用提花织金面料制作，色彩丰富、鲜艳，在阳光下熠熠生辉，分外夺目。卫藏妇女坎肩无领、对襟、无扣，后藏妇女坎肩长及膝盖以下。云南中甸一带的妇女所着坎肩多为纯色，领及襟缘多装饰，德钦一带的坎肩则很华丽。（彩图3）。

（二）下裳

1. 裤：男子多穿白色或黑色的大裆裤，是一种宽腰式粗布衬裤。妇女因袍长

———————————

① 安旭：《藏族服饰艺术》，南开大学出版社1988年版，第94页。

及脚面似裙，过去多不穿裤子，现基本与汉人相同。各地藏族男子的裤子在样式、材料等方面大体相同，其特点是裤脚宽大、裆宽，裤脚扎进靴筒，呈宽松灯笼形。用料方面除采用一般的布料外，喜用柔软的白色或绛红色麻、涤纶或绸类做裤料，穿起来宽松飘逸。穿时裤脚挽成一个结状，说象征鹰腿，走路时也模仿鹰的姿势。①

2. 裙：妇女袍长及脚面，前拴一条色彩鲜艳的围裙，就相当于一条漂亮裙子。清代藏族女子都着裙："男穿大襟小袖以皮褐为衣，女则短袄长裙足穿皮底袜。"② 现在嘉绒地区、九龙、木里（彩图5）、乡城以及云南一带的藏族妇女还穿着宽大的褶裙，但各地裙式稍有不同。乡城的百褶裙与上衣相连（彩图4），所形成褶为108道，而且多用印花氆氇制成，有相对规范的装饰。嘉绒藏族的褶裙用料多样，褶没有一定讲究，一般多色相间（彩图6）。云南德钦县奔子栏乡、中甸五境乡及维西县塔城乡的藏族女裙也是多褶，下摆有三道细丝带，裙衩处也不缝合，用带系上，穿时左边搭在内，右边在外。这种裙多用棉布，奔子栏用白布，而五境和塔城地方用黑布。

（三）头衣

1. 帽：藏族居住地区由于气候寒冷，从远古时期开始就有戴帽的传统。藏族有句谚语："宇宙形成的时候，起初四边是风，风的上面是海，海的上面是地，地的上面是山，山的上面有马，马的背上有鞍，鞍的上面有人，人的头上有帽子，帽子的上面有帽尖。"③ 可见藏族帽子使用的古老。帽的种类很多，形状各异，既有御寒功能，又能起装饰、礼仪的作用。2005－27《西藏自治区成立四十周年》邮票上各族人民欢庆的场面，其中有12人着绚丽多姿的藏装，藏族男子的帽式多达数十种。④ 传统帽式主要有毡帽、皮帽、金花帽等。

（1）毡帽（phyilng zhba）（彩图8－d）是藏族最古老的一种帽子。藏族学者更敦群培所著《白史》，就有古代"安多"的"玛积邦热"（积石山神或黄河神）头戴毡帽的记载。⑤ 至今，甘、青有些地区仍有戴这种帽子的，它以白毛

---

① 刘勇等：《鲜水河畔的道孚藏族多元文化》，四川民族出版社2005年版，第43页。

② 张海：《西藏纪述》（2），宣统刻本，第73页。

③ 多杰东智：《青海循化藏族的"果杰"帽》，《青海民族研究》2007年第2期。

④ 刘国俊：《绚丽多姿的藏装》，载《上海集邮》2005年12期。

⑤ 更敦群培著，格桑曲培译：《更敦群培文集精要》，中国藏学出版社1996年版，第137页。

毡为原料，帽顶尖高，帽檐很小，制作简单。现在安多地区的红缨毡帽、工布地区的男式夏毡帽，基本形状仍是古老毡帽沿袭下来的，只是用红缨、金花缎等加以装饰罢了。①

（2）狐皮帽，呈梯形，后开衩。多用紫青、紫红团花缎做面。平时狐毛外露，严冬时又可放下毛质帽缘，特别保暖（彩图 8 - a、b）。另外，也有由整张狐皮做成的狐皮帽，年轻人戴上威武、潇洒（彩图 8 - k）。

（3）金花帽，又叫"圆盔朵帽"（rmog ril a mchog can），是藏族男女老幼都喜爱戴的一种帽子，呈圆形，有似叶状四片的帽耳，帽耳边缘向外翘起。质地多为呢类，外沿用金花缎、金丝带做装饰，帽耳以水獭或兔毛围制（彩图 8 - e）。根据需要，帽耳可开闭随己。一般来说，妇女戴时要把前后两个大帽檐折叠入帽内，只留左右两个小帽檐。男子戴时，帽子稍斜一点，青壮年一般把后面帽檐折入帽内，老人们一般把四个帽檐都放在外面。

（4）呢制礼帽，过去从中原地区或印度引进，帽檐较宽，帽檐上有一按扣，可随时卷上扣住，礼帽是藏族男女夏季喜爱的遮阳帽。

另外，还有一些地区特有的帽子。如红穗帽（彩图 8 - j），也称"红缨帽"（aar zhba），藏族聚居区各地男子都有类似帽子，有的顶尖，有的平顶形如圆筒，上有顶盖，所缀红缨呈辐射状向外檐四周散开，走路、跳舞时随意摆动，显得英姿豪放。青海循化地区藏族妇女所戴的一种特有的帽子"果杰帽"（mk-ho dkyil），其形状像一个一边拆开的白布料袋子，以尖顶形为主要特点。② 四川木雅地区的妇女戴一种形如袋状筒形帽，帽檐一侧内叠后扣于头上，上沿额伸出头额前，宽至两鬓，长约 30 厘米的袋筒垂于脑后，然后用彩绳或发辫缠盘于头上（彩图 8 - m）。还有理塘牧区高筒帽（彩图 8 - f）、工布地区的帽子（彩图 8 - g、h）、康区的整头狐皮帽（彩图 8 - k）、九寨沟尖顶女帽（彩图 8 - l)等。在西藏自治区展览馆风俗展室里，所陈列的帽子除了民间老百姓戴的，还有镀金的铜钹似的法师帽，格萨尔说唱艺人戴的鸟羽八角帽，藏戏艺人戴的插有五色扇形耳翅的仙女帽，插着鸟羽头盔的古时武将帽等。

2. 头帕：以川西嘉绒妇女的绣花头帕为代表。以长方形黑色方形丝绒头帕对折戴于头上，额前伸出数厘米，脑后披至后颈，然后将发辫绕于头帕上两圈，

---

① http: //www. tibetanct. com/chinese/clothes/page/zangmao. htm.
② 多杰东智：《青海循化藏族的"果杰"帽》，《青海民族研究》2007 年第 2 期。

辫子套各式金银镶饰品。中青年妇女的头帕表面一层用彩色丝线绣上精美的图案，并用五色丝线锁边；老年人多用紫色、红色或黑色的面料，没有装饰。舟曲藏族、小凉山地区的尔苏藏族，妇女大多缠很长的头帕，有的将头帕叠成二寸宽的条，一层一层往外缠。

（四）足衣

1. 靴（彩图 11）：藏靴可分为"松巴"（zon pa）、"嘎洛"（dgav lham）和"嘉庆"（vjav chen）三大类。松巴靴做工精致考究，靴底都是用牛绒捻的绳纳制或用牛皮包裹，结实耐穿。靴帮采用红、绿、黑等色的氆氇制成，上面还绣出美丽的花卉图案（俗称"鱼骨刺纹"，要求其线条如鱼骨刺挺拔犀利），十分艳丽。根据不同的地区，松巴鞋还可分为藏松巴、江孜松巴、拉萨松巴等，其中较为高级的称"松巴梯呢玛"。嘎洛靴也以厚质牛皮为底，鞋面用红绿相间的毛呢装饰，鞋腰也有线条、花纹，鞋帮用各色丝线或各色皮革、氆氇、金丝缎制成。靴跟与靴尖缝上黑色牛皮，靴面用染黑牛皮拉条及金丝线镶边。靴帮开口分别用染红羊皮加固。嘎洛靴的特点是靴尖向上朝内弯曲，形似牦牛鼻子，翘角起着保护靴头和靴脸夹缝的作用，也方便草地上行走。藏靴皆为筒靴，不分左右，靴腰上端靠腿肚部位，竖开一条约 10 厘米长的口子，便于穿着和提携，靴帮上系带（也有不用鞋带系帮的，如"嘉庆"鞋都不用鞋带）。靴带多用自织的彩色丝带或细羊毛线编制的线带，宽约两指，两头有垂穗。系带时，由前往后，平铺紧叠，穗垂靴叉两侧。各地嘎洛靴又各有特点：工布地区的嘎洛，靴筒多为牛皮底，上面勾出狗鼻纹；在墨竹工卡、彭波等地流行的嘎洛靴则一般不用皮料做底，靴面图案大方、素雅；昌都地区的靴子多用灯芯绒或普通彩布、黑色氆氇做成。靴子大致也有三种：用黑色平绒布和牛皮相间作腰的称为"热玛鲁"，用绒布做筒的称作"布江"，鞋腰全部用皮料的叫作"过瓦靴子"。靴子的颜色以黑色居多，具有典型的蒙古风格。而"嘉庆"是藏鞋中的高档品，藏语里是"虹影"的意思，鞋面及鞋腰上的两组线条恰似美丽的彩虹，底子很厚，用优质毛毡叠加，保暖结实。目前，售价较高的"嘉庆"鞋多为过去上层官员专用。藏鞋的主要原料为平绒、皮革、氆氇、毛呢等。① 冬靴与夏

① 参见《藏文化的显现——藏鞋》，http：//www.china.com.cn/culture/txt/2007 - 10/10/content_ 9026987_ 3.htm. 该文中还提到了山南的"替日"、甘孜朱诿地方的"朱朗"或"霍尔鞋"，青海玉树"珠西替杂"等鞋。

靴并没有样式的不同，只有用料厚度的差异。很多地方旧靴夏天穿，新靴冬天穿。

2. 袜和护腿：袜子为手工编织的毛袜。筒筒袜，没有脚形，没有尺寸大小之别，只有把脚套进去后，脚形就显了出来，非常合脚。

（五）配件

配件是藏装必不可少的部分。

a.玉树缎面饰带

b.山南妇女腰饰带

c.银饰带

d.银饰带

e.革带

f.康南手工编织带

图1-4　腰带

注：b图选自《中国藏族服饰》第21页

1. 腰带：通常分绸带、绣花腰带、皮带和铜带。绸带男女通用，一般用真丝绸、印花绸或单色彩绸，男版宽20~30厘米，长约2~4米，多用朱红、天蓝、金黄、明黄等色，女用深绿、淡绿、粉红、桃红等色。皮带系用自鞣的牛皮制成，一般分为三段，中部较宽，两头窄，上镶几颗花银泡或皮面镶饰图案或云纹、花纹、吉祥结等，色彩鲜艳（图1-4-e）。金属带由錾花鎏金的白银板或白铜板连缀而成，上嵌若干珠宝如珊瑚、松石、玛瑙等，其四周边缘錾刻树叶、宝莲、孔雀之类吉祥图案。金属带通常由独立的九节、六节、三节相连，拴在腰上金光闪闪，耀眼夺目，玉树地区的金属腰带分大带和小带，盛装时拴二至三条，大带系腰，小带围臀（图1-4-a、c）。藏家妇女束腰主要依靠绸带，铜带和皮带一般在节日或集会时才戴，扎在绸带外起装饰的作用。四川有的藏族聚居区的女子还佩系用呢做底、上面镶嵌小螺片或小海贝的腰带。编织绣花腰带（图1-4-f）由棉线、腈纶或毛线等用简易织机纺织而成，各地方的图案和色彩是不一样的。四川甘孜不少地方自织腰带两端留十来厘米长的穗线。羊卓地区纺织的方格腰带图案精美，形式独特，腰带还有一个作用就是系常用的一些小物件，如钱包、针线包，火镰或奶钩等。

2. 围腰：围裙藏语称"邦典"，俗称"牛肋巴"，是藏族妇女显著的标志之一，是由棉、毛、丝织成的，其形制和花纹在区域上的差异非常明显。西藏地区的围腰通常用三幅色彩如彩虹一般的氆氇拼制而成，有的还在上端或下端两角贴三角形金丝缎面花纹。藏北束梯形"邦典"，下部束有长穗，两侧用十字"甲洛"（rgya lo）纹氆氇呢镶边，非常华丽。康南女子的邦典上还喜镶配三角形锦缎，称之为"卓典"（gor gdan）。昌都城镇妇女喜围素色邦典，农牧区女子喜爱条纹邦典。四川巴塘一带的妇女围彩条和素色相间的"邦典"。甘孜道孚的妇女围腰以黑色为底，边缘镶上绿、白等色，别具一格（图1-5-c）。藏东一些地区如中甸、理塘还在上部或下部两角镶三角形锦边的"邦典"（图1-5-a、b）。民主改革前，西藏地区习惯地将"邦典"种类分为七类："噶擦"（pang gdan dkar bra），以白色条纹为主，为女孩在节庆时穿；"擦钦"（pang gdan phra chen），是一种宽条纹邦典，主要为老年妇女节庆时所饰；"降加则"（vjav rgya sprad），彩虹颜色，通常为40岁以上妇女节庆时所系；"色夏"（ser skya），黄色调为主，为尼姑常系围裙；"俄穷"（sngo chung pang gdan），为15岁以下小姑娘所饰；"夏扎白萨"（dshad sgra dpe gsar pang gdan）、"察绒白萨"（tsha rong

图 1－5　围腰和臀围

dpe gsar pang gdan)，都是原西藏贵族夏扎家族和擦绒家族提供而著名，尤受青年妇女的喜爱。① 过去，邦典是已婚妇女的专有物，现在连小孩子也有佩戴的。

3. 臀围：康区中老年妇女围在后腰的方形厚型夹层布片，主要有护腰的作用，一般用羊羔皮或雪猪皮做里，深色布或绒做面（图 1 - 5 - f、j）。日喀则地区妇女除腰系"邦典"外，还有在系围腰在后的习惯，其围腰与"邦典"相似，"邦典"是横向花纹，围腰是竖向花纹。吉隆县妇女也喜在背后围系两层长短不等的绣花围腰。

4. 背垫、披风：西藏洛扎、加查（图 1 - 6）、阿里普兰、札达用带毛羊皮或光板牛皮做背披，云南中甸、甘孜九龙等地藏族人也有用羊毛或牛毛制成毡子来做背垫，有方形、圆形，也有以整张羊皮制成，并用布片装饰。阿里普兰妇女披锦缎披风，四川丹巴一带的嘉绒藏族女子则有披黑白相间或印花披风的习惯（彩图 7），各区县的花纹和色彩也不同。在一些牧区，夏季逢雨天时还披用毡或氆氇等织成的连帽式雨披，既可挡太阳，又可遮雨。

图 1 - 6　加查羊皮背垫

《中国藏族服饰》第 22 页

二、饰

藏族男女都很喜爱和讲究装饰，人们常常用"全身披挂"来形容藏族的装饰之丰富，无论从饰品种类、质料及装饰纹样都具有藏族的特色（彩图 12）。藏族的饰物例分三种：一重要、二次要、三常用。重要者，接贵宾、觐大官、赴盛会用之，次要减一等，余则平日所佩。② 故而，藏族佩饰不同场合所见各异。

（一）发式与发饰

虽然理论上可以将两者分开，但两者关系非常密切，很多时候装饰与发式是连为一体的。

藏族男女自古就有蓄发的传统。过去，藏族男子独辫盘顶或披于背后，近代以来男子逐渐有剪短发的习惯。康区男子发式独特，称为"英雄结式"。具体做法是将长发编成独辫，并加红色或黑色穗丝线使辫子粗大而长，然后将发辫

①　扎嘎：《西藏民主改革前的山南地区农村手工业》，《西藏研究》1993 年第 1 期。
②　刘曼卿：《康藏轺征》（第二版），商务印书馆 1934 年版，第 116 页。

盘绕于头，丝穗垂于额前，还在辫子上套上镶嵌绿松石或珊瑚、玛瑙等宝石的金银发箍，显得十分英武。藏族女子现代最主要的发式均以编发为基本特点，农区妇女编单辫或双辫，牧区女子多编"百辫"。发式可分披发、盘发两种。就辫式而言，有排比群辫式、集束群辫式、双辫式、三辫式和群辫联梢等。① 从辫子的数量、发辫的挽结方式，佩饰品的种类和多少又各有差异，因而形成了各种不同的风格（彩图9）。城镇妇女喜编独辫，有的如汉族一样盘于头后，加以装饰。盘发是用红丝线、毛线或五彩丝线混合头发编独辫或双辫，然后盘于头上或头帕上，四川木雅（彩图10－a）和嘉绒妇女即是。德钦的妇女盘头时还要用银丝缠发辫，置于头前。藏族牧女一般梳成若干碎辫子披于背部，但各地妇女辫发的造型及装饰又有各自特点。四川甘孜牧区的女子将编好后的辫子末梢整齐地连接于一根带上，如帘一般，在它的下端，续接有彩线、银币、松石、珊瑚或一排排镂花银牌等，中间也夹有海贝、松石等；理塘一带女子是在发辫上加黑色或红色布带三条，合于头顶，披于两侧及背部，上饰银质镶花的钝圆锥体"涅坡"，有的还串上珊瑚链、琥珀等；甘肃华热藏族和青海海北一些地方妇女还将辫发放入精美的辫套置于前面；青海海南藏族妇女会在头顶扎一较粗的辫子，头周围梳多达十几条甚至百余条小辫；藏北草原的牧民从额中分两边依次排列一周，梳若干小辫，然后在头上佩戴用红色氆氇呢子缝制成的长条状的"孜鲁"，其上装点有红珊瑚串饰和绿色松石，有的地方也直接在小辫末梢装饰发套，上面缀饰各种绿松石、骨贝类、珊瑚等。而在青海的一些牧区，姑娘则将细辫辫网整齐地披于背部，并在辫梢处佩戴特制的发套"加龙"和银盾。

　　藏族人的头部装饰很发达，尤其是妇女的头饰。一般分为卫藏典雅型、康巴粗犷型、安多（草原）华贵型；按区域还可细分为白马藏人式、阿坝松潘式、云南中甸式、四川木里式等②，饰品主要由金、银、铜、贝壳、蜜蜡、红珊瑚、玛瑙、绿松石等原料制作而成，其种类繁多，风格各异。卫藏地区的妇女，缀饰物为独立的不同形状的组合体，形似冠，耸于头顶，显得古朴典雅，如拉萨地区戴"巴珠"（spa phrug）（彩图10－c），日喀则地区戴"巴果"（spa sgor）（彩图10－e），江孜一带戴"巴龙"（spa lung），等等。康区妇女头饰多集中于顶或额、两鬓，头饰中还有以皮革或红呢制成宽长的垫带，上面缀满银泡、银

---

① 杨圣敏主编：《黄河文化丛书·服饰卷》，内蒙古人民出版社2001年版，第31页。
② 们发延：《斑斓多彩的藏族妇女头饰》，《中国民族》1996年第9期。

盘花或黄色琥珀、红珊瑚的头饰带。有人将康区女子头饰分为四种："栋久"，从两鬓发际垂下的饰物；"脱久"，从耳上两侧发际垂下的比"栋久"稍大的饰物；"连久"，从发辫梢连接的假发上的胎板及饰物；"达久"，头顶至额前或两端的珠串饰物。甘孜有从发顶至脚跟部用一胎布相连（图1-7），上镶有各种珠、贝、币的头饰，称为"连修"。安多藏族妇女头饰直接与发辫相连，在身后形成夸张的背饰，有的长至脚部，头饰品主要有"加龙"辫套、流苏（绸帷）、玛尔登、提则等①，其中以辫套最具特色，华热部落和青海湖一带的藏族妇女装饰和保护头发的布套，一般悬挂于胸前（彩图16），也有垂于背后的，如甘南夏河一带的妇女发套（彩图17）。

图1-7　甘孜妇女头饰与背饰相连

（二）项饰、胸饰

藏族项饰通常都比较大且色彩丰富（图1-8）。最为常见的就是佩戴用天珠、玛瑙、红珊瑚、蜡贝、松耳石等串起的项链，以及铜、银质錾花镀金护身盒"嘎

---

①　拉毛措：《青海藏族妇女服饰》，《中国藏学》2001年第1期。

乌"（gvu），男的多用方形、马头形，女的多用圆形，西藏地区的女子用八角形护身盒。康区男子的"嘎乌"通常斜挎于右肋。此外，经高僧活佛加持过的念珠也常挂于胸前。男女皆喜欢以多串的各种珠链来显示美丽和财富（彩图 13）。

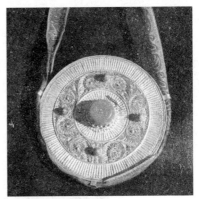

图 1-8　"嘎乌"和胸饰

拉先摄

（三）腰饰、尾饰

藏族的腰饰大部分来自生产劳动工具。因此，腰饰既为装饰又很实用，包括各种金银饰品和腰刀。男子有腰刀（rgya li gri）、火镰（mi lcags）、鼻烟壶、钱袋（vpav khug）等。其中，火镰、针、锥子、刀子四大样是牧民男子必备且随身携带的装饰品，称为"瓯席"（sngo-bzhi），有条件者还佩戴三节白藤缠绕为柄的鞭子，胁挎内装佛像及各种灵物的精美宝盒。① 妇女有银器、小吊刀

---

① 夏格旺堆、巴桑潘多：《略述西藏传统的服饰习俗》，《西藏大学学报》2007 年第 1 期。

（glo gri）、奶钩（bzho lung）、针线盒（glo khug）等装饰品。牧区妇女腰带上通常还挂一尺多长精致的银制奶钩和日月形的饰品"洛松"（图1-9-a、f）。

a. 女式洛松、绣包
(摄于青海湖)

b. 男子洛松

c. 钱包

d. 针线插子

e. 理塘牧区腰饰

f. 奶钩

g. 男女佩刀

h. 银制针线包

图1-9　各种腰饰

　　针线包（图1-9-d、h），分皮质和金属制品两种，长约10厘米，通常呈斧牙形，外用牛皮做套，内镶绸缎或黑色布料。金属类有银质、铜质和铝质数种，上面镂刻花纹，制成各种吉祥图案，如鱼、莲花、吉祥结等，常以几条金属丝链相系，系于腰垂至膝，极富装饰效果。钱袋（图1-9-c），内皮外以金属镶面，多呈扇形，上錾刻种种花纹图案，并嵌有珊瑚、松耳石，非常漂亮。腰刀（图1-9-g），长短不一，男子较长，有的长约2米多，女子佩刀较短，一般十几厘米。长刀一般斜插在前腰带上，短刀多系吊在后腰上。这些刀子的刀柄多用硬木或牛角包裹，并镶有黄铜、白银，显得色彩斑斓，刀鞘上刻有龙、凤、虎、狮或花卉图案，西宁刀、康巴刀还能制出浮雕般效果，用金属丝或鲨鱼皮、宝石、玛瑙、红珊瑚等贵重珠宝做局部点缀，显得富贵、华丽。藏刀以拉萨、当雄、拉孜、昌都的最为有名。康区妇女盛装时还在腰前挂饰如璎珞般的银饰（彩图14）。牧区妇女的背饰及尾饰连为一体，从头顶一直垂至脚踝（彩图15）。

（四）手饰、耳饰

手饰包括手镯和戒指（图1-10-b、c），手镯常见的有象牙手镯、玉石手镯和镂刻有各种花纹图案的金属手镯三种，甘孜藏族妇女多戴象牙手镯和金银质龙头手镯；戒指，男女均戴，以金银质居多，上面嵌有玛瑙、珊瑚珠、松耳石等珠宝，造型主要有马鞍形和马镫形，比起内地的戒指要粗大得多。遇有节日或喜事时，他们都要穿上盛装全身披挂，所戴戒指少则三四个，多则满戴两手各个手指头。有的还在大拇指上戴象牙、玛瑙或者翡翠的指环。康巴地区还习惯在手腕上套各种材质的手镯和链子。

a　　　　　　　　　　b　　　　　　　　　　c

图1-10　耳饰及手饰

藏族耳饰分为耳环、耳钉、耳坠三大类，有金银质的和宝石两类。男子也有戴耳饰的，一般只戴左耳，玉树地区男子戴右耳。妇女耳环形态各异，上面还镶嵌珠宝，如木雅藏族的龙头耳环（图1-10-a），由于较为沉重，故有一根链子挂在耳顶减轻对耳孔的拉力。耳坠主要坠以玛瑙、绿松石或珊瑚，如拉萨地区的"埃果尔"（ae kor）。

（五）体饰

体饰包括绘面、镶牙等。绘面是藏民族一种古老的习俗。史料记载：吐蕃"衣率毡韦，以赭涂面为好"，东女国"男女皆以彩色涂面"等就是有力的证明。据推测，涂面习俗最晚起源于四五千年前的新石器时代①，到松赞干布时明令禁止。但绘面作为一种民俗一直残留于民间，民国时期很多学者也都记录了藏族妇女涂面的习俗，如谢天沙的《康藏行》、庄学本的《十年西行记》等，文中载青年妇女用酥油和上黑灰涂在面颊上。现洛查妇女在脸上贴白胶布、孩子出门在鼻尖上涂抹黑灰等都是绘面习俗的遗存。藏族妇女爱美，"她们对皮肤极注意保护"，西藏妇人相信常贴弹性橡皮于面，可使皮肤更白。② 为了御寒防晒和防止面部疾病，藏族妇女还用鲜奶油、草药汁、高山鲜花汁、酸奶膏（称为塔古或多加）及红糖、蜂蜜等护肤用品，别有一番风味。③ 过去，农区妇女一般使用牛奶、羊奶、酥油、猪膘、动物油、花瓣、果皮、果仁、植物油和野山松脂等作为日常护肤品。在四川藏区，特别是小金沟一带的妇女，她们还使用民间秘方来制作一些美容护肤品。如猪胰润肤防裂油、蜂蜜刺蓁浆、鲜花美甲素。④ 此外，在藏族聚居区都能见到藏人有镶上一两颗金牙的现象。笔者在调查中问及为什么喜欢镶金牙？道孚格西乡卡娘村的苗勒老人认为就是"图好看"。也有人认为以前镶金牙是为了防毒，现在成了装饰。

第三节　藏族服饰的装饰图案和花纹

藏族服饰的图案和花纹是藏族服饰文化中非常重要的一部分。藏族人喜爱装饰，不仅全身佩戴丰富的饰物，还在上衣、腰带、鞋帮、帽子、围腰、头巾甚至靴带等部分，采用绲边、补花、刺绣、镶嵌等技术进行装饰，金银饰品上也有錾花和嵌饰。藏族服饰的图案和纹样造型独特，内容也极具民族个性，不

---

① 何周德：《藏族的绘面习俗》，《西藏研究》1996年第3期。
② ［英］查理士比耳著，刘光炎译：《西藏人民生活》，民智书局1929年版，第156—157页。
③ 塔热·次仁玉珍：《藏族妇女的美容》，见张中主编：《西藏风俗亲历记》，西藏人民出版社2006年版，第271—272页。
④ 曾雪玫：《丹巴服饰文化调查》，《康定民族师范高等专科学校学报》2007年第1期。

仅成为一种审美的对象，而且还具有一定的象征意义，寄托了藏族人民的美好理想和精神追求。

一、图形纹

图形纹包含了植物纹、动物纹和器物纹。

1. 藏八宝[①]：藏传佛教的吉祥供物，又名"八瑞相"，其纹样是藏族传统纹样中模式化的造型语言，有一种视图知佛的感觉。由于藏族人民对佛教的虔诚信仰，吉祥八宝图案使用广泛，用在服饰中希望能获得佛祖的保护带来好运。八宝图多用于金银饰盒的装饰，如嘎乌、火镰等盒上图案；也有单独使用其中某一图案的，如小孩儿背布上绣上莲花，并挂上一个海螺，认为能给孩子带来福运。八宝由吉祥结（dpal bevu）、妙莲（pad ma）、宝伞（gdugs dkar）、右旋海螺（dung dkar gyas vkhyil）、金轮（vkhor lo）、金幢（rgyal mtshan）、宝瓶（bum pa）和金鱼（gser nya）这八种图案组成。吉祥结，是两个相连的万字字徽，表明神佛永世不灭，象征团结、和睦、祥和；右旋海螺，它常为白色，象征佛法之音遍布四方；妙莲，其形为开敷绽放，花果俱全，象征道果观行，内外洁净，寓意高贵圣洁；宝伞亦称华盖，寓能消除众生的贪、嗔、痴、慢、疑五毒，象征拯救一切大小苦难。金幢亦称胜利幢，象征佛法无上，坚固不衰，能获最终解脱。宝瓶聚不竭的万千甘露，包罗善业智慧，可满足世间众生圆满正觉的愿望。金鱼因嬉海而表信守正法，因敏捷而表智慧，金睛凸出而表二谛，象征解脱的境地，又象征着复苏、永生、再生等意。以上纹样可组合也可单用，康区妇女的银质针线盒上就有金鱼、莲花、吉祥结等独立图案。组合图案常见于"嘎乌"、钱包等饰品的装饰上，以对称、均衡或适合的形式出现。

2. 狗鼻纹：也称"回旋纹""唐草纹"。在藏地，狗鼻图案称为"坚吉杰布"，即装饰之王的意思。[②]狗鼻纹之所以受到藏族人民的喜爱，不仅因为它形似狗鼻，代表着狗对主人的忠诚和护卫，而且，狗鼻图案可大可小，可任意变化，用途也最广。狗鼻纹也叫"卷草纹"或"花头纹"，也是藏族植物纹的代

---

① 久美却吉多杰编著，曲甘·完玛多杰译：《藏传佛教神明大全》，青海民族出版社 2006 年版，第 767—770 页。

② 阿旺格桑编著：《藏族装饰图案艺术》，西藏人民出版社、江西美术出版社 1999 年版，前言。

表，其旋转的花叶富有韵律感，常被广泛运用在衣服袖边、裾边或肩部以及靴、帽、饰品的装饰中，其纹样以单独、适合、角隅、边饰进行配置，具有极强的装饰效果（图1-11-a）。

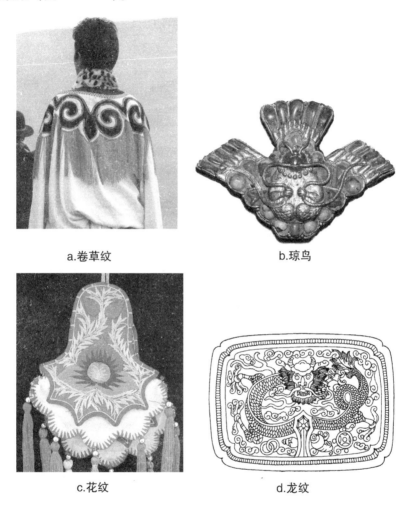

a.卷草纹　　　　　　　　　　　b.琼鸟

c.花纹　　　　　　　　　　　d.龙纹

图1-11　图形纹

注：b图由李星星提供，d图龙纹选自《康巴藏族民间美术》第51页

3. 日月、如意云头纹：日月符常与雍仲连用，在藏族服饰中运用极广。"洛松"就是一种日月形的银质錾花饰品。"如意"是随佛教自印度传入的佛具之一，与灵芝、祥云相同，象征吉祥。如意云头纹在金银饰盒、刀鞘上的装饰，饱满圆润，线条流畅，粗细有致，极具装饰效果。云卷状的如意云头可任意组

合，由四个组合而成的图形象征事事如意。

4. 四不像：由多种动物的不同部位人手、狮头、象牙、牛角、琼嘴、龙眼（这些都是神物，佳琼比所有的鸟都飞得高，狮子是百兽之王，白象力大无穷）等组成的图形。据说释迦牟尼的弟子阿难用面团揉成，准备丢弃的时候，被释迦牟尼制止了，说以后建造寺院的时候有用，因此，这个图形被留了下来。[1]最初只在佛教装饰中使用，后来被民间借用。"四不像"融入了各种动物的神力，可镇邪保平安。

5. 花鸟纹：藏族服饰中的花鸟纹有写实和写意的两种，写实的图案（图1-11-c）如莲、杜鹃、藤草、蝴蝶等，花红叶绿，形象逼真，如嘉绒头帕、围裙上面的绣花。另外，也有简练的写意花鸟，色彩、造型都很夸张，如鱼骨刺纹、太阳花等。

6. 龙：藏族把龙视为吉祥物（图1-11-d），出现在服饰上，是富足、高贵权力的象征。如旧藏政府官员在外出时，常身着带有龙纹的锦缎袍。龙图案也常作为藏族腰刀的錾刻图案，其形一般为腾云飞龙，张牙舞爪，龙须飘飘，龙身微曲修长，或团紧于头，或横隐于云中，若隐若现，制作极为精美典雅。西藏阿里普兰妇女披风采用龙纹锦缎制作，上面图案即是龙凤纹和云纹，色泽富丽，气势磅礴，美轮美奂，是当地跳"喧"舞时必穿的衣服。雕有云龙图案的刀，也深受青年人喜好。青海刚察县哈尔盖乡的女子头饰——"玛登"上面最具特色的银质碗形"阿坡"表面也刻有龙、凤、如意等图纹。龙凤图案在汉地是皇权的象征，而在藏族人心目中寓含富贵、美好。

7. 蝎子符号：常被用于婴儿的背布上，主要是驱魔避邪，佑护平安。

二、字符纹（图1-12）

1. 寿字纹：寿字作为汉族民间"五福"观念的主体，"寿"字图形是利用汉字的基本笔画通过添加、组合、变形、取舍等多种装饰手法进行组合构成的图案，它强调汉字的装饰美感和象征寓意，常出现在服饰的主要部位，纹样中有"团寿字""长寿字"，还常与卷草纹、雍仲纹组合构成，寓意生命长久无限。表达了生活在青藏高原恶劣条件下的藏民族对生命的崇敬和珍惜。

---

① 2007年4月，据理塘寺法相院住持俄色·洛绒登巴活佛口述。

图 1-12　字符纹（黑水文化局提供）

2. "十相自在"：藏语称"南久旺丹"，是由时轮佛心咒七个梵文字和三个附加符号（共十相）组成的一个代表藏传佛教时轮宗的一种图案，因其标志着密乘本尊及其坛场和合一体，象征时轮宗的最高教义，被认为具有极大的神圣意义和力量，能消灾避祸，吉祥圆满，所求遂愿，有人刺绣成工艺小品佩在身上。其中 ya、ra、la、wa 四个字符分别代表风、火、水、土；ma、ksa、ha 三个字符分别代表欲界、色界、无色界，三个字符分别代表太阳、月亮、大地。这是一个象征宇宙和生命合一的时轮图，蕴含了藏传佛教教义中基、道、果三方面的内容。"果"是修证的目的、结果，"道"是达到此目的必须经过的途径、方法，"基"是走上此道路所凭借的基础、客观条件。① 此图把每一个自在加以缩写后由梵文字母表出，字纹绘以不同颜色以作区分和暗示，再于周边配饰以莲瓣等纹样，从而组成既有宗教含义，又有美丽的装饰效果的图样。

3. 六字真言：源于梵文，由六个藏文字母组成，"唵、嘛、呢、叭、咪、吽"（om-ma-ni-pad-me-hum）是藏传佛教密宗的祈祷心语，或全部或单独用于服饰的装饰中。"唵"表示佛部心，念此字时要身、语、意相应，与佛成为一体。"嘛呢"二字是梵文，是如意宝的意思，表示宝部心，又叫"聚宝"。"叭咪"二字是莲花的意思，表示莲花部心，比喻佛法像莲花一样出淤泥而不染，永远纯洁。"吽"字表示金刚部心，是祈愿成就的意思，必须依靠佛的力量，才

---

① 王尧，陈庆英主编：《西藏历史文化辞典》，西藏人民出版社、浙江人民出版社1998年版，第235页。

能得到正果，成就一切，普度众生，最后达到佛的境界。①

4. "十"字纹："十"字纹样是西藏山南地区氆氇的主体图案纹样。"十字氆氇"（rgya gram ris），由"十"字纹变形而成的印花氆氇袍也称"甲洛"。藏族民间普遍把各种形式的"十"字符用于服装、藏靴的装饰，成为藏族民间象征吉祥的一种装饰图案。这种图案与藏族历史、宗教信仰有着深刻的关联，"可以说是由多种动机汇集在一起的"。② 求佛祖的保佑、驱邪、审美习惯兼而有之。

5. 雍仲纹："卍"（或"卐"）是藏族服饰中最具典型性的一种图案，藏语称"雍仲"，原是古代的一种符号、咒符，被认为是火和太阳的象征，是广为人知的代表古老的高原文明特征的重要符号。苯教诞生地阿里日土县岩画中就是类似的符号，而且明显看出雍仲符号由太阳演变而来。最初只画一个圆圈，边上画几道光芒。以后逐渐简化，便演化为与"万字符"一样的图案。佛教符号是右旋的，苯教是左旋的。"卐"在梵文中意为胸部的吉祥标志，是释迦牟尼三十二相之一。③ 雍仲在苯教中还象征世界的中心，苯教的世界中心是俄摩龙仁的九级雍仲山，山顶为一块水晶巨石的形状，称"坛城"。山脚下有四条大江分别向四个方向流去，而且雍仲山周围四个标准方向有四大宫殿，构成俄摩龙仁主要区域。④ 在藏族文化中"卍"还是苯教的教徽，具有巫术性质，其意义引申为坚固、永恒不变，是驱邪纳福和祈求吉祥的象征。藏族男女服装的领口、襟边、靴面和各种佩饰都常见到"卍"图案。现代藏北妇女的头饰"滚多"，上面有用红珊瑚串成的"卐"字符纹样。藏族妇女每逢本命年，常在背上绣"卐"字符，以祈求平安幸福。雍仲纹的变化形式丰富，可与其他图案组合成"团万字""万福"等吉祥符。由其组成的二方连续，一直作为连续图案的典型样式，如"万字花""万字不断头"，表示连绵不断的意思，象征万寿、幸福和无边无尽，是衣服裾边、氆氇常见的装饰纹样。

---

① 索南才让：《藏传佛教"六字真言"》，《西藏民俗》2001 年第 4 期。
② "十"字符号在不同的民族中，其象征意义完全不同，在西方，主要是基督教信仰的象征；奥地利装饰学家阿道夫·卢斯认为"十"字纹样是性欲的体现；在亚洲，研究者认为其具有太阳、火、生命的象征意义。《中国象征文化》载："十"字纹一是象征了生殖崇拜，二是象征了宗教信仰即太阳崇拜。
③ 任继愈主编：《宗教词典》，上海辞书出版社 1985 年版，第 226 页。
④ 卡尔梅桑木旦：《苯教历史及教义概述》，见中央民族学院藏族研究所编印：《藏族研究译文集》（第一集），1983 年版，第 46 页。

三、几何纹

几何纹通常出现在腰带或衣服的边缘装饰部位，包括各种圆形、方形或三角形等基本形派生出来的多种抽象造型，一般用五色丝线和棉线经纬提花相织而成。这种由各种直线和几何形组成的纹样简洁美观，并有立体、变形、颤动等幻象效果。图案有单色、黑白双色以及五彩多种，织带边还常以彩线色条纹或回字纹装饰。常见的纹样以线构形为主，或独立或构成连纹，如方形纹、万字变形纹、盘长纹、工字纹、三角形纹、回字纹、编结纹、长城连纹、横条彩虹纹等（图1-13）。

 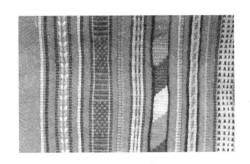

图 1-13　几何纹

注：左图由杨嘉铭摄

以上概述的图形纹、字符纹、几何纹三大类图纹集中反映了藏族装饰图纹的艺术水平，是藏族人民在长期的实践中根据大自然的各种启示，编织出了千变万化、巧夺天工的图案。有的是独具匠心的精心设计，有的是随意大胆的创新和夸张。笔者认为除日月、雍仲及个别花鸟纹具有高原原始文化气息外，其他动植物纹样和几何纹样都已程式化和图形化，典型的"吉祥八宝"自不必说，龙纹和"四不像"等图纹也已经过高度概括和提炼，形成了较为固定的程式化图形。几何图形繁多而且运用最广，大多数几何纹样已经没有了它最初的形态，演变成了各种各样的并未有实际含义的起美化作用的抽象化形式，这种现象几乎覆盖了整个藏族聚居区。抽象的几何图形是根据藏族生活环境、地理环境中所见到的自然形象加工变形而成的，如起伏的山峦、连绵的草地、高原灌丛或高大挺直的杉林，以及牛角、羊毛等等，通过夸张与变形，逐渐演化成现在的几何形纹样。有学者对西藏史前装饰品研究后认为，藏族先民早就有意识地将不同类型、不同质地的饰品按照自己的审美意识重新组合成形态富于变化的组合物，以达到审美的最高境界。① 因此，几何图形也是来自现实中的实物，而不是人们由脑中想象而产生的。在这些似像非像的图纹中，既有对自然的描摹，同时也有大胆的抽象，比如将物体上可有可无的细节删去，留下最典型、最富有特征的部分，希望通过这些如同想象的图纹来表达人们主观的愿望。图形造型从写实到抽象的变形倾向是物质因素和非物质因素之间冲突的象征性表现，"这种精神的、心理的因素，在原始时代与基本的、象征的、观念化的、超个人的和概念性的诸因素结合在一起，是抽象倾向中的有效力量"② 。日月、雍仲等图纹的保留，是藏族先民原始信仰的遗迹，它反映了自然崇拜观念的顽强生命力。从这个意义上说，藏族图纹是藏族人民在长期的劳动生活中积累创造出来的，充满着强烈的思想感情和宗教氛围。

我们知道，任何独特的民族文化，并非全部都是自己民族的独创。藏族在与周边民族的文化交流过程中，广泛吸纳周边民族的优秀文化，从而形成了自己独具个性和魅力的民族文化。藏族文化来自外来文化的影响，从装饰纹样来看，一部分来自伊朗、印度、尼泊尔等国，反映在服饰上的主要图纹有链珠纹、狮、鸟（摩偈伽罗金翅鸟最为典型）及旃檀花、萨达花等圆形构图的花卉、植物等；另一部分受中原汉文化的影响，"十字纹"藏语称作"甲洛"，意即"从内地汉区带回的意思"③ 。十字纹并不一定来源于汉地，但却与汉地有着密切的联系，而寿字纹、回字纹、缠枝牡丹、龙、凤、鹤、八卦图一定是从汉民族那儿借鉴过来的。藏族对外部文化的接收和吸纳绝不是简单复制，而是改造和创

---

① 李永宪：《西藏原始艺术》，河北教育出版社 2000 年版，第 83 页。
② ［德］埃利希·诺依曼著，李以洪译：《大母神：原型分析》，东方出版社 1998 年版，第 105 页。
③ 据说，一千多年以前，有一位青年看见生产出的氆氇十分单调，无任何装饰纹样，于是就在氆氇上编织了一个十字纹样。随后，他将十字纹氆氇带到中原内地去卖，结果汉族人争相购买，被抢购一空。他见特别热销，于是特意留了一卷带回西藏。这种氆氇因此得名为"甲洛"，意为"从汉地带回来的氆氇"。

新的过程。卷草纹在藏地变形为狗鼻纹深受藏人的喜爱就是一个突出的例子，尽管从造型上改变并不大，但是由于其优美的造型与狗鼻非常相似，获得了藏族的广泛认同和喜爱。在地广人稀的高原上，狗就如同人类不可分离的伙伴一样，因此，这种本身具有写实风格的卷草纹被藏人形象地称为"狗鼻纹"而广为传播。在后来的演化中逐渐呈现出非写实的形式。可见，外来的图纹并不是直接借取，而是经过藏族的改造并倾注了他们的思想、情感、审美和智慧，才成为藏族文化的一个组成部分。

第四节　藏族服饰材料及制作工艺

由于藏族聚居地特殊的自然环境与人文背景，藏族服饰从原料的生产到制作技艺上都形成了自身独有的方法和传统，具有强烈的高原特色。服饰材料是服饰的物质基础，取决于本地的土产。藏族聚居地区地处雪域高原，主要从事农牧业生产，虽然经过一千多年的发展，服饰材料越来越丰富多样，但是氆氇和皮毛仍如同糌粑和酥油一样，备受藏族的青睐。服饰材料还包含了装饰品材料，藏族饰品中使用最多为金、银、铜等，银饰品占有绝对数量，而且自成一体。

一、氆氇

氆氇（snam bu），也称羊毛褐子、藏毛呢，是藏族传统纺织品中的代表。以扎囊、浪卡子、江孜、贡嘎、芒康等地所产最为有名。氆氇质地柔韧细密、厚重保暖、经久耐用，一直以来都是藏族地区使用最普遍、最具民族特色的服装面料之一。自 15 世纪始，氆氇就是西藏地方政府向中央王朝的贡物。今天，无论身处藏族聚居区何处都能见到不同类型和风格的氆氇制品。一般用于制作衣服、靴帽、围裙、藏靴等，不少地方还将氆氇作为结婚的聘礼或嫁妆的必备品之一。

氆氇（彩图 18）的种类较多，根据选用羊毛的质料好坏，一般可将其分出七个等次：（1）"谢玛"（shad ma snam bu），是最优质的一种氆氇。选用柔软的羊颈下的毛来纺织，经纬线均用羊毛。过去只有贵族才能够穿用得起。主要产于贡嘎县姐德秀镇。(2)"布珠"(spu phrug),选用羊肩背的毛织成,质略次于谢玛,一般用来做藏袍和裤子。(3)"噶夏"(dkar skya),即彩毪,多用羊的胸毛或肩毛为料,根据色彩的搭配和规格可分为做长袍的衣料,或做藏靴的面料及妇女身前所围的邦典。(4)"泰尔玛"(ther ma)或"梯珠"(ther phrug),属中等氆氇,选用的羊毛质量不限,多为棕、黑二色,一般用来做藏袍和僧服。(5)"格毪"(vgo snam),多用山羊毛织成,质料相对粗糙,用于普通老百姓制作卧具或缝制口袋。(6)"朱祝"(btsugs phrug),均为高级卧具原料,其中长绒和短绒较为普遍。(7)"漆孜"(rdo chod),选材不限,通常用于制作冬装。[①] 从花纹和颜色上又可分为多种,其中常见的有十字花氆氇、邦典氆氇、中等白氆氇、红氆氇呢、黑氆氇呢以及黄色氆氇呢等。农民自用的氆氇是不加染料的,在藏族聚居区穿白色氆氇服装的人一定是农民。[②]

氆氇的尺寸规格与它的用途有联系,宽通常为25厘米,长度有3种规格:长约400厘米的,宜做男袍;长约100厘米的,宜做女袍;长约330厘米的,在过去往往出售到不丹等国。"邦典"是一种特殊的氆氇,其织法细腻,规格和色彩纹样上也有差异。"邦典"宽度较窄,通常为15厘米,色彩搭配鲜艳明快,多为9~12种色线织成,犹如雨后一道道绚丽的彩虹。纹饰有宽纹和细纹两种,宽纹以强烈的对比色彩相配置,具有粗犷明快的风格;细纹以较细的相关同类色形成典雅、协调的格调。贡嘎姐德秀地方家家户户都是织"邦典"的能手,笔者在姐德秀镇调查时看到桑村益西家就有两台织机,他女儿上机给我们演示(图1-14),只见梭子在她手中穿梭,很快就织出一截五彩氆氇,据姑娘讲,他们这儿的男女皆能上机,所织的"邦典"结实、均匀、细密、艳丽,故有"邦典之乡"之美誉。氆氇的纺织技术是在历史上的褐、毡、毪等粗毛织品生产基础上不断完善起来的。从工艺上分

图1-14　上机

---

① 扎嘎:《西藏民主改革前的山南地区农村手工业——氆氇与邦单》,《西藏研究》1993年第1期。

② 杨圣敏主编:《黄河文化丛书·服饰卷》,内蒙古人民出版社2001年版,第44页。

析，未出现织物前是毡、罽之类，只压不织。藏族聚居区出现的较早的毛织品
"溜"，它是一种粗毛纱经纬十字交织的粗毛布，以后才出现了四批综的氆氇这
类细软的毛织品，其特点为斜纹结构。到清代时，西藏江孜、拉萨已有少量木
制纺车，而在藏北、工布和西部地区仍用腰机纺织。至今，在广大牧区还存在
这种比较落后的腰机纺织。不管是木机纺织还是腰机纺织，其纺织所用的原理
和工序都是差不多的，不过，越是优良的织品，它的工艺也更为复杂和严格，
这里以高级氆氇为例对纺织工艺作一个概要的介绍。

　　一般来说，把羊毛纺织成氆氇要经过洗毛、梳毛、捻线、绕桄、上梭、纺
织、染色、整理八道程序。① 先将羊毛清洗干净，然后晒干，去其杂质。用梳毛
板（图1-15）"柏谢"（bal shad）进行梳松，羊毛梳松后形似棉花一样蓬松。捻
毛线用的工具，通常用木质的捻线锤，捻细线的叫"各约"（ku ru），捻粗线的叫
"旁"（phang），锤轴长约25～35厘米，下端安上一块圆木或石坠，另一端拴上线
以便旋转，将松软的羊毛纺成毛线。农区一般在农闲时节，而牧人则是一有空就
做。此项工作在青海、那曲等牧区主要是男子来做，其他地区则由女子完成。在
玉树一带，还有用黄羊角或藏羚角制作的捻线工具，选取两个头骨相边的犄角，
只需在两角中部固定一滑动杆就可以了，其捻线的方法颇似汉地人家妇女使用
的纺车，其功效比用捻线锤高出数倍乃至数十倍。② 捻好的线用卷线机（snam
dkris）卷成团待用（图1-16）。织机多为简易踏板织机"他赤"（thags khri），
安装有机梭、分经木、杼、纵（gnas）、裁（rtsis）和踏板（rkang krab）以及调
节经线松紧的"加尕"（lcags phur）等构件，与旧时汉地民间织布机相似。经
线的固定最为重要，纺织时，织手用脚踏提综装置开启织口，用梭子（gru bu）
投纬引线，每递过一根纬线就须用击线板（star）（图1-17）扒压数次，即
"打纬"。织机下边踏板按一定的顺序提起经线，手脚配合操作，如此反复操作
直至织完氆氇。用作衣料的氆氇织前不染色，而"邦典"则需要先把毛线染上
颜色。藏族自用的氆氇，通常喜欢白、黑、紫红三种颜色。西藏土产的染料来
自野生草本植物的"秋洛"（亚大黄）、"秋杂"，分别呈橘黄和金黄色。另一种

---

① 邵星：《西藏的氆氇》，《西藏民俗》2002年第3期；1958年由西藏少数民族社会历史
　　调查组江孜小组：《江孜手工业纺织业调查材料》，见《藏族社会历史调查》（四），西
　　藏人民出版社1989年版，第158—162页。
② 梁钦：《江源藏俗录》，华艺出版社1993年版，第410页。

野生灌木"最",制作出来的颜色呈紫红色。由于西藏土产染料的挖掘、配制费工时,成本高,价格贵,一般采用印度进口的化学颜料进行染制。染色过程中用温水煮染,适时地揉搓翻搅,使颜色均匀,七八天后将染成的毛线或氆氇放入清水中漂洗,然后晾干、熨平。

图1-15　梳毛板

图1-16　绕线工具

还有一种"十"字花氆氇,是将白色或深色底的氆氇,按一定的规格用线结成"十"字纹样,然后染色,晾干,把线拆去,即便形成缬染效果的"十"字花,由于边缘受染液浸润,"十"字花显得自然亲切。

牛毛线韧而光滑,抗腐耐磨,主要用于织褐子和搓毛绳,牧人住的帐房、牛鞍垫以及寺院里褡裢等都是牛毛制品。在甘孜一些牧区,也有一种简易织机(图1-18),甚至不用织机,织时将线一端用木轴拉紧,另一端紧系于腰间,人坐着织。这样织出的毛织物相对较粗,多为十字交织的粗毛布。

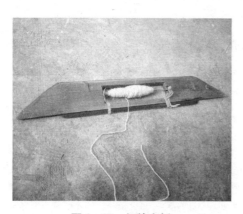

图1-17　打纬木板

图1-18　简易织机

二、鞣皮子

动物皮毛是藏族服饰的重要原料。羊皮藏袍仍是藏区普遍穿用的皮制品，农区妇女冬天习惯穿山羊皮袍，具有轻巧柔软和易裁剪等特点。而牧区的牧民们仍以皮袍作为他们的主要服装，一年中按冬、夏和秋季因季节不同而穿着不同皮质的藏袍。藏历九月至正月，所穿皮袍毛密结实，经久耐用；藏历正月至三月所穿皮袍毛容易脱落，但比较暖和；藏历四月至六月，所穿皮袍毛短结实，用来做夏衣。①

藏族制作皮袍多用羊皮，分为山羊皮袍与绵羊皮袍。藏靴、腰带、皮绳等所用的皮革，主要是牛皮。制作皮袍时方式各异，对皮质加工程序也很讲究，由于长期畜养牲畜，牧区的藏族同胞一般都具有熟练的兽皮加工技术。通常把洗净后晒干或风干的带毛的皮子浸泡在水中，以温水为宜。有的地方还加入三四碗酸奶"塔拉"和一碗青盐，如果洛地区，这样泡后的皮子鞣得快，而且洁白好看，但不太结实。通常夏天泡两三天，冬天泡七八天。等羊皮开始发酵后取出来，脱水、刮油，这样去掉皮面上大部分油质物，等皮子半干后再反复拉、撕、扯、揉后，皮子变得柔软，方可作衣料使用。在没有水缸的地区，他们在生羊皮上直接抹上酸奶，然后毛朝外叠起，待几天后，皮子变软，将其毛朝内叠好装到山羊皮里，用脚踏踩，像跳舞一样。这样断断续续踩上一两天后，再用一根锯齿形木质的弓状"勾日"刮油去脂，同时，用脚蹬住一头，用力拉，如上述反复多次直至刮净、变软。鞣制牛皮与羊皮不同的是，先将其在水里泡软，其他涂酸奶、脚踏、刀刮、手撕等工序都是相似的。这样鞣制皮子的方法虽然原始、费时，但皮质最具柔韧和耐磨性，比化学原料鞣出来的皮子耐用得多。尤其是光板老羊皮藏袍，板质坚韧，绒毛丰厚，遮风挡雨，保暖防潮，四季皆宜。一件成人老羊皮藏袍，约需七八张大羊皮，若羔皮则需要四十张左右才能缝制一件中等身高的成人皮袍。其原料来源虽比较容易，但从鞣皮子、剪裁，到缝制成衣，也十分不易。过去贫苦牧民做一件皮袍，往往要穿十年、二十年，甚至终生只穿一件皮袍。②

过去，土制的皮子是不用硝的，容易散发怪味。《康藏行》记载：当地人用

---

① 宁世群：《论藏族的服饰文化和艺术》，《西藏艺术研究》1994 第 1 期。
② 梁钦：《江源藏俗录》，华艺出版社 1993 年版，第 416—418 页。

8张羊皮为作者制成一件光板皮袍，重达三十余斤，他实在是穿不惯，其原因除了太沉而外，主要是因为皮子的气味。①

三、银制工艺

银器进入藏族人民生活的具体时间已无从考证。根据历史文献记载，吐蕃时代，以金银铜为主的金属制品已被用来区别人们社会地位和等级的标志。②这类饰品之所以经历千年，至今仍是非常普遍的一种饰品，除具有非常强的装饰作用外，在人们心目中，它还是一种财富的象征。因此，在藏族聚居地区，各种银饰品往往是每个家庭必备的装饰物。

藏族的银饰品明显不同于苗族的银饰品，其制作工艺、图案造型、用途等方面表现出很大区别。藏族银饰品的纹饰题材以佛教图案为主，是一种独特的造型艺术文化，即通过银、宝石等组合方式在形式美法则上表现一种变化统一的韵律美。③ 由于藏族银饰本身的形态特点，以及镶嵌的玛瑙、珊瑚、松石等宝石的天然拙朴，使得藏族银饰呈现出粗犷、质朴的特征。相比之下，苗家儿女佩戴的银饰纤细、精巧、种类繁多、款式复杂（有银角、银先锋簪、银梳、银片、银冠等）。笔者在九寨沟和甘孜的新龙作调查时，发现在藏族聚居区从事银饰制作的手工业艺人多数是来自云南的白族，他们都能非常娴熟地打制各类藏族喜爱的银制饰品。在其他地区，如昌都、拉萨等地，从事银饰工艺制作的手工艺人仍然以藏族为主。

银饰制作工具主要有风箱、铁锤、拉丝眼板、凿子、坩埚、铜锅、花纹模型、松脂板等。一般而言手工制作银饰要经过化银、铸料、成型、錾花、焊接、清洗等几道工序。首先是铸银（图1-19），即将纹银放入坩埚内熔化，加热主要用木炭，靠风箱鼓风迅速提高温度。银子熔成液体后，就把它倒入石槽铸造成条状，冷却后，便可将钳子夹着银条在铁砧上打成片状或拉成条状待用。

---

① 谢天沙：《康藏行》，工艺出版社1951年版，第15页。

② 《贤者喜宴》记载，吐蕃"三十六制"中的告身制度就是以六种章饰来区别等级不同的各级官吏，并依此给予不同的法律权限和经济利益的制度。吐蕃的告身制度分六等十二级。最上者为金、玉两种，次为银与颇罗弥（金涂银或金饰银上），再次为铜与铁文字告身。总为六种，告身各分大小两类，总为十二级。参见巴卧·祖拉陈哇著，黄颢译：《贤者喜宴》摘译（三），《西藏民族学院学报》1981年第2期。

③ 梁惠娥等：《浅谈藏苗服饰文化中的银饰艺术》，《江南大学学报》2004年第6期。

藏族银饰多由圆饼（图1-20）、方条、粗丝组合而成，呈浮雕状的圆形或椭圆形银花板较多，如嘎乌、洛松等，这种饰品多为锤打而成。一种方法是根据花纹图样使用不同形状的钻子凿出花纹，或是将银片或银条放在铁制模具中，用锤子直接打制出有凹凸的花纹，这样打制出来的银饰片花纹略粗。还有一种方法是将银片放在锡制阴阳模中锤出凹凸面，然后再将银模片固定在木板上，用大小不一的雕花錾对图案的细部纹理进行錾刻（图1-21和图1-22）。银丝通常是由细银条拉制成的，细而匀称，也有打制的，多异型，作特殊用途。银丝编结成链，编结时辅以焊接等工艺的使用。所有的零件加工完成将不同组件固定成型。然后放在特制的溶液中浸泡、洗涤，对于不理想的地方用锉子略作修整后，再用布擦至光亮即告完成。

图1-19 熔银

图1-20 成型的银碗

图1-21 錾刻花纹

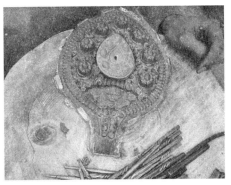

图1-22 雕花、刻画细部

四、缝制技术

藏族聚居区的缝纫作为手工业的一个行业，大部分集中在拉萨、日喀则、江孜等较大的城镇。到了近代，缝纫在拉萨已发展为一门专项技术，称为"岑波"（vtshem bu），其组成的行业会叫"索穷"。在农牧民中，缝纫的工作主要由农民和牧民完成，往往作为农牧家庭的副业，利用空余时间来做，也有心灵手巧的艺人受人雇用上门做活儿。在几个城镇中的手工业中，缝纫、制鞋帽、纺织等从业人数较多。据 1959 年统计，拉萨裁缝占手工业总数的48.2%左右，人数达 1411 人。① 直至现在，传统藏装缝纫仍是西藏地区比较普遍的手工业。依照传统，缝纫业的范围包括制鞋以外的所有缝纫活，品种有帽子、各式藏装、衬衣、裤子、僧衣、寺庙装饰品、垫子以及各种藏式窗帘、门帘等。民主改革前，裁缝所使用的工具主要为剪刀、木尺、绳尺、扁形粉笔、顶针（皮质）和一种装木炭的熨斗等。藏族聚居区的裁缝一般为男性，而且在缝制衣服时，持针方式与内地不同，习惯以拇指、中指捏针，食指在后推针，针尖朝内，由外向内走针，故顶针一般戴在食指上。据笔者调查，现藏族聚居区的裁缝在缝制传统藏装时，普遍都会使用缝纫机。一些传统的缝纫店除大面积的平缝使用机器外，涉及领边、袖口、接缝及装饰的挑线部分还用手工缝制，"巴桑裁缝店"就是这样制作藏装的②。巴桑现在拉萨市中心的策墨林寺里开了一家缝纫店。他 7 岁致残，13 岁学习缝纫，现有 16个学徒，他主要制作传统藏装，由于信誉好，有很多外国朋友请他定做，他还为我们展示了他做的一些改良藏装（虽然他并不认为这些样式和老式藏装有什么不同，可能是因为他用的还是传统的技艺和理念）。老人讲藏装的缝纫技术有很多自己的特色："一般的藏族服装不留肩，不垫肩，肩头部位不让缝合线，其好处是线条流畅，浑然天成，穿戴起来方便、自如。"③ 据次仁央宗的《拉萨地区手工业调查》中讲"缝纫活儿是一种非常固定的活儿，在佛经上有专门论述藏装式样的具体要求，所以，无论是男装还是女装，在袖口和

---

① 李坚尚：《西藏手工业的历史考察》，见中国社会科学院民族研究所：《西藏的商业与手工业调查研究》，中国藏学出版社 2000 年版，第 210 页。
② 2007 年 8 月笔者调查。
③ 索穷：《藏地的手工艺人》，《中国西藏》2007 年第 2 期。

肩领的尺寸上有非常严格的规定"，遗憾的是，笔者无缘见到这些资料。藏族传统的缝线针法是非常讲究的，过去一个学徒学习针法首先是练习空缝（即用不穿线的针进行缝补练习），空缝到了一定水平，才开始穿针缝补。巴桑讲，传统针法达10种之多，如"达秧"，"达锅"（ta ko），"连"，"木地岑波"，"夏尔"（图1-23），有的已经失传或已不使用。

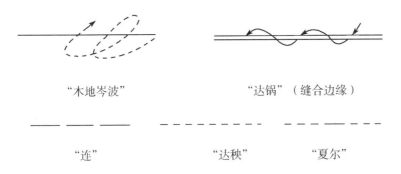

图1-23 藏族缝制工艺的传统针法

注：根据巴桑介绍绘制

除此之外，藏袍不管是老羊皮袍还是氆氇袍、布袍，都喜爱在袖口边缘、领边、下摆等部位镶边。镶边艺术突出了藏服的特殊风格，使其即使用料粗陋，却仍能获得多姿多彩、雍容华贵的效果。藏北妇女袍面上要用较宽的红、绿、黄、黑几种不同色彩的布镶在皮袍上，独特美观；果洛藏族女式藏袍则用大红和黑布镶两道边，大襟下摆用同样的布镶成"旗角"，以示同男式藏袍的区别①；玉树牧女不仅在袍襟、袍袖和下摆饰以红、黑、绿搭配的双层彩边，有的还镶上三角形、方形或圆形的肩饰和腰饰。牧区藏袍镶边的材料为各种色布、缎面或者氆氇、豹皮、水獭皮等，若是老羊皮袍，在缝好后一般要穿上一些日子待袍边定型，再镶边饰。城镇和农区藏族同胞的服饰上一般不镶大面积的色布，除水獭皮、豹皮之类较宽外，其他镶饰以细条状的"国青"（go chen）为主。关于藏族喜爱在衣袍边镶饰各种饰边和花边的来历，民间认为是吐蕃时代

---

① 邢海宁：《果洛藏族社会》，中国藏学出版社1994年版，第187页。

由藏王给英雄授予的勋章的制度逐渐演变而来的。①

牧区的皮袍镶饰以挂面方式制作，它基本上同于服装的加工。藏族服饰中常见镶饰的缝纫方法主要有两种：绲边和贴边，两者都是沿着衣服、鞋、帽等的边缘缝上布条、带子等，所不同的是绲边表面不留缝，而贴边则只缝合一边。传统的绲边是要将绲条的两边须布内叠进去，现在用锁边机锁边后直接缝上就可以了。

绲边，也叫"滚边"。在藏族的服装里，无论是藏袍"曲巴（phyu pa）"还是"堆通"、男女衬衣、坎肩等的领口、袖边、裾沿部位基本上都镶饰了绲条，工布的氆氇"古休"最多的还有镶上九条绲边的，看上去华贵无比。金花帽、工布帽以及松巴鞋上都可见到相似的绲边。藏服中用来做绲条的"国青"布料较硬，易于裁剪，不变形，其色彩亮丽，加上金线的衬托，镶在服饰边缘能起到很好的装饰效果，显得豪华高雅。另外，绲边还能对衣服饰缘边起到保护、加固的作用。根据绲条的宽窄和数量又可分为单道绲边、多道绲边和菱形绲边等，单道绲边一般上两条线，也有用专制的锦边做绲条直接缝上的，一般用在孩子的衣服上。多道绲边则讲究色彩搭配，一般都有色彩变化。

贴边，指加于衣服边缘的狭幅，制作时只缝合靠里的一边。常用于藏袍的衣袖、裾及下摆等部位的水獭皮、豹皮等皮毛类镶边，有的还在上面镶上一两层"国青"绲边，以使皮毛边缘不显露出来。这样，在穿着时袍服显得挺阔、舒展，而且不会弄伤皮毛，当衣服坏掉的时候，皮毛还可以拆下来反复使用。

---

① 相传，吐蕃王朝为了鼓励将士英勇杀敌，对有功者奖赏一种围带，佩戴时把两头连接起来，斜套于左肩。随着岁月的流逝，军队中的授勋办法逐渐改变，而这种围带的方式却成为一种装饰在民间流行开来了。

第二章

藏族服饰文化渊源及嬗变

　　藏族服饰是藏族传统文化的外显标志之一，在藏族社会生活中具有举足轻重的地位。我们知道，任何文化都是人在特定的历史时期和社会环境中创造的。正如美国人类学家博厄斯所指出的："任何一个民族的文化只能理解为历史的产物，其特性决定于各民族的社会环境和地理环境，也决定于这个民族如何发展自己的文化材料，无论这种文化是外来的还是本民族自己创造的。"① 藏族服饰文化是瑰丽而独特的，是藏族人民千百年来智慧的结晶和创造。要想真正理解藏族服饰文化，不仅要分析服饰文化的形式和内容的时代性特征，还要从文化的生存环境（社会环境和地理环境）去探讨其形成的原因和基础。

　　藏族服饰鲜明的民族特征以整体的形象留在人们的脑海中：身穿宽大藏袍、束腰、斜襟、右衽、长袖，女子梳辫、系彩条围腰，脚着长筒靴，装饰遍及全身等等，不管是西藏还是四川的甘孜、阿坝藏族聚居区，抑或是青海的藏族聚居区、甘南的藏族聚居区、云南的藏族聚居区，藏族的服饰文化形态都呈现高度的统一性。当然，"一致"是相对而言的，在种种共同的特征下并不排除各类服饰包含自己独有的服装体系、色彩偏好、饰品种类和样式的差别。虽然藏族服饰种类很多、地区差异也很明显，但各种服饰也都表现出以上共同的形貌特征，使藏族服饰整体上呈现一致性的特点，包括服装外观造型、服饰色彩、搭配、服装材料及图案装饰等服饰元素。藏族服饰文化所具有的高度的统一性，使我们不得不从历史的角度提出问题：藏族服饰到底受到哪些因素的影响？在社会文化的演进中，哪些因素促成了藏族服饰特征如此统一？它又是如何嬗

---

① ［美］弗朗兹·博厄斯著，金辉译：《原始文化》，上海文艺出版社1989年版，第8页。

变的?

第一节　自然环境与藏族服饰

服饰是人类与其生存的自然环境长期相适应的结果。一般来说,自然因素包括地理环境、气候、生态及自然条件决定的生产方式等方面。其中,地理环境往往是决定气候的主要因素,而生态和气候直接影响物质生产的方式。影响藏族服装最直接的自然因素,应该是气候和物质生产两个方面。气候直接影响服装的形制、款式、色彩观念,甚至起着决定作用,① 物质生产则直接影响服装质料。

一、气候条件

气候条件是由太阳辐射、大气环流、地面性质等因素的相互作用而决定的。它包括气温、降水、风向等方面,其中温度和水分对服饰的影响最大,因为人体对冷热的感觉主要来自这两者的变化。当感觉冷时,衣服就会穿得厚一点,服装款式的离身性也低;相反,当感觉热时,人们就会穿得少一点或薄一点,服装款式的离身性也高。所谓"离身性"是指:服装和身体的离合程度。青藏高原属于高寒地区,有一半地区年平均气温低于0℃,其他地区如雅鲁藏布江、河湟谷地和柴达木盆地相对比较温暖,年平均气温在3~5℃。一年中冰雪期较长,年较差小,气候干燥,日温差大,太阳辐射强。② 以西藏地区为例,拉萨年平均气温约7℃左右,太阳日照时数居全国之首,年平均日照时数达3000小时。藏北约-2℃,无霜期仅一个月左右,大部分牧区进入九、十月份已经是冰天雪地了,到第二年5月才化雪。而且即便是夏天也有突然的冰雹或霜雪,尤其是早晚。由于地面植被稀少,岩石裸露,增温散热都快,一天的气温相差达10℃,有的甚至达20℃以上,不少地方一日之内要经历早春、午夏、晚秋、夜冬四个

---

① 戴平:《中国民族服饰文化研究》,上海人民出版社2000年版,第183页。
② 据专家研究,青藏高原地区的日较差平均达到14.8℃,高出大陆性气候地区的日较差近4℃,年较差为22℃,小于大陆性气候地区的年较差5℃以上。数据来自藏加洗主编:《青藏高原气候》,气象出版社1990年版,第141页。洛桑·灵智多杰:《青藏高原环境与发展概论》,中国藏学出版社1996年版,第36—37页。

季节，早晚服装要求御寒保暖，当太阳出来以后温度急剧升高，这时服装又要求适应气候的变化，能够散热。服装愈合身其离身性愈低，而高原上气温的变化不可能靠增减衣服来调节，在长期的生活实践中藏族形成了褪下一只袖子或两只袖子以调节体温以适应气温变化的需要，衣服也因而能够保持干燥，不影响保暖，这样就要求服装的离身性较高以方便穿脱。因此，藏族服装普遍具有衣料厚重，结构肥大，袖袍宽敞的特点。从历史文献、考古资料和笔者实地调查的情况来看，藏族人对服饰的选择始终以御寒保暖为出发点，只要气候条件如此，这种选择趋向就不会改变，从这个角度也可以反观藏族服饰产生的原初动机，即护身保暖的实用目的。

在寒带地区，衣着要能阻止人体的热量散发出去须采用传导性低保温性高的服装材料制作。据专家研究，传播值最低的物质是羊毛和静止的空气，其热量传播值为 0.000084 和 0.000057（每秒每平方厘米每摄氏度每厘米厚的物质的传播热卡），其保温性相较棉布高出 0.234clo，① 柔软的皮革不仅保暖、耐用，而且穿起来也很舒适。因此，在高原气候环境中生存的先民很早就开始使用皮革和羊毛织物作为服装的主要原料。安旭先生在追溯藏族服饰渊源时都提到了邻近青藏高原的哈密地区一座古墓出土的古干尸的装束（测定距今 3000 年）：男尸穿毛皮或皮革大衣，女尸穿毛布长袍，腰间束带，男女都着长筒皮靴，毛织带裹腿。安旭先生认为，在公元前 11 世纪前后，作为藏族前身的有关部、族的服饰就已具备了现代藏族服装的基本特征。② 这种特征的相似无非体现在服装的质料（皮毛和毛织物）和袍衣、束带、长筒皮靴等服饰元素方面，以此推断两者的渊源关系正是基于气候条件对服装款式特征的决定作用，而且具有稳定性。在藏族聚居区，为了抵御寒气从足侵入，人们喜欢穿软皮缝合的靴子，并在里面放入一丛牦牛的尾毛以暖足和防雪地浸水，鞋尖上翘则是方便在草丛中行走，草原夏秋季多雨，穿褐衣可以避雨，冬春多雪寒冷，穿皮衣防寒。高原日照强，为了保护头部，藏族形成了戴帽的习俗，帽子既可以保暖、防晒，同时又能够预防冰雹对头部的伤害，曲松县用牦牛毛纺织的帽子，既防雨又防

---

① L. 福尔特，M. 哈里斯：《织物的物理性能》，棉布的绝热系数是 0.051clo，羊毛织物是 0.111～0.285 clo。转引自 ［美］玛里琳·霍恩著，乐竟泓、杨治良译：《服饰：人的第二皮肤》，上海人民出版社 1991 年版，第 394、403 页。

② 安旭：《藏族服饰的形成和特点》，《民族研究》1980 年第 4 期。

寒，帽尾遮住后颈防寒气进入，在气候宜人温和的地区，他们的帽子或头饰变得轻便和松弛，如工布的小帽，松潘的"格然"头饰。服装色彩也是当地环境的表现，白色能够反射阳光，而深色服装可以吸收阳光，使人感觉温暖。1955年出土的晋宁石寨山西汉时期的青铜器人物图像中有身穿袍服、袒露双臂或单臂、头部有饰物的形象。这些服饰特征的延续足以说明青藏高原及其周邻地带独特的气候环境是形成藏族服饰特点和着装习惯的基础。

藏族主要分布于西藏和青海、四川、云南及甘肃南部等地区，基本上与整个青藏高原的范围重合。很早，藏族同胞便对自然条件的适应性选择确立了明确的地带：（1）"塘"（Thang），即高原山地，如羌塘；（2）"岗"（Sgang）或"日岗"（Ri-sang），意思就是山岭；（3）"卓"（brog），山坡草原，包括南部半沙漠的草原带和北部的"羌塘"，在西藏的北部和东部也有草原；（4）"绒"（Rong），河谷，一般坐落于 3000～4000 米之间，河谷居民最大的生活特点是季节性的垂直迁徙，夏到 4000 米的山地牧场，冬季回到 3500 米左右的谷地。[①] 从今天藏族同胞的分布来看，大致说来是符合他们对自然条件的选择的。

青藏高原是一个相对独立的地理单元，这里自然环境与其他地区差别很大，地势高，气候寒冷，交通不便，土地贫瘠。在长期的历史发展过程中，藏族共同体及其分布的地域一直没有太大变化。青藏高原在气候特点上具有很大的一致性：海拔高度在 3000 米以上，属于高原气候带。其特点是温度低，日温差大，年较差小、太阳辐射强等。青藏高原气候带又可进一步分为高原寒带、高原亚寒带和高原温带。西藏的北羌塘地区属于高原寒带，年日平均温度低于 0℃，除夏季有少数游牧外基本没有人烟。高原亚寒带气候区即西藏冈底斯山以北的南羌塘地区、青海的南部及甘肃的祁连山区。该区每年 ≥10℃ 的天数少于 50 天，年降水量东部 500～700 毫米，中部 400～700 毫米，西部及祁连山区为 100～300 毫米。高原温带的分布地区则更为广泛，包括了西藏的阿里地区、雅鲁藏布江中下游地区、藏东峡谷区、川西地区、青海中部及柴达木盆地，该气候区每年 ≥10℃ 的天数在 50 天以上，海拔较低处可达 150～180 天。年降水量差异较大，从川西高原的 500～800 毫米到柴达木盆地的 50 毫米以下。以上可以看

---

① ［苏］Y. N. 罗列赫著，李有义译：《西藏的游牧部落》，见中国社会科学院民族研究所历史研究室资料组编译：《民族社会历史译文集》（一），中国社会科学出版社 1977 年版，第43—44页。

出青藏高原南北的气温差异并不太大，年降水量主要在 200～500 毫米之间，①
因此，容易形成一致的服装款式和特点。

二、服饰文化与农业、游牧业的关系

自然生态和气候条件决定着人们的生产方式。青藏高原自然生态大体趋于
一致，属于高山始成土——干旱土壤区和高寒植被区，生长有高地森林草原的
草甸草原、寒漠动物群。因此，大部分地区只适合游牧，在一些海拔较低的河
谷地带、山原低地和峡谷可以从事一些耐寒谷物的种植。青藏高原地区牧业发
展较早，从狩猎发展而来，是藏族先民主要的经济生产方式。西藏的农业同牧
业一样，也具有悠久的历史，据考古发现，拉萨曲贡村、山南乃东县钦巴村以
及林芝县的红光、加拉，墨手续的背崩、马尼翁等地均有磨制石器、陶器出土。
农业以种植耐寒的青稞、小麦、荞麦等食物为主，并无麻类植物（唐时吐蕃出
现了自己的丝麻纺织，多半是通过掠夺唐朝的技术工人实现的②）。在农牧经济
时代，人们服饰原材料基本上都是就地取材。不管是农民还是牧民，当时的衣
服材料主要来自畜产的牛羊毛织物、皮张和猎获的动物皮毛。幼年格萨尔"角
如"的服装由妖牛犊的皮做皮衣，屁股上悬着牛尾巴，帽子用赛禹山羊皮做的，
羊蹄还留在帽子上，脚上穿的是马皮做的红腰皮鞋，反映了藏族加工畜产品制
衣的原始状况。③ 藏族的农业并不是纯粹意义上的农业，即是说从事农业的居
民都或多或少地牧养有牛羊等牲畜，其生活中的衣食来源还需要牲畜养殖的接
济。另外，藏袍宽大、束腰、着靴等特征是和草原游牧生活方式相适应的。宽
大的藏袍不仅方便骑马，还能护膝防寒，夜晚还可以当被盖，天热时候方便地
脱去一袖或二袖，以调节体温。腰带可以挂束火镰、针线包等小物件。束腰后
腰间形成的大行囊，里面可以装不少随身用品。至今，在藏北、玉树等高原牧
场，羊皮袍、羔皮袍、氆氇袍仍是藏族同胞喜爱穿用的服装，在他们看来，这
些传统袍服经历了千百年生活的检验，是最能适合草原牧区生活的。

一般来说，气候较暖海拔 3800 米以下的高原面上的原地或起伏地，它的气
候介于干旱与半干旱之间，但在群山之间沿河流平坦地带，可供农耕。在海拔

---

① 林振耀，吴祥定：《青藏高原气候区划》，《地理学报》1981 年 3 月第 36 卷第 1 期。
② 杨清凡：《藏族服饰史》，青海人民出版社 2003 年版，第 69 页。
③ 索代：《藏族文化史纲》，甘肃文化出版社 1999 年版，第 42 页。

3800 米以上的气候严寒的高海拔地区，空气稀薄，为草地或草甸，可以支持游牧。而高山峡谷交错的地区则农牧兼营。牧业的畜产品提供了丰富的服饰原料，如绵羊毛、山羊毛、山羊绒、牛绒、牛皮、羊皮、羔皮等。拉铁摩尔认为农业与牧业由于各自的生产特点促成了两种经济之间的差异，从而影响文化状态。河谷农业具有防御战争和自然灾害的优势，易于积累财富，往往成为权力和财富的中心，农区人口较多而且稳定，劳作季节性强，分工和阶级分化往往出现较早。草原游牧流动性强，难以形成大的稳定的政治集团，草原部落组织管理较为松散。① 因而，藏族聚居地区因为农牧生产方式的差异在服饰文化上表现出一定的差异性外，如农区服饰细腻、种类多样，牧区服饰粗犷、式样单一。同时，由于农牧交融的特点也使得作为文化表征或符号系统的服饰能够在广大藏族聚居区体现出许多共同因素。

藏族聚居地区的畜牧与农耕的关系非常密切。在广袤的高原大地上，农与牧之间形成了相互依赖的不可分割的关系。《西藏的土地与政体》中说："西藏各地几乎都是农牧紧密联系的地区，山谷用于农业，附近的大山则为牛羊提供了牧场。农民与牧民紧密联系，他们往往是同一地区的人，居住在同一村庄，甚至是同一家庭成员。"② 藏族聚居地区除了藏北草原、安多牧场和四川康北牧区等为纯牧业地区外，其余绝大部分居民在从事农业生产的同时，也从事畜牧养殖，从这个意义上说，藏族聚居区有完全意义上的牧区和牧民，却没有纯粹意义上的农民。农民、游牧者，其居彼此密接，互相供给其所需，交易其出品。农民所需肉食、乳制品、皮革之类，全依赖于游牧者，反之，游牧者又需要从农民处得到五谷等物品。③ 具体而言，藏族聚居区农牧之间的关系可以分为三种情况：（1）农牧兼而有之，村落居民养殖家畜，在海拔低的峡谷地带耕种，在海拔高的山腰或山原上放牧，形成自给自足的独立的经济实体，青藏高原东部横断山区的大部分地方皆如此。（2）牧民与农民之间的直接交换，游牧部落进入冬季以后，返回低地平坝与农户为邻，彼此贸易交换所需的物品，牧民卖

---

① ［美］拉铁摩尔著，唐晓峰译：《中国的亚洲内陆边疆》，江苏人民出版社 2005 年版，第 139 页。

② ［美］皮德罗·卡拉斯科著，陈永国译：《西藏的土地与政体》，西藏社会科学院西藏学汉文文献编辑室编印 1985 年版，第 72 页。

③ ［英］路易斯·金，仁钦拉姆合著，汪今鸾译：《西藏风俗志》，商务印书馆 1931 年版，第 59 页。

出者为盐、牛羊、酪酥、皮毛之类，买进者多为青稞、小麦、茶叶、布之属，故西藏这种交换也习惯称为"盐粮交换"。在每年秋末或冬春季，藏北牧民就前往相对固定的农区交换。那曲阿巴部落牧人策其载重牛群进至旁多、拉萨及其他较大中心地点与农民交易。① 林耀华先生也在《康北藏民的社会状况》中详细地记述了康北牧民到农区交换的情景。② （3）以商人为中介的贸易，藏北地区称为"毛茶交换"，牧民的贸易除与农民直接交换外，还有和商人（包括官商、私商和寺院中的经商者）进行贸易，牧民向商人出售畜产品，其中最大宗的是羊毛。"盐粮交换"和"毛茶交换"合在一起构成了藏北牧区的主要贸易网络（图2-1）。

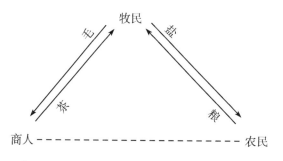

图2-1 毛茶交换示意图③

由于高原物资的贫乏，农牧业产品成为人们赖以生存的物质来源。农牧之间密切的关系也导致了生活于青藏高原的藏族在物质生活方面有更多的共同点。同时，藏族聚居区的农业不是纯粹意义上的农业，也就是说从事农业的居民都或多或少地牧养有牛羊等牲畜，其生活中的衣食来源还需要牲畜养殖的接济，这也是藏族聚居区服饰文化特征中畜牧文化元素非常突出的原因。

① 西藏社会历史调查资料编辑组：《西藏社会历史调查》（3），西藏人民出版社1988年版，第179—180页。
② 林耀华：《民族学研究》，中国社会科学出版社1985年版，第374页。
③ 格勒：《藏北牧民——西藏那曲地区社会历史调查报告》，中国藏学出版社1993年版，第95页。

第二节　藏族服饰形成的历史文化背景

相似的自然环境可能造成服饰某些共通性的东西，如款式、服装面料等，但并不意味着自然因素是形成服饰所有共同点的必然因素。服装除保护身体的实用功能外，还体现着装者的身份、地位，反映人们的心理情感和审美情趣，蕴含着文化和艺术的含义。藏族服饰文化现象之所以如此繁杂、如此神秘和如此亮丽，是与藏族社会发展中的诸多因素分不开的，这是我们理解藏族服饰至关重要的一点。如果不从此去把握，不结合藏族的发展历史和民族心理以及他们的信仰观念等因素，我们很难理解藏族服饰及其文化事象，更不能理解这些事象背后的意义。下面，拟从历史发展和宗教信仰的渗透两方面去认识和把握藏族服饰特异性形成的根源，以进一步论证藏族服饰民族性与历史文化的关联性。

一、吐蕃的军事扩张与统治

吐蕃时代是藏族服饰形成的关键时期。以吐蕃服饰特点为主脉的发展进而影响到周边诸部并形成比较一致的特征，与吐蕃的军事扩张密不可分。6—7世纪，吐蕃王权从雅砻地区兴起，其政权迅速向外扩张，统一了苏毗、象雄等诸部，并利用强大的军事力量不断向外拓展疆域，各诸夷、氐、羌部落先后皆为之所役，使过去处于分散状态的部落联结成为一个统一的共同体。今天藏族分布的区域并没有超过当年吐蕃范围。藏族现在分布的地区，基本是历史上吐蕃强盛时期所占领的地区，以及后来被他们兼并、融合和同化的一些部落民族的分布区域，这些部落和民族有：羊同人和白兰人、党项人、吐谷浑人等。吐蕃强盛时期的版图是："东与凉、松、茂、巂等州相接，南至婆罗门，西又攻陷龟兹、疏勒等四镇，北抵突厥，地方万余里，自汉、魏已来，西戎之盛，未之有也。"① 吐蕃统治持续了两百余年，统一了文字，并制定了律法，体现了一种强制征服带来的影响。在两百余年的扩张和发展中，被征服诸部不断受到吐蕃文化的影响，并在相当程度上受到同化。当时的吐蕃经济文化空前发展、社会繁

---

① 刘昫等：《旧唐书》卷196上《吐蕃传》，中华书局1975年版，第5224页。

荣稳定、政治军事也处于历史鼎盛时期，其对周边抚服的各部影响是相当大的。这种长期、持续的接触（包括行政上的统属、佛教的传播）的结果使经济文化上处于弱势的部族被迫或自觉接受吐蕃的文化，即逐渐与吐蕃的文化风格接近或相同，表现在服饰装束上，所属诸部具有"吐蕃"式的穿着习惯、相似的装饰符号以及共同的审美心理和价值取向就不难理解。服饰文化作为一个民族共同心理素质的表征之一，要随着民族共同体经历一个长期发展的过程，一旦民族形成后，服饰也基本定格，服装款式独具特色而且具有相对稳定性。① 需要说明的是，在这一过程中，男子服饰受到吐蕃影响"藏"化明显，而女子服饰则较多地保留了本土风格，例如，嘉绒男子服饰与其他藏族聚居区服饰相一致，而女子服饰却与藏族主流服饰存在较大差别，如编发盘头、着百褶裙、披毡、贵黑。不过，嘉绒女子的服饰也不可避免地受到吐蕃服饰的浸染，与主流藏族服饰有着共同的元素和特征，如冬季服装为宽袍、大襟，系腰带，佩戴嘎乌、绿松石饰品等。这种变化，与当年吐蕃与唐打仗时大批士兵驻留该地并与诸部融合的历史事实是密切相关的。至今，南坪白马藏族和舟曲等地的藏族还认为他们的服饰遗留着吐蕃时期的服饰特征。② 这些边缘族群经历了漫长的历史演变，其服饰也在长期的民族分合、交融以及与众多部族文化的交流后逐渐形成了与藏族主流服饰既有区别又有联系的服饰特征。

二、宗教信仰的因素

宗教是社会发展到一定阶段的历史现象。作为同一个民族的文化要素，民族宗教和民族服饰文化虽然分属于精神文化和物质文化不同的范畴，但两者之间存在内在的统一性，在各民族所信仰的各种宗教中，服饰作为文化的表征，在宗教仪式上起着重要的"道具"作用，规定着深层的民族心理和审美观念。同时，民族民间服饰带有鲜明的宗教色彩，其用色、图案以及人体装饰都体现出信仰者的宗教情感以及虔诚心理，与宗教有间接或直接的关系。服饰与宗教之间这种相互影响、渗透和制约的关系在藏族服饰史上体现得也很突出。正因为藏族发展过程中一直伴随着浓厚的宗教氛围，才使得藏族的服饰文化发育得

---

① 戴平：《中国民族服饰文化研究》，上海人民出版社 1994 年版，第 1 页。
② 洲塔：《甘肃藏族部落的社会与历史研究》，甘肃民族出版社 1996 年版，第 205、548、550 页。

多姿多彩而独具魅力。很难想象，在藏族的日常生活中，没有宗教信仰的支撑，那将会是怎样的情形！下面就循着藏族宗教意识的发生、发展和嬗变的踪迹，去探求藏族服饰特质的生成、发展及与宗教信仰的关系。

远古时期的原始信仰表现为自然崇拜和"万物有灵"。在严酷的自然环境中，大自然主宰和威慑着人的生存和发展，似乎在可见世界之外还存在着超自然神灵掌控着人类的命运，而且"万物皆有灵"，于是就产生了最初的宗教观念。藏族先民像所有人类的童年一样，崇拜大自然、崇拜动物，继而崇拜灵魂、崇拜祖先。希望通过对这些超自然神灵的感念、礼拜以及对自我行为的约束，避免有灵之物等力量的侵犯，获得更好的生活。苯教是藏族本土的原始宗教，相信万物有灵，以自然崇拜为其特征。据苯教史记载，它起源于古代象雄地方，后经雅鲁藏布江自西向东传播到整个藏区。苯教经历的三个发展阶段：笃苯、恰苯和觉苯，这三个阶段的特征变化反映了藏族先民在处理人与自然的关系中由顺从到祈求，进而为我所用以实现掌握自己命运的愿望的历程。表象思维和神秘仪式是苯教文化的两大特点。原始宗教信仰中，自然容易将某些有"来头"的物质神性化，也易将某些宝物神性化。藏族先民往往将这些灵物、神性之物放置在身边，作为护身之用，这就是早期佩饰的来源。西藏考古发掘出了许多装饰品也表现了神性特征：曲贡遗址出土的穿孔小砾石、刻槽小骨片等陶质饰品上都有涂红的痕迹。① 而红色象征鲜血，象征生命，预示着人类企求个体力量的无所不能、万事昌达。一些质地坚硬、年代久远的物质不可思议地成为装饰品，是由于这些物质相对于短暂的个体生命来说，能够恒久而具有灵性，如雷石、瑟珠、金银等。至今藏族的许多佩饰中仍具有巫化作用，女孩儿戴上项圈、手镯，男孩戴刀、嘎乌可免鬼神侵扰而得平安。可见，早期服饰的精神功能（巫化功能）与原始的宗教意识相伴生，在后来的演化中才逐渐强化了它的审美作用。

在苯教发展的中后期，其原始巫教的特点更为明显，正如王森先生言：苯教"似内地古代的'巫觋'，以占卜休咎，祈福禳灾，以及治病送死，驱鬼降神等事为其主要活动"②。从自发宗教到人为宗教的转变，表达了高原民族在自然

---

① 王仁湘：《关于曲贡文化的几个问题》，见《西藏考古》第 1 辑，四川大学出版社 1994年版。

② 王森：《西藏佛教发展史略》，中国社会科学出版社 1997 年，第 1 页。

力面前企图寻求战胜自然、掌握自己命运的愿望。吐蕃时期，一些重大的会盟仪式中皆有"巫祝鸟冠虎带击鼓"的情景①，这里充当祭司的应该就是苯教师吧。服饰一方面渲染了宗教的神力，同时也成为神灵的寄所。苯教信奉"三界神灵"的观念，即把宇宙分为上中下三界，天空为神界，中间为赞界，下面为龙界。天界分为十三层，居住着不同种类和层次的神灵，下界为居于地上水下的各种鱼、蛙、蛇、蝎等各种"龙"世界，中界为游魂"赞界"，人的灵魂可以游走，可以离开肉体，并能寄附在某一物体上，这种寄魂物在《格萨尔》史诗中常有出现②。人死后会变成一种赞魔。中界也是人的世界，因此，赞界也有祖先崇拜的因素。苯教虽然后来受到佛教的冲击，甚至在卫藏地区趋于消失，但是作为古老的信仰文化却深深地浸入了藏民族的血液中，它的很多观念和仪规或融合到佛教中，或以一种文化积淀的形式融入藏族社会的生活习俗中。比如对七、十三等数字的迷信，服饰装饰图案中普遍使用雍仲、日月等。从这一侧面也印证了苯教是藏族文化最核心的基因。

自 7 世纪中叶，佛教从中原和印度两个方向传入吐蕃，至今已有 1300 年的历史。在漫长的发展过程中，佛教与藏族的历史文化相融合，逐渐形成了思想体系独特的具有高原地方特色的"藏传佛教"。佛教倡导苦、集、灭、道"四谛说"，主张生死轮回、轮回是苦、万物皆空的理论，号召人们要在现世中修炼身心，积德从善。藏传佛教教义虽然是佛教的内容，但在教仪上大量吸收了苯教的东西，在万物有灵论的影响下，崇拜石头、树木、雪山等自然界的事物。藏传佛教僧人衣着朴素，以红、黄色调的"三衣"为主，在法会和集会活动中宗教服饰以夸张和象征的艺术手法表达了独特的宗教观念。藏传佛教迅速传播并遍及整个青藏高原地区，成为全民信仰的宗教，其影响渗入到藏族民众生活的方方面面，并内化到藏族人的理想、观念、心理感情、审美情趣、道德观念、行为方式的深层结构中。《西藏志·卫藏通志》记载：藏族"右手带砗磲圈，宽约二寸，名同箍，乃小时带者，至磨断方已，无论贫富必带之，云死后不迷路"③。受佛教生死轮回观念的影响，认为人的灵魂会在砗磲引导下通往天堂。

---

① 欧阳修等：《新唐书·吐蕃传》，中华书局 1975 年版，第 6103 页。
② 王景迁等：《〈格萨尔〉史诗中的生态文化及其现代转换》，《管子学刊》2006 年第 2 期。
③ 《西藏研究》编辑部：《西藏志·卫藏通志》，西藏人民出版社 1982 年版，第 26 页。

在服饰中一些最具普遍性和重要性的图案和纹样有不少就直接来自宗教符号，如喷焰三宝、双鹿法轮、十相自在、鹏鸟、藏八宝等，装饰题材及其内涵、风格的改变也引起了人们的思想观念和艺术理念的变化，圆中有方，曲中有直，其圆形团花的构图方式，传达了佛教圆通、圆觉、圆满的理性精神。① 一些奇形怪状的装饰物如"银盾""本巴"据传还与格鲁派始祖宗喀巴有关，② 藏族服饰的五彩与藏传佛教文化中这五种色彩的内涵认同有一定的联系。至于开过光的法物、护身符、嘎乌等更是藏地人人皆备的饰品。在藏族人看来，宗教与生活密不可分，宗教信仰就是生活的一部分，宗教的世俗化与世俗的宗教化在那里难以找到明确的界限，甚至于寺院与人们的居所混杂在一起，僧俗不分。由于共同的宗教文化背景，这些装饰物、装饰符号以及民俗广泛渗入服饰，使服饰成为表达精神、歌颂生命、寄托信仰的文化载体，也正是因为宗教的原因，这些装饰物、装饰符号和习俗尽管经历多少朝代的更迭，文化观念的变迁，社会习俗的相互影响，皆能保持比较稳定的形式和象征意义。

苯教和藏传佛教虽然有着不同的教仪和信仰系统，但是经过相互间的融会后形成了"你中有我、我中有你"的局面，且并存于藏区各地。从上述两大宗教与藏族服饰文化之间的作用和影响来看，藏族服饰的装饰系统与苯教信仰联系最为密切，包括服装的色彩、饰品、装饰符号（图案、纹样）等，一些服饰习俗反映了比较原始的宗教观念。宗教服饰与民俗服饰截然不同，藏族服饰的宗教意蕴展现出了藏民族独特的审美倾向，丰富了服饰的文化内涵和渊源，成为藏族最重要的文化表象之一。正如有学者指出："对于藏民族来说，羊皮袍是必需的，是形而下的；而袍上缝缀出的五色护边，后背部位勾挑出吉祥图案连同胸前的松石佩饰更是不可或缺的，因为它是形而上的，是信仰与理想的体现与物化。"③

三、民族之间的文化交流

青藏高原的生态环境以及在亚洲所处的地理位置决定了史前先民与周边邻近的民族和地区经常发生文化交往，而且这种交往从未停滞过。考古发现，西

---

① 纵瑞彬：《藏族装饰纹样的历史文化考察》，《西藏艺术研究》2000年第1期。

② 达尔基：《阿坝风情录》，西南交通大学出版社1991年版，第122页。

③ 张鹰，李书敏主编：《西藏民间艺术丛书·面具艺术》，重庆出版社2001年版，总序。

藏出土的史前时期的文物显示了西藏在早期就与伊朗文化有着联系，一些动物形青铜制品如带扣、扣子、小铃和垂饰等器物上面的纹饰、造型（鸟、熊和环纹等），明显带有中亚艺术特征。① 由于缺乏更多的考古资料和实物证据，许多论断限于推测，比如，瑟珠可能是西亚文化交流的产物，其依据便是瑟珠的质料和眼睛纹饰。不过，由于生产发展的原因和地理环境的艰难，大规模的文化交流主要还是在吐蕃统一之后。

1. 中亚、西亚

随着吐蕃的统一和强盛，吐蕃与中亚乃至西亚各国的联系更为直接，尤其是西域丝绸之路的空前繁荣，更加强了吐蕃与西亚、中亚之间的文化交流。藏族工艺品上的装饰、工艺与波斯有关，意大利著名藏学家图齐指出：从伊朗传到西藏的工艺与装饰风格可能是移民和贸易的结果。② 苏联学者罗列赫（Y. N. Roerich）通过西藏北部和东北部伙尔部落考察推测西藏的牧民与中亚游牧艺术的联系："牧民的许多日常用具上都有动物的装饰。人们的火镰、皮带、针筒、胸饰、刀鞘和'噶乌'都布满了反映粟特——西伯利亚（scytho-siberian）常见的艺术主题，奇形怪状的动物。"③ 动物装饰中鹿、鹰、马与伊朗有关，而藏族工艺、装饰风格、黄金饰品的制作则受波斯、粟特的影响。吐蕃在它占领的河陇、西域地区均留下了西方系统的文化遗物，如1982—1985年青海都兰热水吐蕃墓中发掘的丝织品、金银器就足以说明东西方文化交流的情形。其中数量最多的含绶鸟织锦，研究者根据织品所具有的绶线显花、丝线强捻、斜纹组织及配色染色的特点和图案母题及其装饰风格，明确其可能属于的粟特与波斯锦传统。④ 而太阳神图案织锦具有浓厚的波斯萨珊王朝艺术风格以及中国传统的平纹经锦织造方法，是中国吸收西方艺术形式再融合本土文化因素后织造的。⑤ 斯坦因《古代中亚文化遗迹》中曾提道："在吐蕃发现的遗物中，有很多具有花纹的丝织物，花纹中有些是印的，有些是织的，花纹图像的变化很多，

---

① ［意］G. 图齐著，向红笳译：《西藏考古》，西藏人民出版社1987年版，第5—7页。
② ［意］G. 图齐著，向红笳译《西藏考古》，西藏人民出版社1987年版，第5页。
③ ［苏］Y. N. 罗列赫著，李有义译：《西藏的游牧部落》，见中国社会科学院民族研究所历史研究室资料组编译：《民族社会历史译文集》（一），中国社会科学出版社1977年版，第43—44页。
④ 许新国：《都兰吐蕃墓出土含绶鸟织锦研究》，《中国藏学》1996年第1期。
⑤ 许新国：《青海都兰吐蕃出土太阳神图案织锦考》，《中国藏学》1997年第3期。

这一点很可以表示吐蕃商业的地位……大概是中国与西亚之间的贸易重点。"①
频繁地交往促进了吐蕃经济的发展，也促进了服饰文化的发展。

2. 中原

吐蕃王朝建立之初，就与唐朝关系密切。文成公主入藏带去大唐文明的气
息，松赞干布也"叹大国服饰礼仪之美，俯仰有愧沮之色。……公主恶其人赭
面，弄赞令国中权且罢之，自亦释毡裘，袭纨绮，渐慕华风"②。自 634 年松赞
干布遣使入唐至 846 年吐蕃瓦解的 213 年间，双方官员来往共达 191 次之多③，
两地之间"金玉绮绣，问遗往来，道路相望，欢好不绝"④，于这种交往中，唐
地丝织品源源不断地传入吐蕃，成为吐蕃人极为珍视的衣料。吐蕃从中原获取
丝绸织品的渠道主要有赐物和回赐、互市及民间贸易、战争掠夺。⑤ 会盟于宝
应元年（762）建寅（正）月的拉萨"悉诺扎鲁空纪功碑"碑文也载称唐肃宗
曾许每岁奉献缯绢五万匹，以予吐蕃。⑥ 唐德宗时，"唐以缯绢十八万匹委党项
以换取吐蕃耕牛六万头，分发防军备屯耕之用"⑦，可见，吐蕃对唐的缯绢需求
非常之大。吐蕃社会也因此发生了很大变化："墀德祖赞赞普之时……民庶、黔
首普遍均能穿着唐人上好绢帛矣。"⑧ 在唐代，河西、陇右一带的麻布通过民间
贸易进入平民百姓的生活，成为大众衣料。⑨

另外，吐蕃对外商业非常繁荣，出现了"八商市"（khe-brgrad），主要从周
边邻邦换取吐蕃没有的粮食、果类、盐、丝织类等各种生产生活必需品。其中，
东与大唐开展帛绢和各种谷物贸易，西与波斯、尼泊尔、拉达克开展吐蕃织氆
氇不可或缺的颜料草地、紫梗贸易，即以胭脂红等为主的各种染料物品。⑩ 可

---

① 转引自刘钊，李涛：《藏族服饰的流变与特色》，《西藏民俗》1994 年第 4 期。

② 刘昫等：《旧唐书》卷一九六上《吐蕃传》，中华书局 1975 年版，第 5221—5222 页。

③ 北京大学历史学系编：《西藏地方历史资料选辑》，生活·读书·新知三联书店 1963 年
版，第 7 页。

④ 独孤及：《敕与吐蕃赞普书》，见《全唐文》卷 384，中华书局 1983 年版，第 3909 页。
《敕与吐蕃赞普书》。

⑤ 杨清凡：《藏族服饰史》，青海人民出版社 2003 年版，第 63—70 页。

⑥ 藏族简史编写组：《藏族简史》，西藏人民出版社 2000 年版，第 40 页。

⑦ 司马光：《资治通鉴》卷 232，中华书局 1963 年版，唐纪贞元三至年七月条。

⑧ 王尧，陈践译注：《敦煌吐蕃历史文书》，民族出版社 1992 年版，第 166 页。

⑨ 杨清凡：《藏族服饰史》，青海人民出版社 2003 年版，第 69 页。

⑩ 恰白·次旦平措主编：《西藏通史——松石宝串》，西藏古籍出版社 1989 年版，第 100—
101 页。

以说，吐蕃繁盛时代对外物资交流，是形成其民族特色的又一不可忽视的因素。由文献及目前所见的考古实物分析，吐蕃使用的丝织品基本来自中原、西亚和中亚。由于大量丝织物从唐朝和西方国家输入，吐蕃人的衣料除传统的皮革、毛纺织物外又丰富了许多。为了适应严寒的气候，他们将几种衣料结合起来使用，通常皮毛为衣里，丝织物为衣面。不过，这些精美的丝绸制品也只能供王室和贵族们穿用，即便到清朝，普通百姓也基本上是"氇衣素褐"①。但不可否认的是，丝织物的华美和柔顺舒适已深深地受到藏民族的喜爱，成为藏族同胞的审美追求和理想。

在追溯藏族服饰形成的诸多因素时，不仅要看到以上自然和人文历史的原因奠定了藏族服饰发展主线，使各地区、各部落族群的服饰都具有一些共同特征或相似因素，同时也要注意到，藏族分布地域广阔、族源构成复杂，藏族服饰文化还具有多样化及区域性的特征。正是这些异中有同、同中有异的因素，促成了藏族服饰能够长期发展，既有传承，又有变革，创造了独具特色的服饰文化。

随着同外地经济文化的不断交流，藏族服饰从文化内涵到外观形式都发生了巨大的变化：与中原地区丝织品贸易往来丰富了藏装的材质和纹饰；印度佛教的传入使藏装的图案内容和服饰定性成为一种精神符号，尤其是藏传佛教僧人的服饰更是直接体现了宗教意义。这些都说明藏族服饰是在本民族服饰的实用性和审美性的基础上，在同世界文化的长期交流中渐渐形成了现在的样式，并且依然在世界文化的交流中悄然发生着变化。

第三节　藏族服饰的历史嬗变

一、藏族服饰的缘起

服饰的起源，是一个相当复杂的问题。人类学者对这一问题的探讨给我们提供了很好的借鉴，理论和说法很多，大致有三种观点：一是羞耻说，认为人们是出于羞耻感才用衣物把肉体遮盖起来，这种说法依据之一即《圣经》中亚

---

① （清）萧腾麟：《西藏见闻录》，见丁世良等编：《中国地方志民俗资料汇编》（西南卷）下，书目文献出版社1988年版，第871页。

当和夏娃的故事。二是保护说，或者"护身说"，即为了保护身体不受侵害，这种侵害可能来自自然气候，也可能来自外敌的攻击。三是"装饰说"，即认为衣或饰是用来装扮、美化身体，以达到炫耀、不同于众的目的。此外，还有"伪装说""标记说"，等等。① 以上各种说法都有一定的道理，仔细分析就会发现各种说法的着眼点和背景不同，并且和一定的地域相联系。在中国，有人习惯将衣服的类别概括为"北袍南裙"，即北方或西北的游牧民族穿袍，而南方或西南地区穿裙。② 产生这样的差异，是因为南热北冷的气候特点所致，并且认为北方衣服的出现早于南方。由此可见，气候环境在服饰的发明过程中的重要作用。在北方，衣服的出现缘于保护身体的目的，南方偏重于装饰或标记的功用。人类服饰的起源不管产生于什么样的动机，都是人类发展到一定阶段的产物。事实上，衣饰产生的最初原因既有护身、遮丑的需要，也有装饰的愿望，人类的审美观念和功利目的（护身和原始宗教观念）往往是交织在一起的，只是在某一特定的情境中哪种特征或因素占据着主导地位有所不同罢了。

众所周知，青藏高原严酷的自然环境是远古先人们生存的首要敌人。一方面人们要竭力适应自然，提高生存能力；同时，不断总结和创造，变被动适应为主动适应。生存不仅需要食物和居所，同时也需要身体不受到伤害。房屋的产生使人们有了相对安全和稳定的栖身之所。服饰的出现，不仅可以抵御严寒，防止动植物的侵害，起到保护肌体的作用，同时，也方便了人们在更广阔的空间活动，开展自己的生产和生活。"食肉寝皮"虽然是原始先民的生活方式，但在近代一些偏远落后地区的民族服饰习俗中仍然存在。西藏和平解放时，生活在原始林带中的门巴、珞巴和僜人，还处在原始的狩猎生活中，当他们的猎获品越来越多时，不仅会手舞足蹈，而且还会用野兽的皮毛来装饰自己。又如夏尔巴人有些牧区原始部落把人的牙齿和脸染黑，肩上披着豹皮或其他野兽的皮子，这是典型的猎人服装。③ 在特定的境况中，与服饰相伴生的审美意识表现得并不强烈，这也见出实用是第一性的特征。考古发现表明，西藏早期的人体装饰品或者模仿劳动工具的形式，或者直接来源于猎物的部分，这些审美对象都有其特殊的功利性目的，比如手镯可能最初是衣服的一个构件，刀子是防身

---

① 王娟编著：《民俗学概论》，北京大学出版社 2004 年版，第 230—232 页。
② 戴平：《中国民族服饰文化研究》，上海人民出版社 2000 年版，第 173—174 页。
③ 宁世群：《论藏族的服饰文化和艺术》，《西藏艺术研究》1994 年第 1 期。

和生产生活的工具，獐子獠牙还具有叉子的作用，由于年代久远，有的实用功能已消失殆尽而不可知了。藏族服饰中由生产劳动工具或生活用品演变成装饰品的现象不乏其例，如"学纪"（bzho gzung），就是妇女挤奶时的一种工具，还有佩刀、火镰、针线盒等，而且饰品与当地的经济模式和自然环境是密切相关的，李永宪在《西藏原始艺术》一书中分析为什么骨质饰品在各种装饰品中占主要的原因时，认为是狩猎或畜牧经济的经济模式和自然环境决定的，"人们利用骨质材料制作装饰品，一方面它是当时最易获取并较易保存的物质材料之一，另一方面也可能包含有制造者对于动物体骨的特殊理解，即人们可能认为动物骨骸制作的饰品可以是狩猎成功者的标志，或可能具有某种神圣、永恒的意义，甚至由此产生某种心理上的崇拜意识等"，故而陶质装饰品很少的原因也缘于此。① 随着社会性质和社会意识的变化，人体装饰品成为与宗教礼仪和社会等级有关的象征物，即具有象征宗教和身份等意义，出现了"异化"。② 以上种种实用意识源于高原人群的生存需要。

二、藏族服饰的形成及发展

藏族在吐蕃时期创制了自己的文字，但却没有关于服饰的记录。清以前的汉文典籍对藏族的记载往往是军政大事，很少涉及民俗方面的内容，对其服饰描述也过于简略。另外，考古发掘的实物资料亦十分稀缺，图像资料以吐蕃分裂后的古格时期的较多一点，其他的非常零散和模糊。所以，要想比较准确、详细地梳理出藏族服饰发展脉络，确实不是一件易事。尽管如此，对藏族服饰发展轮廓（就服饰的基本构成如样式、面料、色彩）作一个面貌性的描述仍有必要，不如此，便无法认识藏族服饰的相关文化内涵以及后面将要述及的其他服饰类别。值得庆幸的是，杨清凡的《藏族服饰史》一书以藏族发展阶段为线索，运用考古、文物资料和文献对各个时期的服饰面貌进行了"复原"，为认识藏族服饰的发展和衍变提供了很好的参考和依据。

从"被发毡裘"这句概括性的描述来看，似乎藏族人民的衣饰几千年来没什么变化。不能否认，在今天的藏北高原、青海玉树的草原牧民的服饰仍然"裘衣不离身"，女子的头发梳成许多小辫披在肩上。"被"同披，即搭于肩背

---

① 李永宪：《西藏原始艺术》，河北教育出版社2001年版，第89页。
② 李永宪：《西藏原始艺术》，河北教育出版社2001年版，第91页。

的意思,与远古时代的着装非常相近,但是我们不能因此而妄断藏族服饰没有变化、没有发展。"被发毡裘"是对北方游牧民族的笼统概括。前文提到的战争与宗教的影响以及藏族先民与周边其他民族的交往,无一不表明服饰因这些因素而产生的变化。

藏族服饰文化源远流长。据考古资料显示,距今 4300~5300 年间的卡若遗址出土有骨针与陶纺轮及各种饰品五十多件。说明生活于此的先民们已经开始懂得纺线和手工纺织技术,已有手工纺织物存在,藏族先民们在穿着骨针缝制的兽皮衣服的同时,大概能够用纺轮捻纱做衣服,不过,织物相对粗疏。"中二丁王"时(相当于中原西汉中期),南方雅隆河谷的吐蕃开始了冶炼铁、铜、银等矿产,为金属饰品的出现创造了条件。① 高原先民的着装形象只能从岩画上去找到一些线索:分布于西藏的西北部包括阿里地区和藏北部分地区的早期岩画(吐蕃王朝之前的早期金属时代),有牧人、武士以及巫师等形象。根据图形直观地推测,其服装形式为一种无领无袖(有的肩部极宽,也可能是经过简化的长袖袍)的细腰状长袍,一般人的袍较长,不束腰或束腰不明显,而武士衣袍较短,束腰呈"亚"字形。巫师则头戴三角形冠饰,头上、腰部都插上一些长长的羽毛。据学者们研究,这种衣袍称为"贯首衣"。从样式上看,与今天的工布服"古休"极为相似。"贯首衣"在服装发展历程中是居于比较初级的阶段,由于其易于裁剪,不浪费衣料,在衣料十分珍贵的时代,是极有可能在广阔的区域内和较多的民族中流行的。② 岩画中不同职业的服饰形象,说明那个时代服饰的功用已具有区别社会分工甚至社会地位的文化内涵。③ 人体装饰品中大量出现装饰于腕部、头部、胸部、项部的笄、璜、珠、环、牌、坠等,质地以骨质、石质和贝类为主。尤其是一种形态各异的小型料珠亦成为广大藏族先民的最重要的项饰之一,以致到死都不离身(在一些古代的墓葬中发现),"被看作是具有特殊的神力及保护力的护身符"④。表明高原民族自古以来就有装饰全身的习俗,而且,这些饰品种类一直作为藏族喜爱的传统装饰物沿袭至

---

① 刘钊等:《藏族服饰的流变与特色》,《西藏民俗》1994 年第 4 期。
② 沈从文:《中国古代服饰研究》,上海世纪出版集团上海书店出版社 2005 年版,第 22 页。
③ 李永宪:《西藏原始艺术》,河北教育出版社 2001 年版,第 10—23 页。
④ [意] G. 图齐著,向红笳译:《西藏考古》,西藏人民出版社 1987 年版,第 52—53 页。

今。今天甘孜扎巴藏族妇女腰间所系的"洛泽"就是一种贝类。①

到吐蕃时期，服饰文化伴随着经济的繁荣和社会的发展而出现了崭新的面貌，从服饰的外形特征、材质以及一些习俗上逐渐形成高原地域化的特点。从吐蕃占领时期敦煌的壁画、绢画以及现存的一些塑像中的服饰可看出，王臣服饰的等级差异明显。藏王头戴用红色头巾交缠成塔状的"赞夏"帽（btsan-zhwa），箍有三瓣宝冠，通常高于一般人的帽子，这种帽只有赞普才能使用。侍臣则往往将头巾缠成厚厚的圈环绕头顶，头巾的一末端通常悬于一边，既似头巾，又像没有高顶的无檐帽，比如《步辇图》中的禄东赞形象。衣袍的式样、质地也有所不同，王室、贵族大量使用来自中原地区或波斯、粟特的丝织品，衣服的镶边、领口、袖缘装饰华丽。更为重要的是，这一时期创建了以衣服上的章饰来区别官阶身份等级的"告身制度"，规定：一等瑟瑟、二等金、三等金饰银上、四等银、五等熟铜共五等。"各以方圆三寸褐上装之，安膊前，以辨贵贱。"② 吐蕃军队中铠甲精良，衣之周身仅露两个眼目，非劲弓利刃之所能伤也，军队中还形成了以虎豹皮衣褒奖立军功的勇士，懦夫贬以狐帽的军功奖罚制度。③ 据说，这也是今天藏族衣袍喜爱饰以虎豹皮的缘由。以上说明，吐蕃时期的服饰已具有了阶级社会的特征，而且在军政管理中具有了重要的标识意义和激励作用。

吐蕃时期的服饰特点除了上面讲到的头饰而外，还体现在袍服上，袍身修长，紧贴腰身，褶集中于背后，衣领为三角形翻边，衣服的镶边、袖口、领襟处都喜用色彩鲜明的衣料配饰，袖长过手；靴子一般是黑色的，靴尖上翘。④另外，帽子的式样更加多样，除上面提到的头巾、发带之外，还出现了一种别具特色的帽式（见古格故城红殿壁画"庆典"中的戴帽人物），其帽身较圆，帽檐较宽、四个帽耳翻起上翘。这种帽子与今天藏族男女老幼都喜欢戴的金花帽有很多相似之处，有学者认为它就是金花帽的"早期形式"。⑤ 由于资料所

---

① 刘勇等：《鲜水河畔的道孚藏族多元文化》，四川民族出版社2005年版，第46页。
② 王溥著：《唐会要》卷97，中华书局1955年版，第1729页。
③ 巴卧·祖拉陈哇著，黄颢译：《〈贤者喜宴〉摘译》（三），《西藏民族学院学报》1981年第2期。"六勇饰"具体为：虎皮褂（stag-stod）、虎皮裙（stag-smad）、缎鞯（zar-chen）、马镫缎垫（zar-rgyung）、项巾（ras）、虎皮袍（wtag-wlog）。
④ ［匈］西瑟尔·卡尔梅著，胡文和译：《七世纪到十一世纪西藏服装》，《西藏研究》1985年第3期。
⑤ 杨清凡：《藏族服饰史》，青海人民出版社2003年版，第55页。

限，我们无从知晓吐蕃之前的服饰形貌，但笔者认为上面所述的主要服饰特征已经具备了今天藏族服饰的很多元素，是藏族服饰样式发展中的一个重要的过渡性阶段。史载松赞干布仰慕大唐服饰之美，带头"释毡裘，袭纨绮"。这一变化首先表现于丝织品的大量使用，如前述衣服质料由原来动物皮革、毛纤维织物外，增加了丝麻类织物。丝织品和皮毛、毛织物混合使用，一则使藏族服装衣料更加丰富，二则改变原有服饰的形态，形成了吐蕃人特有的服饰效果。当时所着的长袍式样大体有三角形大翻领斜襟或圆领直襟束腰长袍，以及斜襟左衽式束腰长袍，袍的差异主要是质料的差异，有丝织的，也有皮毛类的，腰带有铁质的、铜质的，还有毛纤维编织的腰带，袖有长袖、小袖之分。可见其式样已很多，并且有了今天藏袍的原型（图2-2）。

圆领直襟小袖长袍→三角形直襟长袍→斜襟左衽长袖长袍→斜襟右衽长袖长袍

图2-2 藏袍演变轨迹示意图

最初的袍式受到粟特服装的影响，与粟特服装差不多。① 三角形领是介于圆领和大襟领之间的变通形式，进而演变为斜襟左衽、右衽。吐蕃及后来的袍式演变体现了高原藏人借取外来文化（包括中亚、西亚及中原的文化）并与本土文化整合的过程，是适应高原独特的气候条件的结果。同时，吐蕃的纺织技术和服饰工艺得到很大发展，在文成公主的推动下，"纺织业已经发展为一项独立的手工业门类，有专门的纺织工匠"②，织染色彩丰富鲜艳，为供应吐蕃染织氆氇等织物所需的染料还专门开设与西方波斯、尼泊尔、拉达克的颜料草、紫

---

① 杨清凡：《从服饰图例试析吐蕃与粟特关系》上、下，《西藏研究》2001年第3、4期。
② 杨清凡：《藏族服饰史》，青海人民出版社2003年版，第70页。

梗贸易，所纺织出来的氆氇、毡子等也更加精美，更具特色。

吐蕃时期伴随着社会文化的发展变革，服饰文化也经历了一个由强制性或被迫性到自觉性的变迁，吐蕃服饰制度基本实现了民族化的过程，形成了"吐蕃"的风格和特色。从另一个意义上说，吐蕃服饰已奠定了藏族服饰传承的基础，即便在今天仍然能够从服饰上看到两者之间的渊源关系。

吐蕃王朝崩溃后的几个世纪，青藏高原地区一直处于互不统属的分裂割据状态，战争连绵不断。这一时期的服饰艺术没有多大进展，早期吐蕃服饰中的一些典型特征，如萨珊风格织物，三角形翻领长袍及吐蕃赞普的"赞夏"帽式、四耳上翘帽式等，仍在原吐蕃本土范围内得以延续。其间（11、12世纪）藏族服饰也发生了一些微妙的变化，服饰中萨珊风格元素随着粟特文明的衰亡而逐渐减少，转而出现在菩萨等佛像服饰上，艾旺的寺庙、乃萨和达囊寺都能见到萨珊时期的服装式样和图案。① 到14世纪后，由吐蕃王室后裔在青藏高原西部地区羊同（今阿里地区及克什米尔南部的拉达克地区）建立的古格王朝的一些壁画中，古格与吐蕃的传承关系从服饰上看是显而易见的，同时也充满了阿里地区的地方特色和生活气息：红色头巾在头顶缠裹成厚厚的环圈，并在脑后拖垂下头巾的一段形成帽裙；身穿彩色交领长袍，有的外加套短袖长袍或披有披肩，肩挂项饰璎珞等等②。有学者推测这种着装特点的形成可能与尼泊尔人的服饰有关③。与此同时，西藏上层社会的服饰特点也开始出现变化：一方面是对吐蕃赞普时期服俗的承袭，在帕竹、仁布巴等众多帝师掌权时期兴起了对吐蕃赞普时期的"仁青建恰"（rin-chenrgan-cha）服饰的模仿等"复古运动"，使吐蕃服饰习俗进一步强化；④ 另一方面，按照中央官服制度，吸纳和改创了蒙古服装的习俗特点，从而给西藏上层社会的服饰文化增添了新的内容。

氆氇⑤是藏族人民的主要衣料，它出现在什么时候？汉藏文史料中没有明确的记载。廖东凡先生对此作了详细考证，从《年楚河流域宗教源流》一书中发现了关于氆氇的最早文字，认为在琼则统治的时期（11世纪前后），江孜地

---

① ［意］G. 图齐著，向红笛译：《西藏考古》，西藏人民出版社1987年版，第52—53页。
② 西藏自治区文物管理委员会：《古格故城》，文物出版社1991年版，第245页。
③ 杨清凡：《藏族服饰史》，青海人民出版社2003年版，第116页。
④ 桑雪：《传统藏装简介》，转引自夏格旺堆等：《略述西藏传统的服饰习俗文化》，《西藏大学学报》2007年第1期。
⑤ 这里指较为精密的毛织品，早期形态的毛织品较为粗疏，通常称为"毡""褐"等。

区生产氆氇和氆氇制品就已非常出名，而且有了销售氆氇制品的集贸市场。在14—16 世纪的帕竹时期，西藏的氆氇生产进入了成熟阶段。① 这里从邦典这种特殊的氆氇制品出现的历史年代来看，基本上与此相对应。黎吉生通过 11 世纪中藏艾旺寺（Iwang）中的供养人的画中人物形象的分析，认为画中女子腰间所佩之羊毛织成的横条纹布即是类似今天藏族妇女佩戴的"邦典"。② 还有一种说法，认为产生于 15 世纪中叶，一世达赖根敦朱巴时期，是藏族聚居地手工业极大发展的一个重要时期，一是江孜生产了卡垫，二是山南姐德秀兴起了"谢玛"邦典（shad ma snam bu）的纺织。"谢玛"是最上品的邦典，那么，在此之前就应该有普通氆氇和邦典的生产。据说是商人由印度带来了一种"格勒"邦典，传到山南姐德秀后，手工艺人仿其织法制出了质量更优的一种邦典——"谢玛"邦典。③ 估计到了 15 世纪，"邦典"这种织物才开始大量生产并被推广到民间，故而在民间广泛流传了这一说法。然而遗憾的是，到现也没有更多材料予以证实。

佛教在藏族聚居区的传播经历了"前宏期"和"后宏期"两个阶段。作为一种宗教信仰，藏地佛教经过两百多年的弘传，到"后宏期"才被广大藏族人民所虔诚崇信。藏传佛教对藏族生产生活以及思想情感产生重要影响也开始于这一历史时期。随着藏传佛教在藏区牢牢扎根，对藏族生活的影响逐渐渗透于服饰习俗和审美观念之中。值得一提的是，元朝一代随着藏传佛教萨迦派的兴起以及其在政治上统治地位的确立，宗教信仰对服饰的影响日益增大，并且这种影响深入民间。如前述，藏传佛教中具有象征或特定意义的宗教图纹或符号被广泛运用于饰品、服装和鞋帽的装饰等。

自宋代开始，吐蕃部落及其割据政权与中原汉地之间发生了大规模的以茶马贸易为中心的经济联系，中原汉文化的影响较前更为广泛地进入了包括周边藏族聚居区在内的诸蕃地区人民的生活。中原王朝实行羁縻政策，随俗而治，开设互市，促进贸易。西藏地方与中央的联系除大量的"贡赐"而外，还大力发展历史上形成已久的茶马互市关系。在藏族聚居区的一些边地也是

---

① 廖东凡：《西藏何时有了氆氇》，《西藏民俗》2003 年第 4 期。
② ［匈］西瑟尔·卡尔梅著，胡文和译：《七世纪到十一世纪西藏服装》，《西藏研究》1985 年第 3 期。
③ 北京大学社会学人类学研究所、中国藏学研究中心编：《西藏社会发展研究》，中国藏学出版社 1997 年版，第 100 页。

如此。"茶马互市"中，汉地的衣料布匹占有很大比重。如嘉绒地区，明代在茂州年销棉布一万匹以上，威州也在万匹左右。①绸缎主要供给藏族的上层人士，如土司、头人及寺庙活佛等，而窄布为川中遂宁、安岳等地手工产品，经久耐用，深受农牧区人民欢迎。此外，各部落首领（土司）可通过"岁输贡赋"获得不少赐予，绢帛占的分量较大。据载瓦寺土司一次获"赏三百八十二员名，银一千一百四十六两，表里缎绢二十四匹，熟绢三千七百零八匹，纱二十一石半"②。在民间，藏汉人民之间生活用品类的物物交换更是经常而大量的。西北藏区的青唐服饰，也同样反映出与中原文化交融的特征，宋仁宗康定元年（1040），刘涣出使青唐城，见到唃厮啰"冠紫罗毡冠，服金线花袍、黄金带、丝履"③。到其子董毡时期，国中之人仍"贵虎豹皮，用缘饰衣裘。妇人衣锦，服绯紫青绿"④。青唐吐蕃的服饰中出现了加金丝织品。以上说明，通过茶马互市和朝贡及民间物资交换，汉地布匹织锦日渐成为藏族人民生活的需求品，使藏族服饰的衣料及其色泽等发生了变化，大大地丰富了藏族服饰文化。另一方面，汉地输入的大量的布帛、织锦也促进了藏区本地的纺织业的发展，藏区进贡的物品中，氆氇、毛缨、足力麻、铁力麻等纺织物品占了贡品的大部分。

据汉文史籍记载，在吐蕃统一之后，在青藏高原的边缘地区，被吐蕃征服后的各个族部在一定时期内还保持着自己的服饰风貌：

苏毗女国："男女皆以彩色涂面，一日之中，或数度变改之。人皆被发，以皮为鞋。"⑤

附国："以皮为帽，形圆如钵，或带羃䍦。衣多毛毷皮裘，全剥牛脚皮为靴。项系铁锁，手贯铁钏。王与酋帅，金为首饰，胸前悬一金花，径三寸。"⑥

吐谷浑："男子通服长裙缯帽，或戴羃䍦。妇人以金花为首饰，辫

① 陈汛舟：《略论历史上川西北地区的藏汉贸易》，《中国藏学》1990 年第 3 期。
② 陈泛舟：《试论明代对川西北民族地区的政策》，《西南民族学院学报》1986 年第 1 期。
③ （元）脱脱等编：《宋史》卷 492《外国传》，中华书局 1977 年版，第 14162 页。
④ （元）脱脱等编：《宋史》卷 492《外国传》，中华书局 1977 年版，第 14163 页。
⑤ 魏征等：《隋书》卷 83《西域传·女国》，中华书局 1973 年版，第 1850 页。
⑥ 魏征等：《隋书》卷 83《西城传·附国》，中华书局 1973 年版，第 1858 页。

发萦后，缀以珠贝。"①

　东女国："其王服青毛绫裙，下领衫，上披青袍，其袖委地。冬则羔裘，饰以纹锦。为小鬟髻，饰之以金。耳垂珰，足覆靴鞻。"②

从上述简短的表述中仍然可以看出：各部落（族）的服饰既有一定差异性，同时也包含一些共同因素，如，服皮裘及牛羊毛织物，饰金、铁、贝，足靴等。这种部族之间在服饰上表现出共同的服饰文化特征，可以称为不同部族间的地域性特征。也就是说在相似的地理区域内，生存的不同族体，大都会以一种共同的方式从各自生息的土地上获取类似的生产和生活资料，从而形成各个区域内诸民族或族群的共同物质和文化特征。

在后来的几百年间，吐蕃文化持续不断地通过政治的、经济的、军事的以及文化的（主要指藏传佛教）的途径向这些地区传播，促进了整个青藏高原地区"文化上的整体性和一体化进程"③。服饰作为民族文化的表征，各地也都不同程度地吸纳和融入了藏族主体服饰一些元素而呈现"藏"的风格。为什么各部族能够吸纳藏族服饰的文化因子呢？笔者以为原因有以下几点：（1）相似的自然生态环境和社会发展背景。（2）自吐蕃建立以来，以生产方式和生产关系为基础的社会形态和结构是相同的。（3）共同的民族文化和宗教信仰，形成了共同的社会文化心态、价值观以及审美情趣。这个过程中也包括中原文化的影响。自13世纪始，各地藏族聚居区与中原的联系较前代更为广泛和紧密。明清两代，中原王朝为了加强统治，不断向青藏的边缘地区川西北、甘青的河、湟、岷、洮藏族聚居区移民驻军、屯田，内地先进文化、风俗习惯也随之传入。外来文化相对于这些地区来说处于强势地位，正如著名人类学家伍兹所说："接触本身可能导致文化的分化，特别是在征服状态下，一个民族统治另一个民族的时候更是这样。"④ 这种文化借取主要表现为经济不发达地区向经济发展地区文化的吸收和采纳，而反向的借取不明显。

根据前面分析和讨论，笔者将藏族服饰发展中的主要元素形成时间示意如图2－3。

---

① 《旧唐书》卷198《西戎传·吐谷浑传》，中华书局1975年版，第5297页。
② 《旧唐书》卷197《南蛮西南蛮传·东女国传》，中华书局1975年版，第5278页。
③ 石硕：《西藏文明东向发展史》，四川人民出版社1994年版，第114页。
④ ［美］克莱德·M.伍兹著，何瑞福译：《文化变迁》，河北人民出版社1989年版，第36页。

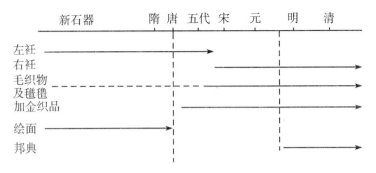

注：由于服饰特征的形成往往需要一个较长历史时间，加上资料的不确切，故只能表示为一个大致区间。

图 2 - 3 藏族服饰主要元素形成时间示意图

　　清代藏族服饰，在元明时期演变的基础上日趋定型，无论从款式、质料、色彩以及身体各部饰品都已凸显现代藏族服饰的基本特征。于此不得不提到清代噶厦政府官员的服色制度，我们知道元代西藏正式隶属于中央政府，由于与元王朝的密切交往，蒙古服饰的一些因素、制度及风俗等开始影响藏族服饰。尤其是明末清初时期，蒙藏势力联合执政的西藏地方政治体制，便更进一步促进了其影响的深入、广泛，并且渗透到民间。① 如"索夏"帽，原为蒙古士兵所戴，17 世纪传入西藏，今天很多地方举行活动中仍能见到这种围穗式红缨蒙古帽。当时不仅官员们着蒙古袍服、顶戴，在向七世达赖所献供物中也有全套俗官所着礼服和蒙古官员服饰、用喀尔喀的金丝绸缎和镶有五颜六色丝线的贴边的蒙古式样的短褂、喀尔喀制作的獭皮镶边的哗叽衣服等。② 蒙古服饰中后来仍为噶厦政府官员使用的有："克嘎索"袍、库伦装、索夏帽等。③ 清时西藏官员的服制名目品级繁多，且等级严格，已形成了系统完备的服色制度。对于清代官员品级制度、服色制度从条例规定以及实际生活和行政活动的服色特点，

---

① 杨清凡：《藏族服饰史》，青海人民出版社 2003 年版，第 153 页。
② 李凤珍译注：《嘎伦传》，见中国社会科学院民族研究所历史室、西藏自治区历史档案馆：《藏文史料译文集》，西藏自治区历史档案馆编印 1985 年版，第 45、65 页。
③ 张怡荪主编：《藏汉大辞典》（附图），民族出版社 1993 年版。

已有文章并配以图片作了详尽的叙述，① 这里不必重复了。上层官员的服饰可谓豪华奢靡，繁复异常，从《西藏志》所记述的郡王颇罗鼐的装扮就能充分反映出来：

> 冬戴元狐帽，或红狐帽，或锦或缎为胎；夏戴绵帽，制仿秋帽式，高六七寸，平顶丝缨，卷边约宽二寸，两旁有衩，以蟒缎或片锦为之面，上镶獭皮窄边。居常穿大领无衩小袖衣，名曰褚巴，皆以五色缎锦或片子为之，亦用各色皮为里。遇贺大节，则穿蟒衣豹皮披肩，不穿大褂。腰束金丝缎一幅作带，长六七尺，腰匝二道，亦带小刀荷包之类，必带碗包一个。足穿香牛皮靴，名曰项。头畜发，左耳带珠坠。所乘马亦挂两踢胸。②

这种服色制度一直存续到 20 世纪初，随着清王朝的解体而消亡。

清朝藏族服饰的衣物用料较之以前任何一个朝代都更为丰富，有西藏出产的黑狐皮、绒单绒褐、花毡、氆氇、绒面毡子、毛哗叽以及内地贩卖进去的棉布、绸缎、绫锦，还有来自布鲁克（今不丹）、巴勒布（今尼泊尔）、印度的氆氇、藏锦、卡契缎、布等。19 世纪末，随着资本主义列强入侵和一系列不平等条约的签订，西藏的亚东、江孜、噶大克相继开设为商埠，国外货物包括各类洋布大量涌入藏区，如细呢、灯草绒、喜绒、斜纹布、金丝缎等，与此同时，远离西藏中心的其他藏族聚居区亦发生了与西藏情况类似的变化，杨仲华所著的《西康概况》一书中"西康人民衣服原料一览表"（20 世纪 20—30 年代）详细地列出了当时西康藏族衣服的衣料组成，对于了解藏族聚居区衣料面貌有一定的帮助和参考作用。

---

① 参见《中国藏族服饰》画册，北京出版社、西藏人民出版社 2002 年版。书中有王勉之撰文《原西藏地方政府官员服饰》。杨清凡《藏族服饰史》有专节介绍《清前期及清代噶厦政府官员及贵族服饰》，第 151—164 页。文中对清代文献《西藏志》《清代藏事辑要》《卫藏通志》《钦定理藩部则例》等的有关规定详细地进行了分析和梳理。

② 《西藏研究》编辑部：《西藏志·卫藏通志》，西藏人民出版社 1982 年版，第 24—25 页。

表2-1 西康人民衣服原料一览表

种类	名称	产地	输入地	色尚	用途	备考
布匹类	毪布	西康本境		本色、红、黄、青、绛各色	制衣做裙及鞋靴袈裟等	
	洋布	国内及外洋	四川、云南、甘肃、西藏	青、蓝、红、白各色	制衣	洋布有藏装汉装之分，藏装货粗，汉装货细，惟富者用之
	棉布	四川、两湖甘肃等地	四川、云南、甘肃、西藏	青、蓝、红、白各色	制衣	
	棉花	四川、两湖甘肃等地	四川、云南、甘肃等地		制棉服及酥油灯芯	
呢绒	抓绒	甘孜		本色、红黄二色	制衣用本色、喇嘛做袈裟片黄色并做靴鞋	
	氆氇	西藏	西藏	紫绛、红、青色	制衣、做靴及袈裟	亦有青白提花各色惟只用于坐垫马鞯等
	藏片	印度	西藏	紫绛、红、青各色	制衣、做靴、镶褥	即大呢也，宽三四尺
	夹子呢	印度	西藏	紫绛、红、青色	制衣、做靴、镶褥边	
	桂子呢	印度	西藏	紫绛、红、青各色	制衣、做靴、镶褥边	
	灯草绒	印度	西藏	紫绛、红、青各色	制衣、做靴、镶褥边	
	栽绒	天津与西宁	西藏	各种花纹	坐垫床褥及马鞯等	北平称为毡氈者是也
绸缎类	金丝缎	印度	西藏	金丝织花	做衣领、喇嘛做帔单、嵌肩等	
	银丝缎	印度	西藏	金丝织花	做衣领、喇嘛做帔单、嵌肩等	

续表

种类	名称	产地	输入地	色尚	用途	备考
绸缎类	甯绸	江苏、四川	四川、云南、甘肃	枣红、青蓝、各色尤以绛色为多	制衣	
	摹本缎	四川、江浙	四川、云南、甘肃	同上面织有方圆金寿字者	制衣	
	辅绸	山东	西藏	牙色	制汗衣褶裤	
	大绸	山东	西藏	红黄、白蓝各色	制汗衣	
	毛绸	未详	西藏	红白、条花、各色	同上，男子亦用做裤，甚大、带束于膝篷臁面下	
	茧绸	四川、山东	四川、云南、甘肃	红色	制汗衣、做头巾	
皮张类	老羊皮	西康本境			制裘	
	羔羊皮	甘肃	青海		制裘	
	狐皮	西康本境			制帽	康人以狐皮做衣者甚少，其帽以全张戴头上
	獭皮	西康本境			镶衣边	
	豹皮	西康本境			镶衣边做床褥坐垫	
	虎皮	云南	云南		镶衣边做床褥坐垫	
	狼皮	西康本境			做床褥	
	猞猁	西康本境			做裘	
线类	棉线	四川			缝衣	
	丝线	四川			缝衣	
	线	四川			缝衣	

注：出自《新亚细亚》第一卷第三期第37—39页，杨仲华《西康概况》一文，转引自任乃强著：《西康图经》，第295—296页。

以上服装面料的变化，一方面表明藏族聚居地的手工纺织技艺得到了较大的发展，能够生产出各种档次的氆氇，也能够制作胡麻布和较细柔的绒毛织品。由于种种原因，除西藏及附近地区形成了专业的手工业作坊外，其他藏族聚居区的衣料制作皆属于家庭副业，并未从农牧业生产中脱离出来。另一方面说明本地的藏族手工业受到来自外界的巨大冲击，特别是英印商品，因技术先进、采用机器成批生产，原料及劳动力成本低廉等原因，价廉物美，因此，很快挤占了传统产品市场，并引起藏区消费观念的变化。

据有关资料来看，清朝前期藏族服饰已形成今天的式样特征，《西藏见闻录》载：

> 自噶隆下至蕃民，平时皆衣褚巴，不拘颜色，氆氇、缎、布，听其自便，头戴之帽亦同。腰束皮带或毛带，佩小刀、顺刀、碗包……手带班指，持素珠；妇女服饰，发从顶分，左右结组如绳，两股交脑后，稍以绳束。平素以黄、红色栽绒作尖顶小帽冠诸首，足着布靴或皮卷，上衣短袄、披红栽毛小单，下着百褶裙，围邦典，手戴戒指、砗磲圈，项挂珠串宝石，胸佩'阿务'（嘎乌）……①

概括而言，清代藏族服饰特征：男戴红缨毡帽，穿长领褐衣。女披发垂肩，亦有辫发者，衣外短内长，以五色褐布为之，足皆履革，富者多缀珠玑。由于藏族聚居区各地自然环境的差异、社会经济发展的不平衡以及与周边民族的接触程度不同，清代藏族聚居地的服饰显现出鲜明的区域性特征，虽各地有一定的差异，但在衣料、袍服款式和色彩倾向及装饰的种类等方面仍然表现出一致性（附录："清前期藏区各地服饰一览表"）。总体来看，各地男子服饰较为一致，不论是西藏卫藏地区的，还是藏东南坪羊同各寨番民服饰都是褐衣长领大袍，束带，戴帽；妇女服饰各地差异较大，但仍然在服饰材料、发式和装饰风格上表现出共性。虽然现代藏族服饰直接传承于清代，但清代后期的变化也非常之大，由于资料阙如，不便作更多阐述。如马甲这种无袖短衣本是清代特色服饰，②康巴男子的坎肩就形成于清代（主要吸收了琵琶襟和大襟两种领式，西藏女子背心多为对襟式），云南奔子栏一带女子坎肩也是吸收汉文化影响的

---

① 丁世良等：《中国地方志民俗资料汇编》西南卷（下），书目文献出版社 1988 年版，第874—875 页。
② 华梅：《人类服饰文化学》，天津人民出版社 1995 年第 1 版，第 129 页。

结果。

总之，历史上的藏族服饰变迁经历了两个重要的时期：吐蕃与清代，而且这两个时期皆伴随着社会制度变革与转型，也有外来文化的传播与影响。民族的服饰变迁是民族文化变迁之一，它同民族的其他文化变迁一样，受到外部刺激和文化内部的发展两方面的驱动，这两个方面经常是同时或先后并相互作用的。如吐蕃时期，周边民族外来文化的影响是外力，而松赞干布倡导的改革，加速了吐蕃服饰的自发变迁，这种变迁既有剧烈的突变，也有缓慢的、局部的渐变，从整个历史变迁的过程来看，均衡稳定是相对的，而发展变化是绝对的。在远古时代变化徐缓，相对稳定，到了近代以后，服饰变迁的进程明显加快。同时，我们也看到，变迁是一个连续变化的过程，但这种变化中也包含了高原服饰的传承。总体来看，文化的传承特性较变迁特性要显著，传统的生产生活方式、相对封闭的环境和严格的阶级差别则是藏族服饰的传承基础。

第三章

藏族服饰区域的划分和特征

众所周知，藏族居住地域广阔，地跨数省（南北宽达近十个纬度，东西跨25个经度），不同地区的藏族服饰除了共同性特征外，还有各自的特点，分别形成了款式多样的服饰种类，藏族服饰呈现出鲜明的区域性特征。

服饰区域的形成、衍变不仅与人群生存环境、气候条件等自然因素紧密相关，而且还受民族或族群的历史发展、语言差异、文化观念等因素制约，是长期历史发展的结果。因此，服饰区是以共同或相似的自然条件和人文背景为基础的在服饰主要方面具有共同特征或相似风格的文化区域。从这个意义上说，服饰区可谓是一种形式文化区①。

受不同地区自然环境、生产生活方式的影响，加上历史原因及民族间文化交流的差异，使藏族服饰独具特色，地域分异明显，形成了不同特点不同风貌的服饰区域，这为我们区划藏族服饰奠定了基础。自然地理和文化的多样性为我们研究藏族服饰带来一定的困难，因此，尤其需要对藏族服饰进行区域划分。藏族服饰区划的目的是便于认识服饰类型的空间分布与自然地理环境、历史文化传承的关系，有利于从整个空间区域上把握服饰的区域差异性和区域相似性，从而更深刻地认识藏族服饰的特征、分布规律及其与地理环境、历史文化的关系，让藏族服饰真正能够起到对藏族文化认识和研究的"索引和钥匙"的作用。

---

① 文化区一般分为形式文化区和功能文化区，形式文化区是以某种文化特征或具有文化特征的人的群体的地域分布，在空间分布上具有核心区和边缘区的差异。参见 Terry G. Jordan, Lester Rowntree：*The Human Mosaic, A Thematic Introduction to Cultural Geography*. Harper & Row Publishers Inc, 1990, pp. 7—11.

过去学术界缺乏对藏族服饰进行深入而细致的区分①，1988 年安旭先生首次对藏族服饰进行分类和区划②，根据藏族方言把全国藏区服饰划分为三类：卫藏服饰类、康巴服饰类、安多哇服饰类，每类下面又包含若干型，型下分式。这样该书的分类基本上是一个类就代表一个方言区的服饰，应该说这种划分虽略但不失全面，后来研究者多沿袭此分类，其影响是显著的。依照语言进行分类，是目前学术界通行的民族服饰分类方法，这种方法比较准确地表明某一民族内各个族群在历史上的亲缘关系以及服饰与语言的关系。但是它不能从共时角度，从空间角度表示出民族或族群所处地理位置、自然环境、经济生产方式对服饰的影响和制约，对族群内部服饰的多样性难以作出区分，这不能不算是一个缺陷。2002 年出版的《中国藏族服饰》画册则以行政区划分西藏、四川、青海、甘肃、云南的藏族服饰来列举和描述藏族各地服饰，形象地展现了各地区服饰的差异和特点，但却忽略了服饰差异的内在联系和原因。行政区划对服饰区的形成和变化有一定的影响，但没有必然对应关系。还有一种服饰分类方法是以经济文化形态作为划分标准，把藏族聚居区服饰分为牧区服饰、农区服饰和半农半牧区服饰。③ 这种划分注意到了自然条件和生产方式对服饰形制、质料的影响，却不能对同一种经济文化形态服饰差异作出适当解释。除此之外，也有以服饰的某一构件或部分元素作为标准进行分类。如以头饰分为西藏普通型、甘南康巴型、白马藏人型、云南中甸型等七类。④上述种种划分都具有合理性，在某种程度上也符合藏族服饰本身的特点，但服饰分区只依据单一的标准是不恰当的，这将失之片面，同时以上方法未能明确服饰区域边界。

因此，在前人研究成果的基础上，笔者提出对藏族服饰的区划研究应该采用综合分区法。近些年来，地理学研究中十分重视对区域的综合性的研究，强调在区域的研究过程中将自然和人文因素结合在一起，只有这样才能全面了解

---

① 笔者对近二十年刊载于《西藏民俗》《中国藏学》《西藏艺术研究》《民俗研究》等刊物上的有关藏族服饰的文章进行收集整理，受到较多关注的地区服饰有：西藏服饰、青海河湟流域的农区服饰、甘南舟曲和迭部的服饰、川西嘉绒服饰等，这些描述和阐释为进一步研究藏族服饰提供有益的帮助。

② 安旭主编：《藏族服饰艺术》，南开大学出版社 1988 年版。

③ 张鹰主编：《服装佩饰》，重庆出版社 2001 年版。

④ 们发延：《藏族头饰文化初探》，《民族艺术研究》1999 年第 4 期。

区域的特征。[①] 对藏族服饰的区划研究也不例外。所谓服饰综合分区法，就是利用现实调查和综合区域地理学及其他学科的研究成果，综合多个可变因素（包括自然地理要素和历史文化要素）来研究服饰的区域划界，以探讨区域内各要素与服饰的相互关系，揭示服饰的区域特点、区域差异和区域联系的研究方法。该方法旨在通过区划既能展现服饰本身具体表现形态的差异和联系，还能从区域之间的关联探寻隐含的深层原因以及与自然地理、语言、历史文化的关系。

第一节　藏族服饰区划标准

藏族服饰综合区划需要以整体观点看待藏族服饰，依据一定的标准划分出相互联系而又相互区别的服饰区域。一个地理单元（即一个服饰区域）的服饰特征不同于另一个地理单元的服饰特征，两者之间呈现出明显的差异性。同时，在一个地理单元内部，服饰在主要特征方面存在着趋同性。这种导致服饰区域空间之间产生相似性和差异性的因素就是本节探讨藏族服饰区划的依据。

服饰的地域性特征是多种要素相互影响、共同作用的结果。为了论述方便，兹将气候环境、生产生活方式和文化三个方面作为区划依据分别进行探讨，以此得出一个综合区划方案。

一、气候环境

前文论述了气候条件（主要包括温度和水分状况）对服饰的基本形制、材料、色彩都有重要影响和作用。青藏高原独特的气候环境是形成藏族服饰特点和着装习惯的基础。然而，在广阔的青藏高原地区，气候环境的差异很大，参见表3－1。[②]

---

① 张家涛等：《区域地理学》，青岛出版社2000年版，第57页。
② 数据采集点前七个为青藏高原科考队在该年所设台站，后三个地方为县所在地的数据。此表根据《青藏高原气候》（戴加洗主编，气象出版社1990年版，第273、290页）、《青藏高原研究·横断山考察专集一》（中国科学院青藏高原综合科学考察队编，云南人民出版社1983年版）中的相关数据制成。

表 3-1 藏族聚居区各地气候环境差异对照

地区	海拔（米）	平均气温℃			日平均气温≥0℃		年降水（毫米）
		年	最热月	最冷月	日数	积温℃	
西宁	2261.2	5.7	7.2	-8.4	237.9	2745.9	368.2
湟中	2667.5	2.8	14.3	-10.9		2058.2	528.2
玉树	3681.2	2.9	12.5	-7.8	213.7	1800.1	480.5
狮泉河	4278.0	0.1	13.5	-12.4	170.2	1536.7	73.4
那曲	4507.0	-1.9	8.8	-13.8	161.8	1033.5	400~500
昌都	3306.0	7.5	16.1	-2.6	278.8	2924.7	477.7
拉萨	3648.7	7.5	15.1	-2.3	280.4	2887.6	444.8
道孚	2980.0	7.8		-2.6	140*		569
九龙	3760.0	9.7		0.6	135.9*		897.4
得荣	2100.0	14.4	22	5.5	242.6*		340.7

注：带 * 的数字为日平均气温≥10℃的日数。

生活在不同气候条件下的藏族同胞就要穿用不同的服装以适应自然环境，从而形成了藏族服饰的地域差异。我们也很容易发现在不同的地理区域和自然环境中，人们的服饰文化受气候环境的影响而呈现不同的形态和风格。如青海东部的河湟谷地，由于海拔较低，气候相对较暖，四季分明，服装样式变化也多，而且用料、缝制工艺都十分讲究。而生活在藏北高原、青海玉树的藏族，由于海拔高，气候寒冷，年平均气温在0℃左右，而且四季气候不甚分明，因此服装样式相对来说就比较简单，缝制工艺也不复杂。降水较多的地区如念青唐古拉山脉以南、雅鲁藏布江的下游地区和喜马拉雅山脉南麓一带，年平均降水日数达160天以上，这里的人们的服装基本都有防雨功能。

一般来说，严寒干燥的地区服饰厚重（多用皮毛）、种类单一，而温暖湿润的地区的服饰则衣料轻薄（棉质居多）、结构复杂、层次丰富。在气候温暖的地区的服装，腿部、臂部及颈部要求有较大的开口，这样穿起来比较舒适。如林芝的"古休"就是适应气候的产物。

按照温度、水分条件地域组合的不同，可将青藏高原划分为 13 个不同的气候区。[①] 从藏族分布区域来看，基本上处于高原温带和高原亚寒带 2 个温度带；水分状况大部分属于干旱、半干旱的地域类型。

二、生产生活方式

经济生产方式的不同所造成的服饰特征差异是明显的，牧区的服饰多以玉器、骨类装饰为多，而农区的服饰多以金银装饰为多。牧区女子"辫发毡裘"，农林区人们喜盘发着裙，这是长期适应生产劳作和生活的需要而形成的。在牧区，皮裘成为服饰的主要原料，为方便随牧迁徙，服装注重简便实用，如羌塘高原的牧民"四季一裘衣"，袍衣结实保暖且日衣夜被，袖袍宽大便于穿脱，这些特点与流动的游牧方式是相适应的。农区生活稳定，物产相对丰富，人们有条件、有时间制作和美化服饰，所以，农区服饰材质和款式多样，随季节变换不同的服装，重刺绣、挑花，缘边装饰复杂。如川西嘉绒农区的服饰冬夏季节分明，以布、丝绸和氆氇为衣料，上衣下裙或裤，前后拴绣花围腰，束花腰带，这种穿戴除适应当地气候条件外，也与农区劳作特点、物产情况以及当地女孩风俗传统密切相关。因此，生产生活方式也应成为藏族服饰分区的重要参照坐标。

宏观地看，青藏高原的牧区、农区及农牧区的分布与气候区成对应关系。随着高原地形由西北逐渐向东南倾斜，海拔由 5000 米以上依次递降到 3000 米左右，地域分异呈现从西北寒冷干旱向东南暖热湿润的变化，生产方式大体表现为牧业、农牧业、农业及农林业的带状更迭。一般来说，气候严寒的高海拔地区为牧区，气候较暖海拔在 2000 米以上 3000 米以下的地区为农区，而高山峡谷交错的地区则农牧兼营。总的说来，以气候环境和生态环境为承载基础的生产方式紧密结合共同对服饰产生影响。但是，两者又体现出各自不同的分异，一方面，气候条件相同情况下不同生产活动的服饰差别是显而易见的；另一方面，即使从事某一种生产方式的活动，因自然条件的不同也会造成服饰上的差异。如藏南工布农林地区，气候温暖，雨量充足，为了适应自然条件，当地人创造了样式独特的"古休"既方便散热、耐磨又能避雨。

---

①　林振耀等：《青藏高原气候区划》，《地理学报》1981 年第 1 期。本书中所涉及青藏高原自然地理部分借鉴了郑度、林振耀、杨勤业等人的相关科学研究成果，特此致谢。

而甘南舟曲地区森林密布、气候暖湿，故他们的服装面料以透气的布、褐子、麻为主，"邦典"缩小为肚兜，为了方便山路和林间行走，还形成裹腿的习俗。

鉴于此，可以对藏族聚居区作一个自然方面的区域划分，内容包括上述的气候条件、经济生产式，见图3-1。

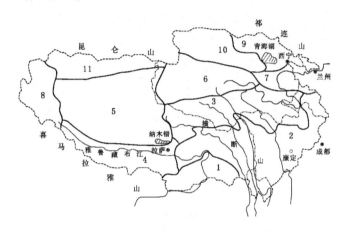

图3-1　藏族聚居区气候和生产类型区划图

1. 藏东南山地农林区（暖热、湿润）；2. 藏东川西山地农牧区（温暖、半湿润）；3. 那曲玉树高寒牧区（寒冷、半湿润）；4. 藏南宽谷山地农业区（温暖、半干旱）；5. 南羌塘高寒牧区（寒冷、半干旱）；6. 青南高寒牧区（寒冷、半干旱）；7. 西宁高原山地农林区（温暖、半湿润）；8. 阿里山地农牧区（温凉、半干旱）；9. 青东祁连山地牧区（温凉、半干旱）；10. 柴达木山地荒漠（温凉、极干旱）；11. 北羌塘高寒荒漠（寒冻、干旱）。

三、文化要素

在自然条件相同或相近的情况下，文化便成为服饰差异并呈现多元现象的重要因素。如众所知，服饰是地域文化显性的表征之一，换句话说，服饰的特征反映了地域文化的影响和印迹。在藏族历史长河中的特定阶段，不同的服饰及风格可以用来识别文化状态，亦可用来识别群体间的地域关系。我们能够从一千多年前吐蕃"四如"和"西山诸羌"的服饰对比中发现显著的文化差异，同时，又可以在一种文化区域内找到虽不十分明显却又很有意义的差别。如受康巴文化熏染的昌都人和理塘人，从服饰上同样可找到他们的差异。由此可见，服饰的地域差异总是与不同文化的人群联系在一起的，体现了服式、习惯、审美意识和观念的历史传承。因此，服饰作为一种地域文化表征具有将某一族群与另一族群进行社会文化区别的特性。认识到西藏高原史前文化都具有高原文化这个共同特征的同时，还必须注意另一个方面，即西藏高原史前文化还具有多样化的特征。考古资料及分析表明，西藏原始文化至新石器时代晚期开始，已出现了若干区域性文化，而且各自分布区域、年代范围、经济基础、文化艺术等面貌上都各有特征。如卡若文化类型、曲贡文化类型、林芝文化类型、藏西北文化类型。① 西藏高原的原始文化与周边文化的交流也因时代和地区而有所不同。

文化因素是一个相当复杂的问题。首先是多源民族因素，藏族是历史形成的民族共同体，从吐蕃时代开始经历了一个不断征服和融合周边别的民族或部落而逐渐一体化的过程，如东女、附国以及后来的党项、吐谷浑等，这些部落或民族的一些带有本质性的服饰文化现象或习俗在民族的进程中却被保留了下来，成为今天某个区域性服饰的特征或标志。如嘉绒藏族据传为东女国后裔，从服饰上看东女国"贵黑，发绕成鬘髻，并饰之以金"等习俗与今天嘉绒服饰也极为相似，与周边族群又相区别。从这个意义上说，民族服饰与语言一样，是一种带有"活化石"意义的文化符号。其次是多元民族文化的影响，其中包括相邻少数民族的相互交往和影响，这也是藏族服饰区域性特征形成的重要因素。另外，相对独立的地方政权以及社会经济发展的不平衡等都是各地藏族服饰特征形成的原因。

藏族聚居区地域广阔，自古以来部落众多。藏族历史文化区②涵盖了语言、宗教、风俗习惯等多方面文化风貌上的一致性，在服饰上也是如此，同一个文化区服饰风格趋同，在头部和身体的装饰差异和服装款式的风格方面表现得尤

① 李永宪：《西藏新石器时代考古学文化的几个问题》，见《中国西南的古代交通与文化》，四川大学出版社1994年版，第288—292页。

② 藏族学者习惯将藏区三分为：上阿里三围、中卫藏四如、下朵康六岗，（《贤者喜宴》三函），这是吐蕃时期藏族的历史地理区域。后来，随着元朝对西藏的统治，并设立了三个宣慰使司都元帅府来管理藏区，逐渐形成了新的三个地理区域概念：卫藏、康和安多地区。经过历史长期发展，这三个区域在藏族文化下表现出不同的文化特征，并分别成为学者们的研究对象。嘉绒藏族地处川西高原东缘，具有独特的衍化轨迹，在历史发展过程中由于该地区特殊的地理位置和社会环境，逐渐形成了一个在语言、宗教、风俗、艺术等诸多方面均不同于卫藏、安多、康区的独特的文化区域，1954年被识别为藏族，目前人口已达二十多万人。随着经济文化的发展，嘉绒藏族服饰得到了保护。

为明显。可简单地归纳为：安多服饰雍容华贵，以银制饰品为主，以多为美；康巴服饰粗犷豪放，好用蜜蜡、珊瑚、"九眼珠"等天然物品为饰；卫藏服饰则典雅古朴，组合饰物奇特怪异；嘉绒服饰华美时尚，头饰独具一格。但由于某种文化成因或历经不同的历史发展过程都可能形成不同的服饰文化，所以，每个文化区内又存在服饰文化的多样性。

人文地理学中的"文化区"理论认为，文化区的形成有其长期的历史原因，与一个民族的形成、语言、信仰、风俗等有着密切的关系，一个民族的生产生活区域具体表现为一个地理空间范围，根据这个空间范围中该民族或者族群的核心文化在区域中的影响力，以及与周边民族或族群融合交流的关系，一个文化区包含了核心区、过渡区两个区域。① 核心区是民族或族群文化的集中区，表现出纯正的民族文化，随着向地理区域外围的延伸，民族文化的影响力在逐渐减弱，到了文化区的边缘，本民族或族群的文化与周边的民族或族群的文化相互交融渗透，表现出文化的过渡性特征，这就是从民族文化的核心区到过渡区的距离衰减效应。

根据藏族的历史文化传承，可将藏族分为卫藏文化区、安多文化区、嘉绒文化区、康巴文化区几个主要的文化区，在这几个文化区中，最复杂的要数康巴文化区。因为康巴文化区无论就其自然地理环境，还是就其历史文化因素而言，都是最为复杂的。自然地理环境以横断山为主体，高山峡谷、山原并存，气候的垂直带谱分布特征明显，在各相对独立的小地理单元内，亦牧、亦农、亦林。由于地处藏彝走廊的通道上，各民族文化相互交融，又形成相对独立的文化地理单元，从而使康巴文化区在过渡带上体现出丰富多彩的文化特性，在服饰上表现得尤为明显。

康巴文化区的核心区主要在甘孜州的德格、白玉及西藏的昌都一带。过渡区表现得十分丰富：与嘉绒藏族和彝族文化过渡区，存在一个木雅文化区，其服饰区体现了服饰文化的过渡性。这种过渡性表现为：木雅传统服饰为主体，康巴盛装、嘉绒头饰，彝族百褶裙及汉装和藏装混穿现象并存，总体上与康区服饰较近，近年来康化现象尤为突出；康南地区的服饰文化则体现出康区与彝

---

① 王恩涌：《人文地理学》，高等教育出版社2000年版，第33页。通常形式文化区可分为核心区、外围区和过渡区，笔者认为外围区和过渡区难以作实质性的区分，按文化的变异程度分为核心区和过渡区。

族、纳西族和白族等民族融合的特点，如四川的乡城、稻城、得荣、云南的中甸等地区，其服饰与康区服饰差异较大：女子身穿拽地连衣长裙，外罩长坎肩，除乡城、稻城外，服装多用麻、布或毛布制成，尼西妇女背披毛披肩，也是受到纳西族妇女的影响，中甸县妇女穿深蓝色长袍，系白围裙，头包各色鲜艳头巾，与白族服饰相近；青海的玉树、果洛地区则是康区与安多文化的过渡区，服饰既有康区特征，又有安多草原的服饰特点；四川西北高原也表现出这样的特征。嘉绒藏族在文化的过渡带上，其西与康巴服饰相融，其东其南与羌族服饰相融，其北与安多服饰相融。在文化区的划分上，过渡区也即渗融区，是表现为多种文化交汇的宽广区域。

事实上，气候环境、生产方式和文化因素之间并不能截然分开，它们相互依存并交互作用，从而形成藏族服饰文化的区域特征。所以，有学者指出：服饰文化区域性特征主要是由民族所处的经济文化类型和社会发展程度决定的。[①]就藏族服饰而言，气候环境的差异是形成区域性特征的基础，生产生活方式的差异使服饰差异得以体现，如材质、款式及装饰形式等，但在总体上与气候环境对服饰的影响是一致的。文化因素更是变化多端，但文化区与环境区域是相互呼应的，即文化区的地域分布与气候环境和生产方式的分区大体相当。本节以历史形成的人文分区以及核心区、边缘区理论来对地区服饰的文化个性和风格类型进行区分，因而具有统摄性和包容性。

为有助于发现不同地区之间的内在联系，减少主观性和随意性，本节采用叠加法对藏族服饰进行自上而下的区划[②]，即将气候环境、生产生活方式的分区与文化区域界线相互叠置，根据区域合并情况、分布形势，并结合人口规模、服饰差异等来确定服饰的区划。也就是说，图3-2所示的区划方案是将气候环境、生产生活方式和文化三个因素的分区进行叠置后得出的结论，反映了三个因素分区的基本一致性。

---

① 刘军：《试析我国少数民族服饰文化的多维属性》，《黑龙江民族丛刊》1992第1期。
② 张家涛等：《区域地理学》，青岛出版社2000年版，第215页。

第二节 藏族服饰区域类型及图说

据上节区划标准，并结合服饰本身的区域差异，将藏族服饰区划为 13 个类型区①，如图 3－2 所示。从藏族服饰分布现状来看，其服饰区结构可分为三个层次：服饰区、小区域服饰型、服饰式。

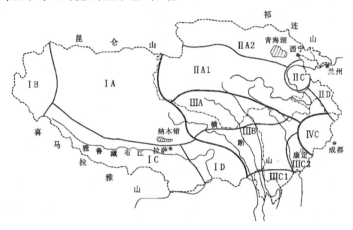

图 3－2 藏族服饰区划图

Ⅰ卫藏文化区：藏南宽谷农业服饰区（ⅠC）、工布农林服饰区（ⅠD）、西藏阿里半农半牧服饰区（ⅠB）、羌塘高原牧业服饰区（ⅠA）；Ⅱ安多文化区：青南阿坝高原牧业服饰区（ⅡA1）、青东祁连山地牧业服饰区（ⅡA2）、西宁农业服饰区（ⅡC）、甘南农林服饰区（ⅡD）；Ⅲ康巴文化区：康北牧业服饰区（ⅢA）、康中半农半牧服饰区（ⅢB）、康巴木雅农业服饰区（ⅢC2）、康南农业多元服饰区（ⅢC1）；Ⅳ嘉绒文化区：嘉绒农业服饰区（ⅣC）。（注：A 为牧区，B 为半农半牧，C 为农区，D 为林区）

各服饰区的基本特征概述如下：

---

① 需要说明的是，一些自然环境如河谷农区的地理分布是分散的，是不连续的，但为了达到区划的目的，我们根据文化特征对相似的空间进行了边界处理，使其连成区和片。而一些人数较少，分布区域不大的个别特殊服饰类型，如"西番"的服饰，很难归入某一地区，所以，在区划时没有考虑在内。另外，一些服饰区的边界很难确定，如木雅藏族服饰、康南服饰处于文化交融的边缘地带，很多服饰元素和特征基本上是混合在一起的，其边界的划分只能根据经验进行判定。

一、藏南宽谷农业服饰区（ⅠC）

本区介于喜马拉雅山和冈底斯山、念青唐古拉山之间的雅鲁藏布江中上游的广大地区，包括拉萨、日喀则、山南地区。平均海拔高度 3000 米左右，受地形屏障作用，藏南谷地冬不冷夏不热，干湿季分明，是西藏地区唯一地势较低气候比较温暖的农业区。拉萨、日喀则两地一直是西藏政治、经济、文化中心，是藏族文化的发祥之地，其服饰也随着历史进程得以极大发展。其总体特征为典雅、简洁，装饰不求多而讲究搭配，男女皆戴金花帽，系腰带，穿长靴。夏秋妇女着无袖袍，内穿丝绸衬衣，腰系彩色邦典。妇女发式从额际正中分梳两辫环头盘成一圈，头饰独特，有三角形"巴珠"（spa phrug）或弓形"巴果"（spa sgor）、圆形"巴龙"（spa lung），这些都是由绿松石、珍珠、珊瑚等装饰而成的珠冠饰品。胸前佩戴八角形"嘎乌"，上饰松石、珊瑚等珠宝。男子穿毛料或织锦缎长袍，发辫盘于头顶，脚穿牛皮靴子。盛装所佩饰品不少为旧时西藏贵族妇女的装饰品，如珍珠腰围、项鬘（spa phreng）、三联盒（gvu gvum sgrom）等。由于藏南谷地为宽谷盆地，开阔平坦，交通方便，因此，整个农区服饰较一致。但在区域内部不同地区也有一定的差异，根据服饰色彩、材料、佩戴等方面的差异又可以区分为拉萨型、日喀则型和山南型。[1] 农区和城镇有较大差异。

拉萨型（图3-3）：身着素雅合身的无袖或有袖长袍，一般内着白绸或印花斜襟衬衣，袍后两侧缝有两根带子，用于系腰，前面系五色细条邦典。饰品多集中于头部和胸部，头戴羊角形或三角形珠冠（spa phrug），胸前佩戴精致典雅的宝石项链以及八角形护身盒。附近农区男子大都穿镶"十"字纹图案的白氆氇藏袍，腰系鲜艳的绿色绸带，平时也穿短装、氆氇裤、头戴金花帽，脚蹬松巴鞋。

日喀则型（图3-4）：服饰基本式样与拉萨大体相同，但在装饰上有自己的特点，头上一般戴弓形"巴果"或绕头一周的"巴龙"，围裙色条比拉萨宽和艳，袍外喜套由花氆氇制成的坎肩"当扎"。另外，腰钩是后藏妇女服饰中最具特点的饰物之一，多为铜质和银质。定结县妇女胸前戴有银币制成的项链，头

---

① 其美卓嘎：《西藏服饰艺术》，《西藏艺术研究》1997 年第 1 期。

戴小圆帽，帽上插有孔雀毛。吉隆县妇女则穿有袖藏袍、腰间从后向前围双层条纹围裙。

山南型（图3－5）：山南妇女常戴平顶小圆帽"加霞"，老年人则戴圆形帽。最具有特色的是措美县渣杂乡的服饰，妇女头戴氆氇条纹无顶小帽，外套染色印花氆氇无袖长筒外套，内穿无袖氆氇藏袍，脸上贴白胶布装饰。劳作时多穿着羊皮或牛皮坎肩。山南地区妇女还穿一种对襟坎肩"背夏"，多用"邦典"呢或"甲洛"呢和黑氆氇制成，各县之间所用材料及搭配不同。

图3-3　拉萨妇女服饰　　图3-4　日喀则妇女服饰　图3-5　山南措美妇女服饰

西藏图片库提供，虞向军摄　《中国藏族服饰》第21页

二、西藏工布农林服饰区（ID）

工布地区气候暖湿、土地肥沃，森林密布，是藏族文化发祥地之一。但由于相对封闭的自然环境，随着吐蕃向北发展，地处卫藏东南一隅的工布地区逐渐变得偏远、闭塞，难以与其他地区交流，使其经济文化等方面发展缓慢，而其相邻地区为相对落后的珞渝地区，因而该地区保留了比较古老的服饰元素，形成了独具特色的服饰区。本区包括整个尼洋河及其与雅鲁藏布江交汇处四周约两百公里的河谷地区，即今天的工布江达县、林芝县和米林县等。由于该地属于温带湿润气候区，居住河谷低于海拔3000米，因此，这个地区的人少有穿袍，男女常服为"古休"，相比拉萨等地服饰"差异大于共通性"。这种服装的特点是套头式长坎肩、无缝接、男女皆以当地手工织染的氆氇为原料，也有猴皮或熊皮制成的古休。颜色一般为黑色和紫红色，领口、袖口、下摆镶上缎边。工布女帽是一种用氆氇缝制的圆形小毡帽，其边上分开的尾翅朝向代表婚姻状况。妇女不系"邦典"，戴铜制或银制腰带和项链（图3-6）。

图3-6　工布服饰

三、西藏阿里半农半牧服饰区（ⅠB）

本区包括阿里革吉以西、印度河源及班公湖宽谷盆地，行政县辖普兰、札达、噶尔、日土四县，本区地形比较复杂，高山盆地宽谷相间，海拔高度3800~4500米，气候寒冷多变，干燥少雨，属亚寒带干旱气候区。以阿依拉山为界分为南北两部分，南部为阿里主要的产粮区，北部干旱，少有种植。女子服饰保留了吐蕃时期的特点，服饰别具一格。以普兰县妇女服饰最为典型，身披羔羊皮的挂面披风，头饰牛角形珠冠，额前垂挂一排银链，脖围一圈较宽的用珊瑚排列而成的项圈，胸前挂满了珊瑚、松石、蜜蜡等项链，有的长至膝部，显示富丽、华贵的特点。冬天披羊皮坎肩或拼色羊皮斗篷也是该地服饰的一大特点，色彩喜用强烈对比的红色、绿色（图3-7）。阿里为藏族原始宗教苯教之发源地，曾产生过灿烂的象雄文明。也由于其地理位置远离藏族的文化中心，该区的服饰透着古代的气息。

四、羌塘高原牧业服饰区（ⅠA）

本区包括日喀则地区的北部、阿里地区的东部及那曲的广大藏北草原地区。本区地域辽阔，地势起伏平缓，海拔均在4000米以上，是西藏主要的牧区之

图3-7　阿里妇女服饰

西藏图片库提供，吕新民、冯建国摄

一，气候属于亚寒带半干旱气候区，地广人稀。当地男女服装主要是光板羊皮毛藏袍：厚重、肥大、结实，头发通常梳成数十根细辫，有的多至上百根。男女皆喜戴帽，帽式多样。冬天一般戴狐皮帽、夏天戴宽边礼帽。现在，随着生活水平的提高，袍面装饰逐渐风行起来，那曲地区的牧民一般用黑、红、绿、紫色等宽大色带并排饰于袍的袖、襟等边沿，效果奇特。那曲地区妇女还系用手工刺绣带有民族特色图案的"邦典"（图3-8、图3-9）。

图3-8　那曲妇女服饰

西藏图片库提供，冯伟摄

图3-9　藏北牧民服饰

西藏图片库提供，冯伟摄

五、青南阿坝高原牧业服饰区（ⅡA1）

四川、青海和甘肃三省交界的高原牧区，包括青南高原长江、黄河的源地一带以及四川省松潘、红原、若尔盖，甘肃西南角的碌曲、玛曲、夏河、卓尼上部地区。气候高寒，海拔高度在3400～4200米，高山灌丛草甸分布很广，畜牧业较为发达。该区属安多服饰的核心区域，藏袍基本结构是肥腰、束带、长袖、大襟，以皮袍为主。平时习惯袒露右臂，劳动时褪下两袖。盛装时，妇女全身佩戴贵重饰品，以宝石、金银饰品镶嵌的戒指、项链、腰带等，发式为碎辫子，在辫梢上佩戴各种饰有珊瑚、绿松石、银盾等的发套，直垂至脚。衣服多镶以氆氇或动物皮毛装饰其边缘，更显雍容华贵。男子佩藏刀、背猎枪。根据各地装饰风格的差异又可分为若尔盖型、海南型、碌曲型等。①

松潘型（图3－10）：成年妇女头饰最为独特，头戴"俄儿"（头巾）多用大红、紫红色绸料制成，姑娘们头扎十几个珊瑚枝和琥珀球，与"俄儿"交叉，从左至右缠绕成盘龙附状于头，犹如盛开的花冠。服饰与其他牧区相似。

黄南型（图3－11）：喜穿宽大的绵羊皮藏袍，妇女多穿圆领长袍，腰系绸或布料彩色腰带。发梳成许多小辫，然后再结成一个或多个大辫，上饰发套。发套用红布制作，上面饰有各式银盾、蚌壳、银元、珊瑚等，从头上直垂至臀部，形成夸张、独特的背饰。

图3－10　松潘妇女头饰　　　图3－11　黄南藏族妇女背饰　　　图3－12　碌曲牧区服饰

杨嘉铭摄　　　　　　　　　　拉先摄　　　　　　　　　　　拉卜楞网景

---

① 徐海荣主编：《中国服饰大典》，华夏出版社2000年版，第158、191—192页。

碌曲型（图3-12）：女式皮袄领部和襟边分别用不同的氆氇、豹皮和红、黄、绿等色平布镶饰，右袖长，左袖较短，领边和袖口饰有白羔皮。衬衣多为半高领、斜大襟式，腰系茧绸腰带和刻有银制泡钉的革带。女子发式碎辫子，上坠"热瓦"（胎布上缀珠宝银饰物，下结穗子）直至脚踝。少妇只有一道胎布，中年妇女有三道或宽一道，少女还在头顶盘绕一圈由红色珊瑚缀起来的头箍。

六、青东祁连山地牧业服饰区（ⅡA2）

包括青海湖周围的海北、海西的广大草原地区以及甘肃天祝藏族自治县。本区地形较为复杂，年均气温在0℃左右，有着发达的畜牧业。这一带历史上长期处于民族纷争和地方割据政权中心地带，曾先后兴起过鲜卑文化、乙弗文化、吐谷浑文化，冲突和融合始终是该地区历史文化的特点。体现在服饰上，除具有牧区服饰特征外，还具有蒙古族、回族、土族服饰的特点，如大通一带服饰色彩受土族影响多用紫红色、咖啡、黄、蓝色；华热藏族妇女头饰辫套"加喜"形制和佩戴方式独特，有蒙古服饰风格；普遍喜戴金银质项链则是受到汉族影响。头饰"玛尔登"（红布胎上缀满银质碗形饰品）流行于刚察县哈尔盖乡；"玛瑙头"流行于大通县向化乡一带，海北、海西的部分地区妇女腰部也佩银盾。[1]

华热型（图3-13）：男装同安多藏装基本一样，唯其袖子短且轻便。妇女装束特点主要在头饰发套的形制和佩戴方式。已婚女子发型为多辫型，发套自发垂到胸两边，曳至腿前，背后也同样有长长的发套。发套上嵌以巨大的雕镂精细的银质饰牌。未婚女子发套只垂至腰际。腰带一般要系两条以上的绿、红、水红等色绸带，然后再系铜腰带。节日喜欢穿用绸缎、氆氇、呢子缝制的长袍，再配以宽领多层彩衬，尤显花枝招展、绚丽多姿。

海北型（图3-14）：妇女头发编成两束，装进辫套中，直垂于背后，辫套用黑布做成、上面用丝线绣有十分漂亮的图案（一般为花形）及装饰有银元、珊瑚、玛瑙等饰品。在近青海湖地区，人们腰系各色宽大鲜艳绸带，并在腰间挂上各种动物香袋，别具一格。

---

① 拉毛措：《青海藏族妇女服饰》，《中国藏学》2001年第1期。

图 3 – 13　门源华热服饰

图 3 – 14　海北藏族妇女服饰

七、西宁农业服饰区（ⅡC）

本区大致范围在青海省日月山以东、黄南山地以北、祁连山地以南。黄河及其支流湟水、大通河横穿而过。该区地形复杂，高度悬殊，居住河谷海拔约 2200 米以下，属青藏高原向黄土高原的过渡地带，气候温和湿润，自然条件最为优越，是青海省主要的农区，人口稠密。这里自古以来处在我国东部与西部交通要冲地，是中原文化与包含藏文化在内的周边文化交流融合的过渡地区。区域内服饰受到土族、撒拉族、汉族影响，服装款式基本同于藏族的大襟袍服，喜戴毡帽，着布衣棉袄。服装分冬装和夏装。以湟中一带的服饰为代表，夏秋季节，男女都穿白布汗衫，黑坎肩。冬春时节，女子穿颜色鲜艳的大襟衣服，外套黑色坎肩。佩戴耳环、戴戒指、手镯或串珠，头饰辫套是妇女装饰重点。少女梳小辫，并系上几枚小铜钱，结婚后则戴辫套一双。农区辫套不同于牧区，皆为饰有银牌的绣花辫套或大花瓶式辫套，制作精致，花式有"藏八宝"点缀。精细的彩线刺绣也是该区服饰的一大特色，多见于长方形辫套和女靴上面(图 3 – 15)。

八、甘南农林服饰区（ⅡD）

该区主要包括白龙江流域的迭部、舟曲、文县、武都和卓尼农区，四川的南坪、平武一带。地处青藏高原东北边缘，境内高山深谷、森林密布，气候暖湿，地理环境复杂多变，加之历史文化发展，故而形成了款式多样、风格独特的民族服饰。服装面料多使用轻便、透气的布、褐子、麻，服装领口、袖口下摆、帽边饰以装饰性强色彩艳丽的条纹或云形图案，体现的是一种平面装饰效果，女子头部也编发，下着裤并绑腿。

图3-15　卓仓①服饰

出自"卓仓部落"：http//feiyu.tibetcul.com

舟曲型：流行于甘南州的迭部、舟曲等地。其基本特征是大襟、袖口及下摆都无装饰，下着大裆裤，裹腿，腹围红色裹兜，胸佩大银盘"欧斗"（dngul rdung）。服装色彩装饰性强。根据服装样式差异、色彩及装饰特点，舟曲服饰又可分为八愣式、上河式、插岗式、博峪式。②

上河式（图3-16）：男子上身穿短袄，下着长及膝盖的裤子，腰系宽带，裹腿，脚穿短筒白布软靴；女子也着布衣，衣服长短到膝盖之间，其大襟衣服的袖口上镶红边，腰系红、黑或蓝色毛织的宽带，下穿肥硕的裤子，脚穿红布制作的鞋。

八愣式（图3-17）：妇女服饰舒展大方、婆娑生风。上衣对襟衣衫，长及脚面，颜色通常为红、蓝、白三色，袖子宽而短，边饰红布，穿蓝色小褂和用红、黄布交织绣成的花裹肚儿，腰系毛褐带子，裤宽而不束裤管，胸佩圆形"欧斗"。

---

① 生活在青海湟水南岸山区地带，按照现在的行政区划，地跨青海省的乐都、平安、民和三县。

② 洲塔：《甘肃藏族部落的社会与历史研究》，甘肃民族出版社1996年版，第550—551页。

图 3-16 上河式

新华网甘肃频道

图 3-17 八愣式

摄于甘南合作民俗博物馆

插岗式（图 3-18）：男子耳戴大环，胸佩"嘎乌"，裹腿，腰佩板刀，穿山羊皮褂，裤长至膝盖，给人以简单、粗犷的感觉；女子服饰与上河、八愣类同，只是头部用黑布层叠缠头，裤子宽大肥硕。

博峪式（图 3-19）：妇女发编碎小辫子，从头顶后梳编成几十根，然后接上数根黑丝线，长约 4 米，辫尾插入腰带里。里穿一件衬衣，胸系一正方形布块的裹斗。身着一件无领的挂黑对襟长袍，下摆层层相叠，袖口边缘饰有各色布条，外套一件花边绸缎坎肩，腰系红色毛织带子，两边穗子吊于两侧，胸前佩戴圆形银盘，打绑腿，脚穿绣花缎鞋。

图 3-18 拱坝服饰

摄于甘南合作民俗博物馆

图 3-19 博峪式

摄于甘南合作民俗博物馆

　　迭部农区型（图3－20）：以下迭式最具特色，流行于白龙江流域的腊子口一带及舟曲县西部地区。其特点是头部裹蓝、白色布帕，妇女梳三条辫子，一条盘于头上，另两条披于身后，尾端坠一银制小圆盘。身穿大襟低领短袄，系毛纺腰带，脚穿布筒靴子，膝下裤筒扎入靴内，并用带子系束。上迭式略有不同。男子着白色麻布长衫；妇女头戴圆筒高帽，着领襟绲边的蒙古袍服，平日喜穿对襟褐制马甲。

　　白马型（图3－21）：包括甘肃文县及舟曲县博峪乡部分地区、四川南坪、平武。该型特点：男女皆戴盘形白毡帽，帽上插白羽毛饰品。平日穿右衽、无领的长衫，腰系绣花腰带，打白布绑腿。冬季外罩一件短袖无领的黑棉衣或小坎肩，坎肩为对襟式或缺襟式，妇女常穿短袖宽口的连衣裙。

　　卓尼型（图3－22）：流行于洮河卓尼一带。女子戴石榴帽及"烟筒帽"，发式为三根粗辫子，称"三格毛"。衣半高领，紧身窄袖，直线裁制，两边开衩，下长至足。腰系自织几何图案的花腰带，外罩一大襟式绸缎马甲"库多"，开襟处镶滚边花饰。衣服颜色鲜艳，多天蓝、翠绿、粉红、大红等，喜红绿搭配或红蓝搭配。

　　图3－20　迭部服饰　　　图－21　白马藏族服饰　　　图3－22　卓尼妇女服饰

《中国藏族服饰》第114页　　　　　拉先摄　　　　　西藏图片库提供，吴丽芬摄

九、康中半农半牧服饰区（ⅢB）

　　本区位于金沙江、澜沧江、雅砻江河谷上游之地，包括西藏昌都、四川省甘孜州的大片区域。这里高山峡谷纵列，也有平阔之河原耕地，地势起伏较大，气候垂直差异明显，属于亚寒带、温带湿润气候区。在这样海拔高度悬殊、气

候条件垂直变化的地区内，生态环境的差异必然造成生产生活的差异性，以及文化的多样性。该区是康巴文化的核心地区，康巴服饰以甘孜德格、白玉一带服饰为典型代表。康巴女子头饰"梅朵"，传为格萨尔王妃珠牡所佩戴，其材质、大小、样式各地又有变化；男子普遍蓄发，加红色丝线扎成独辫盘于头，尾线垂落于头侧，状若"英雄结"。服装样式男女基本相同，内穿右襟齐腰短袄，外罩圆领宽袖长袍，腰束带，服装衣袍肥大舒适，追求华丽，喜用动物皮毛饰边。全身佩戴贵重饰品：用玛瑙、天珠、绿松石制成的项链、头饰、手镯等，色调鲜艳、对比强烈，形成一种立体装饰的效果。康中服饰的多样性主要表现为佩饰的不同，有一首民间谚语充分说明了康区服饰的地区差异性："理塘服饰我知道，大小银盘发上套；昌都服饰我知道，镶银皮带腰间套；贡觉服饰我知道，三串项珠胸前吊……"①（图3-23、图3-24）

图3-23 德格女子服饰　　　　　　　　图3-24 理塘服饰

杨嘉铭摄

十、康北牧业服饰区（ⅢA）

本区处于羌塘高原和青南高原逐渐向川西高山峡谷过渡的高原夷平面上，包括那曲西北部、青海玉树、四川甘孜北部石渠色达牧区一带。区内自然条件

---

① 叶玉林：《天人合一 取法自然——藏族服饰美学》，《西藏艺术研究》1996年第3期。

与青南高原相似，其服装款式与其他牧区服饰大体相同，以皮袍为主，袍面领襟与下摆、袖口镶以水獭皮或豹皮，饰品除牧区常有的奶钩、火镰、腰刀、针线包、护身佛盒外，还有各种珍贵的项链、手镯、金银饰品等，有如康区其他地区一样，女子梳若干小辫，头顶或额、两鬓缀宝石，饰物直接佩于头上；男蓄发，加红色或黑色丝线扎辫盘于头上，尤显豪放气概（图3-25）。

图3-25　玉树服饰

十一、康巴木雅农业服饰区（ⅢC2）

指雅砻江中游以东，甘孜州道孚尼措寺以南，木里藏族自治县以北，折多山以西，雅江以东丹巴西南的大片地区，包括甘孜九龙和雅江、康定、道孚的大部分区域。木雅地区男子服饰与康巴汉子服饰相同，农区妇女的服饰分冬夏两季袍服，服装面料有棉、哔叽、皮毛等，妇女夏秋穿无袖长衫，多黑色，也有棕色者；冬季，在无袖长衫内加穿一件长袖氆氇长衣，富者也穿短皮袄和皮裤、毛织裤，脚穿皮底靴子。戴龙头耳环，结发成绠交叉盘于额上，发辫上有戴辫套或插小银盘为饰的习惯。过去女子穿百褶长裙，现基本上都穿裤，中老年妇女还戴具有本地特色的"袋状帽"。由于木雅地区处于南北民族迁徙的走廊与东西汉藏、汉彝等民族或族群经济文化交流和融合的会合地带，因而，体现了服饰上既有康巴藏族传统的服饰，也有其他民族或族群的服饰特征。根据不同的服饰特征又可分为扎坝型、雅江型等。

扎坝型（图3-26）：女子通常内着无袖"夹式"长裙，外套长袖无领锁边高腰外套，腰系红色自织腰带并饰绕白色圆形海螺、"洛泽"以及獐子獠牙饰品。"夹式"裙子后摆很大，穿时要将后面的裙摆折成许多层褶子，每层褶子用一种颜色隔开。衣料多用当地人自纺的毪子制成。头发梳辫盘头，上面盖一圆形的银制头饰"麦多美洛"，其发型独特而复杂。

图 3 - 26 扎坝服饰

左图由王玲提供，右图由石硕提供

雅江型（图 3 - 27）：男子装束与康区其他地方无异。女子服装以有袖袍和无袖袍两种为主，头发混杂红色毛线编成两股辫子，然后向上交叉盘于头。40岁以上妇女头顶黑色头帕，如嘉绒一般。节日服装佩饰复杂，头顶及脑后各饰一个银盘，过去少女们爱将鲜花置于盘上，因此，这种装饰也称"鲜花与明镜"。[①] 胸挂长及膝盖的用红布制成的挂包"楞扎"，上面镶嵌银制方形饰品和许多小圆盘。此外，还有用象牙、珊瑚、金银制成的手镯、护身盒、针线包、项链等。

十二、康南农业多元服饰区（ⅢC1）

本区位于青藏高原东南边缘，三江流域的河谷下游地段，包括四川的乡城、稻城、德荣，凉山木里县和云南德钦、中甸。这里是我国著名的"藏彝民族走

---

① 2006 年 1 月，据雅江县旅游局局长赤列曲扎讲述。

图 3 - 27　木雅服饰

廊"的文化交汇地带，有藏族、彝族、普米族、傈僳族、纳西族等十多个少数民族聚居于此，文化呈现多元性、复合性特点。康南地区地形复杂，河流多、河谷深，而且绝峡交错，交通不便，这种相对封闭的环境使得区域内还呈现许多小区域类型，服饰特点明显。总的来说，康南服饰是农区服饰的典型代表，属连衣裙类型，女子上身穿右襟短衫，衣襟镶边，外罩大襟坎肩，下穿宽而长的百褶裙，腰系鲜艳丝绸腰带，有披毡披的习惯，胸前也佩戴各种项链和佛盒。头饰、服装衣料以及装饰风格各地又有差异，可分为迪庆型、木里型、乡城型等。

迪庆型：以德钦奔子栏一带服饰为标准，流行于金沙江流域的拖顶、尼西、五境以及维西县的塔城等地区，上身穿宽大长袖衬衣，外着坎肩，下着曳地百褶裙，腰系彩色丝带，头发用彩色丝绳编于头顶，拖顶和塔城也有妇女头缠红帕子的。大小中甸女子服饰受其他民族服饰的影响较深，变异很大，通常为深蓝色长袍，衩口镶边，系白腰带。

中甸式（图 3 - 28）：深蓝色长袍，衩口镶黑色丝绒边，束白腰带，袍子前摆长及脚，后摆垂直折成瓦式。上身坎肩式样独特，右襟大多镶艳丽的花边，喜用绣花硬领，佩带银扣，下着长裤，束腰带，背披方形彩纹氆氇或缎面白羊皮披肩"散拉"。

奔子栏式（图 3 - 29）：流行于甘孜德荣，云南奔子栏、德钦一带。妇女上着长袖藏绸衫衣，外罩坎肩，下着曳地百褶长裙，腰缠毛质百花带，喜欢佩戴金银长垂耳环，胸挂护身盒，右襟挂三须链。头发用红丝绳编盘于头顶。

尼西式（图3-30）：上穿宽大长袖衬衣，外着坎肩，腰束毛布花带，下着白色宽折叠形长裤，裤脚及地。头发编成若干细辫，用头绳缠绕头上，背披对比强烈的黑底白条花毛布披肩及三角斗篷。

图3-28 中甸妇女服饰　　图3-29 德荣女子服饰　　图3-30 尼西妇女服饰

《中国藏族服饰》第147页

木里型（图3-31）：流行于甘孜木里县及稻城部分地区，男子留长发，编若干小辫后合为一根粗辫，用象牙或牛骨圈套上拖于脑后。上装为右襟短衫，外罩宽大长衫。女子编细辫，发辫上戴蜜蜡珠、绿松石等，胸前佩挂银圈、银制大佛盒。衣袖装饰独特，喜用青、黄、红色布及十字氆氇镶饰于上。中年妇女包青布帕或羊毛圈，身穿连衣裙，下缠毛布裹腿。

乡城型（图3-32）：以彩色"十"字花氆氇为衣料，裙袍宽大，外罩坎肩，头发编若干小辫并横向织成网状，披于肩上，两耳挂上硕大的红珊瑚枝或蜜蜡珠，别具一格。乡城女子连衣裙又称"疯装"，其左右胸分别镶有红黄绿、藏青、黑色三角形布料，风格独特。

十三、嘉绒农业服饰区（ⅣC）

嘉绒藏族主要分布在大小金川流域一带，包括阿坝州马尔康、金川、小金、黑水、理县、汶川、芦花以及甘孜州丹巴一带。本区处于青藏高原向成都平原

图 3 – 31　木里女子服饰

蒋庆华摄

图 3 – 32　乡城疯装

曲珍提供

过渡的边缘，气候温湿，季节分明，土地肥沃，以农业为主。这里自古就是藏与汉、羌等民族的文化结合部，文化呈现多样性、古老性的特点。男子服饰同于其他藏区服饰，体现了与藏族的联系。女子服饰则别具一格，体现了嘉绒藏族的地域文化，其基本式样为"三片"：头顶一片绣花头帕，腰前后各拴一片围腰。一般上穿锦缎上衣，下着五彩百褶裙或裤，腰系自织花腰带及绣花围腰，冬季外着深褐长衫，披方形披风。在头帕图案、围腰装饰及衣服样式上各地又有差异。岷江河谷的嘉绒藏族还受到羌族习俗影响，平时喜穿长衫，系布围腰，冬天穿羊皮褂等。

丹巴型（图 3 – 33）：是嘉绒服饰的典型代表，尤显女性的端庄、娴静之气质。一般头顶青色绣花吊穗头帕，内穿锦缎立领大襟或对襟上衣，外着深褐长衫，下着百褶长裙，腰前后还各系一条黑色绣花围腰，节日时还披方形披风，上装多为艳丽彩色，下装为黑色或深蓝、褐色。

马尔康型（图 3 – 34）：流行于马尔康、黑水一带，明显受到牧区服饰的影响，佩饰制作精美、式样繁多，有银制护身盒、珊瑚项链、奶钩等，显得特别华丽，腰带喜佩戴多条镶嵌银泡或银碗的金属革带。

理县型（图 3 – 35）：受到羌族习俗影响，妇女袍身开衩，领口、襟边镶成形花边，色彩以红、黑为主。平时喜穿长衫，系围腰，冬天穿羊皮褂等。

图 3 - 33　丹巴服饰

杨嘉铭摄

图 3 - 34　马尔康女子服饰

杨嘉铭摄

图 3 - 35　理县服饰

《川西嘉绒藏族服饰审美
与历史文化研究》（四川
大学 2005 年硕士论文）

第三节　藏族服饰的区域特征探析

笔者在藏族服饰区划过程中注意与藏族服饰本身特点相比照、印证，区划结果比较客观地反映了藏族服饰整体风貌和区域特征。从研究方法上来看，这种区划兼有自然区划和文化区划的双重属性，是自然和人文跨学科研究的大胆尝试。气候环境和生产生活方式的差异都是以自然地理环境为基础的，体现的是区域空间静态的服饰状况；而文化因素包含了历史演变和族群间的互动与文化交流，体现的是服饰动态的发展。因而，综合性的藏族服饰区划能够帮助我们较全面地认识藏族服饰及其文化。

首先，藏族服饰区域性差异是相对的，是包含了主体共同性特征基础上的差异，表现在区域之间服饰特征既有相似性又有差异性。任何一个服饰区并非是完全封闭的区域，它与周边区域服饰都有紧密的联系，就如同彩虹一样，它看上去是由色彩各异的色带组成，但是两种不同的色带之间并没有明确的分界，而是两种颜色交融的过渡带。如，那曲地区的服饰，邻近拉萨地方的牧民就喜戴金花帽，胸挂八角形"嘎乌"，束色彩鲜艳的彩条邦典，也有女子加彩线辫发绕盘于头部的。那曲东部和北部又与康巴、安多两个语系的藏区相邻，其服饰兼有这两个地区服饰的特征：发饰多集中于背部与尾饰相连，与安多服饰的风格相近；也有妇女直接将松石、琥珀等宝石直接佩戴于头部，如康区发饰一样，男子也有蓄发长辫盘于头部，与康巴汉子相同。

其次，藏族服饰区域关系呈现出一定规律性：中心区域的服饰文化一致性很大，过渡区域的服饰文化变异大、种类也较多；牧区之间的服饰差异小，农林区服饰差异大、种类多。牧区服饰无论从款式、色彩、质料都具有更多相同点，其差异性体现在发饰、帽式、纹样装饰和风格上。例如，羌塘高原牧业服饰区与青南阿坝高原牧业服饰区的服饰、康北牧业服饰区之间的服饰由于受到所属文化区的影响，在装饰上呈现了相应的风格特征，虽然女子发式为碎辫子，但发式和装饰是有区别的，康北牧区服饰女子喜用蜜蜡、松石、银泡等直接佩戴于头部。羌塘高原女子头饰主要集中在辫梢垂系彩线穗子，并戴一大两小用红色胎布制作的发套，上面整齐地布满各种银扣和银元、白色螺片以及松石、珊瑚等宝石；安多牧区服饰既有顶饰又有尾饰，上面布满大小不等的"银盾"饰品。农林区服饰，除藏南谷地之外，其他基本上都分布于青藏高原东南部一带的高山峡谷，由于自然条件的阻隔、地理位置的僻远，他们处于相对的封闭状态，其服饰复杂而多样，林芝工布、甘南、川西嘉绒以及康南藏族服饰都呈现出各自独特的面貌，与传统藏族服饰差异性大，不仅有材质、装饰的不同，最重要的在款型上也有很大差异：工布"古休"属贯首衣，康南德钦、奔子栏、中甸服饰长百褶裙式、嘉绒"三片式"，甘南舟曲一带着短褂绑腿……各个服饰区还包含各具特色的小区域性服饰，呈现多样性。半农半牧服饰区介于农与牧之间，属于两者的过渡区，在服饰上也体现了两者的特征。因此，藏族服饰的区域分布规律和特征，从分区图上一目了然，藏族服饰的大部分区域以牧区服饰为主，而且相互间差异不大，从分布上也印证了前文所述"藏族服饰民族特性突出且呈现一致性"。然而，在远离藏文化核心的外围地区，藏族服饰变异较大而且种类多样，呈现不均衡的状况。如图 3-36 所示：

图 3-36

三大文化区域内的服饰分异特征，与各地域文化的特征相一致。以卫藏、安多、康巴文化区服饰为例，每个文化区域所属服饰呈现出不同的文化特性。卫藏地区各区之间服饰差异较小，体现出文化的一致性，唯有处于山区峡谷的工布由于自然和历史的原因表现出服饰的个性特征。安多地区以牧为主，服饰特征大体一致，仅在一些边远的农林地区才表现出服饰较大差异；康区地处横断山区，自古就是众多民族迁徙的通道，其服饰体现了文化的多元性、兼容性、复合性，尤其是多民族杂居的边缘地区。为什么三个文化区会形成如此不同的文化特性？究其原因很多，但自然的因素是明显的。牧区地势平坦、开阔，彼此间的经济文化交流较为便利，牧民的流动性强，生活空间极为相似，其服饰表现出一致性；相反，农林地区受自然条件的限制，生产劳动固于一地，环境相对封闭，长久以来就造成了众多的小区域间服饰的差异，如甘南舟曲一带，仅依不同的头饰就可分出四种，所以有"同沟不同俗"之说。而藏南谷地虽属于农耕区，但人们生活于宽谷地带，地势高差不大，并且区域内气温适宜，气候条件相当，所以服饰大体一致。总之，由于任何文化的产生、发展都会受到自然条件的制约和影响，同时与当地的人文背景有着不可分割的关系，因此，文化边界与自然地域分异界线大致吻合。

为什么在藏族聚居区的西部和北部、南部却没有出现藏族服饰的复杂多样的形态？主要是因为青藏高原自西向东倾斜的地形构造导致了西藏西部、南部和北部的地形环境的相对封闭。在西藏南部和西部边境，高高耸立的喜马拉雅山脉将青藏高原与南亚次大陆相隔开来，成为中国与印度、尼泊尔等邻国的天然分界线。在北部边境则有自西向东横亘的昆仑山脉，加之昆仑山南北两面分别延绵着辽阔、干旱的藏北高原和塔克拉玛干沙漠。因此，在西藏北部、南部和西部形成了相对封闭的地形环境，藏人的物质文化生活只能在内部环境中自我调节，所以，形成了农牧之间相互依赖、相互影响的格局，这也是为什么卫藏地区的服饰差异较小的原因。

最后，边缘服饰区的多元性和融合性。"边缘"一词在不同学科领域具有不同的内涵，但有一点是共同的，即"边缘"是相对于"中心"而言的。某一范围内，"中心"可能会转变为"边缘"，而在另一范围内，"边缘"也可会成为"中心"。在社会科学领域内，"边缘"常与"非主流""非中心"等概念相关联。这里"边缘"强调藏族群体边界，包含了地理空间上的边缘、文化含义上的边缘以及族群及民族认同上的边缘等多重含义。前面已述，藏族服饰区域之间整体表现为相互联系的特征，而在边缘区域却存在与藏族服饰特征明显不同的绚丽多彩的服饰文化现象，尤其是藏族聚居区的东南部一带的边缘地区，边缘人群的服饰显现出"边缘化"特征。一是种类多，而且服饰特点与中心区域服饰明显不同。无论是嘉绒地区还是甘南一带，服饰文化呈现多元特征，仅白龙江流域藏族服饰就可分为迭部上迭服、下迭服及舟曲山后服和博峪服等类型，服装用料以轻质的布料为主，总体服饰特征与其他藏区服饰完全不同。嘉绒服饰各区域的特征各异：四土服饰宽大厚重，多用革带束腰；丹巴服饰布质更柔软，色彩艳丽；理县服饰多刺绣，肩袖宽大，古色古香。二是边缘区域服饰还表现出与周边民族或族群的融合性，其结果使两种或多种文化变得日渐相似。以康南服饰为例，其表现出来的多元文化特性反映了藏族与彝、白、纳西、普米族等少数民族文化的交流、融合情况。如果将康南服饰与康中服饰比较，可以清楚地看到边缘区域人群服饰的差异和变化：服饰材质少有使用厚重的毛织物，服装形制也有一定变化，特别是云南境内的藏族和德荣服饰以裙式为主，上衣紧身合体，已不再是藏装的宽袍大袖，头梳独辫或两辫，用各色鲜艳头巾包头或"银丝缠发额前飘"。

　　藏族聚居区的边缘，同时也是其他民族的边缘，处于藏族与其他民族的文化中间状态。在这里，族群之间相互展示着自己的文化特色，相互影响着对方的文化，从而形成了与别的族群或民族既有区别又有联系的文化特征。在青藏高原的东南部，沿岷江、大渡河往南至滇西北的中甸地区，分布着嘉绒、尔苏、木雅、纳木依、鲁如、尼如、大小中甸等藏族人群，他们在文化和风俗均有一定差异，大部分族系人群有自己的方言，和藏语基本不通。语言的界限与服饰的界限基本上是对应的，也就是说同一方言的人群服饰基本上相似。但也有例外的情况，如云南中甸的藏族使用康方言，自认为是康巴的一支，但是他们的服装和康巴的服装差别很大。① 中甸妇女背部披羊毛挂面披肩，蓝色开衩长袍，外罩无袖坎肩，腰系彩带围蓝色或白色围腰，头裹粉红色轻质头巾，多数学者认为是受到纳西服饰和白族服饰的影响。奔子栏服饰下着百褶裙，可能是受普米族的影响，而上着缎面坎肩，是由于该地处于滇藏茶马古道的要冲，汉藏货物交流频繁，受汉族布匹审美的影响。由于他们处于藏族文化的边缘，在位置上远离藏族文化的中心，藏族文化对其控制力和影响力相对较弱。过去，这些地区的土司或头人的着装与百姓之间往往不一致。20世纪初川西黑水女子服饰"除去头人太太因政治的需要穿着藏装外，一般平民的服装打扮则同于嘉戎"②。"嘉绒其他地区（除汶川外）都穿毡衫，男装式样和羌族的差不多，上层穿西康藏式服装。"③ 边缘区域人群的男女服饰上也表现一定的差异，如嘉绒、中甸、

---

① 马长寿先生认为他们属于"古宗藏族"，与周围人群的关系密切。
② 于式玉：《于式玉藏区考察文集》，中国藏学出版社1990年版，第234页。
③ 西南民族学院民族研究所编：《嘉绒藏族调查材料》，1984年铅印。

鲁如、尼如、木雅的男子服饰与其他藏区服饰基本相同。但女子服饰就显得独特而繁复，尔苏女子头戴白布裹帕，上身内穿紧身绣花长袖短衣，罩小领大袖短袖长袍，外穿无袖小领右开襟花扣褂子，中年妇女多束以头帕折叠的"盖瓦"。可见，边缘人群服饰的符号标识作用明显强于中心区域的人群服饰，在多民族或族群杂居的区域内，族群或民族间长期互动造成了服饰某些元素的相似或相同，然而，作为族群外在特征的服饰同时具有不同于周边民族或族群的独特性。

那么，在这种多民族或族群的相互接触中，边缘人群在服饰上如何选择和取舍，以形成代表自己人群的独特形象标志？边缘的边界是个历史范畴，它由核心与外围的关系来确定。由于特定区域的服饰形成的自然成因和历史文化背景不同，边缘服饰区人群对服饰文化的标识意义的理解也有所不同。青藏高原东缘一带的"西番"，其东部是拥有人数众多的汉民族，西部是广袤的藏族聚居区，其间还杂居着彝、回、羌族，他们的服饰形态独特，传统服饰是他们区分"我群"和"他群"的重要标志。过去主要是自织衣料如褐、麻，现在基本上都是来自汉地的布帛，在衣料上选择汉布的原因之一是紧邻成都平原，汉布易得、便宜，同时也有气候方面的原因（河谷山地气候较暖、降水在1000毫米以上）。语言的影响也是边缘人群服饰倾向的表征之一，同属于木雅语的东部和西部两个方言区的人群，清代时分别受不同的统属，造成了东西部人群语言上的分异，石棉县"木尼洛"人（东部方言区）在"家庭、村寨里讲木雅语，外出讲汉话，少数人还会彝语，而绝大多数人不会藏语"，而西部方言区的木雅居民"除在家庭、村寨中讲木雅语外，大多数人会藏语康方言，少数学者还精通藏文"[1]。

从今天的服饰来看，两个方言区的服饰显然是不同的，西部方言区的服饰同于藏装，而"木尼洛"人的服饰与木雅藏人完全不同，头缠二丈长的纱帕，着三件一套的上装，下装是裤子边上绣花的大裤脚，男女皆拴腰带，妇女在重大场合还要穿围腰，多为青蓝布，边子绣花。但据调查老人记忆中原来也是"宽大的藏袍式样"[2]。九龙"纳木依"支藏族，学术界多数认为属"纳"系族

---

[1] 刘辉强：《木雅语考察记》，见《康定县志》，四川辞书出版社1995年版，第612—614页。

[2] 李璟：《对木雅藏族的民族学与历史学考察——以四川石棉县蟹螺乡木耳堡子木雅人为例》，2006年四川大学硕士论文。

群，与纳西、摩梭人是同源异流的关系。① 在"西番"土目统治时，其服饰与
"摩梭"相同，② 而在今天虽然服饰特征仍是大领，女子上衣下裙，裙为青、
红、紫、绿布五彩褶裙，腰系毛带，包头并饰小银泡。前后产生的变化为：左
衽变为右衽，衣料以布、绸类为主，腰系绣花围腰，有的后面也有臀围，束自
织花腰带或彩绸，刺绣花纹更加丰富。产生这种变化的原因主要是受到藏、汉、
彝的影响，故而逐渐用布和绸类取代土产"褐"成为主要的衣料来源；在服饰
工艺方面（包括刺绣），纳木依与彝族由于相似的生活环境，形成了较为一致的
审美观，刺绣图案花纹主要有人形纹、太阳花、枝叶等纹样，细腻而工整
（图3-37）。20世纪50年代后，随着民族识别为藏族后，"藏"化倾向进一步
增强，现在有穿普通藏装的现象。唯有头饰以及服装形制作为纳木依人特征而
保留了下来。笔者将其与纳西族的服饰和彝族服饰相比较，发现服饰上的绣花
图纹、工艺及装饰风格极似于彝族，而上衣款型与纳西妇女的上衣并无二致
（中甸藏族妇女上装与此近似），只是纳西妇女上衣领襟及其装饰显得简单而已。
如果再结合与"纳"系人群亲缘关系较近的云南普米人服饰进行比较，可以看

图3-37 九龙纳木依妇女服饰

王玉琴摄，右为新娘服

① 杨福泉：《"纳木依"与"纳"之族群关系考略》，《民族研究》2006年第3期。
② 《冕宁县志》卷九载："摩梭褐衣褐裤，或羊毛布，大领、左衽。富者著蓝白布衫，青
红毛布马褂，戴毡帽或青蓝布包头。妇女亦服褐衣毛巾，著裤者少，著裙者多。裙有
青、红、紫、绿布裙或褐裙。腰系毛带，头饰海泡（即银泡）。"

出"纳木依"藏族服饰保留了"纳"系人群共有的服装上衣结构，不同的是领口边沿前襟、后项圈饰以的环形装饰。据调查，"纳木依"的服饰还有新娘衣、寿衣（老衣），有死人要穿七件衣的习俗（浏草坡也有此俗）等①。这些服饰习俗究竟与什么人群有关，还有待进一步研究。同样，地处雅安宝兴县的硗碛藏族处于藏族文化区域与汉族文化区域的边缘，属于嘉绒藏族，其服饰与其他地区嘉绒服饰有很多相似之处，他们之间以头饰的差异来分辨。随着来自汉区"现代"文化的冲击和经济条件的改善，硗碛藏族的服饰越来越趋向简洁、美观，如袖变得窄小，花色更多样，有的男子全身着汉装，而妇女们头部饰以"琼"鸟装饰品成为一种族属符号而在盛大节日佩戴②。

总而言之，藏族聚居区"边缘"人群服饰可以分作几种情况：（1）地域相连的不同民族，生产和生活环境相似，即同属于一个经济文化类型，文化交往密切，形成了区域内不同民族的共同物质和文化特点，比如服饰款式、色泽、花纹以及工艺往往具有一定的共同性，也就是通常所说服饰的跨民族的区域共融性。比如嘉绒藏族与羌族的服饰：都顶头帕，穿右衽大襟中长衫，下着裤或裙。标志性的差异在于嘉绒藏族的头帕装饰以及繁复的各型银制饰品。（2）近代"番"化人群，与周边人群有着密切的亲缘关系，彼此通婚，语言相近，后来逐渐融合于藏族，通过服饰上的一些改变以获得族属认同并成为一种传统。（3）由于地理环境和自然条件的改变，原本与"中心"文化关联紧密的族群，受到外来"现代"文化冲击，在服饰穿着上呈现"符号"化的倾向，一些具有标志意义或象征意义的服饰元素得到强化，其他元素简化甚至消失，但是在传统节日或庆典中仍恪守以往的传统习俗。

---

① 据王玉琴 2007 年 8 月调查。
② 据邹立波 2007 年调查。

第四章

藏族服饰的社会文化意义

　　将服饰视作一种"符号"，是当代学者研究服饰向纵深发展的一个普遍共识。民族服饰也不例外，作为"符号"的民族服饰同样可以从构成服饰的元素、服饰与人、服饰和社会环境的关系三个层面来探讨。"服饰—人—社会—社会的人须臾也不可分。研究人、研究社会，服饰必然是重要的参照物；而研究服饰，又怎么能脱离开它的生成与发展的土壤呢？"① 藏族服饰是藏民族重要的文化载体，只有将其置于藏族社会这一大的文化背景之下，才能更全面地展现其物质和精神的双重功能。前面已对藏族服饰的物质基础和形态面貌进行了系统介绍和分析，集中地展示了服饰本体的属性和艺术形象。那么，这些本体属性与服饰主体（人）以及社会之间又是什么样一种关系？藏族服饰在它所属的社会中具有怎样的地位和作用？为什么会有如此恒久的生命活力？以上问题都是值得探讨的问题。同时，我们看到，在"重精神、轻物质"的藏族社会里，服饰文化却受到藏族人民的普遍重视，并发展得如此灿烂夺目，难道说这不是其作为精神文化的价值的显现吗？对此，有一句俗语概括得好："高原人身上穿的是神话，写的是历史，背着财富走天下。"② 人类学家发现在充满符号和行为的文化整体系统中有一个基本的主题：

　　　　文化不是许多不同习俗的囊括，而是相互联系的符号体系，并为文化中的人提供了一个合乎逻辑的、有意义的生活方式。③

---

① 华梅：《人类服饰文化学》，天津人民出版社 1995 年版，第 253 页。
② 舒拉龙布：《他乡身上的神话——藏族服饰》，《消费者》2001 年第 7 期。
③ ［美］罗伯特·F. 莫菲著，吴玫译：《文化和社会人类学》，中国文联出版公司 1988 年版，第 38 页。

藏族服饰是藏族人民生活中不可缺少的组成部分，更重要的是它与社会群体的族系认同、道德观念、思想感情、价值标准以及社会制度相关联，有着深层的文化内涵和实用的现实意义。

第一节 心意民俗的载体

心意民俗主要指人们在生产和生活中所产生的喜悦、恐惧、兴奋、忧郁、怀念、崇敬、无奈等心理活动及试图利用某种手段趋利避害，从而达到自己的愿望的民俗心态。就本质上说，心意民俗是非直观的，属于精神范畴的，是一种情感体验的民俗事象。在服饰民俗学中，心意民俗是通过服饰这种物质达到映现的。① 服饰这种物质，在映现人们"心意"的种种形式中，除了服饰外在的物质形态外，还表现为非物质的民俗事象，如传说、谚语、数字、民俗活动等。

1. 藏族服饰隐藏着历史的记忆，表现着藏族人的文化心理以及对真、善、美的憧憬。

藏族服饰上一些习俗或服饰特征寓含着一个个美丽的动人故事，并且通过这些故事来显示服饰所隐含的藏族的情感取向和观念潜流，体现了人们对民族历史和民众记忆的某种心理趋向。比如，藏族男女喜挂珠串、珍宝的习俗，据说与一个传说有关：很早以前，一个残暴的部落酋长失去了一匹心爱的虬龙马，为了找寻这匹马，他连杀了十一个奴隶。第十二个放马奴隶采敦，他不仅带回了虬龙，而且还带了一个小牧羊娃。小娃骑在马上惹恼了酋长，但是小孩儿却不卑不亢，任由酋长对他砍杀也不能伤及他一根汗毛，原来是因为他脖子挂着一串闪光发亮、五颜六色、像彩虹般美丽的小珠子，珠串下梢，系着一块圆溜溜、明晃晃、亮光光的宝贝。后来，在采敦的启发下，酋长把小孩儿扶到了神位上，好酒好肉款待，珠串宝贝也如愿地到了自己脖子上。得到了宝贝的酋长为了显示其神力，迎向采敦的砍刀，结果珠串瞬间飞离，酋长死了。小孩儿也因此被拥为王，这就是藏族历史上第一个大王——麦龙王（"麦龙"藏语是镜子

---

① 华梅：《服饰民俗学》，中国纺织出版社 2004 年版，第 102 页。

的意思），也称"脖子上的王"。① 直到现在，藏家人不分男女，脖子上都喜欢挂上珠串，胸前戴上各样珍宝，以示吉祥如意，这个习俗，也从此流传下来。《如意宝树史》中载：聂赤王的称号得来于"从天而降，拥立为王，以肩当舆座"②。这里无意求证历史的真实，两相对比，民间传说更能真切、生动地表达对第一代英雄藏王的缅怀和崇敬之情，藏王虽故去千年，可他的威仪却被流传了下来。同时，这个传说故事也反映了藏人对美好生活的期盼，他们将聂赤藏王的神力转赋予"麦龙"这样的宝贝。所以，他们相信戴上类似的珠串和佩饰也能像"麦龙"一样给佩戴者带来无比的威力和福运。将"麦龙"赋予超人的神力并与第一代藏王聂赤王结合起来，这是历史和观念的契合，服饰上对历史记忆的非文本记载，反映了藏族的价值观念、审美取向及心理素质。还有一个例子，藏民族喜欢在藏袍边缘镶上虎皮和豹皮作装饰，传说源于吐蕃王朝对"战斗英雄"授予的围带，后来流行于整个藏区。所以，就某种意义上说，藏族服饰又是历史记忆的载体。服饰的某些特征或元素由于历史的原因而成为该民族传统的文化符号，起到了相当于"文字史书"的作用。

林芝地区的工布服流传了七百多年，始终未曾被别的奇装艳服所取代，是因为这种服饰"古休"倾注了当地百姓对一个受人爱戴的吉布藏王的情感。相传七百多年前，工布地区遭到外敌入侵，为了保家御敌，部族首领吉布藏王亲率大军前往。一个月后，官兵们胜利归来，可藏王吉布却不幸捐躯了。他的百姓们无不悲痛万分，几位老阿妈依据他被敌人砍掉头和四肢的遗体，用自己织的氆氇，一针一线地为藏王缝制祀服。为了纪念吉布藏王，后来全部落男女老幼都穿上这种奠服，一年四季皆如此。③

众所周知，在藏族历史上文成公主进藏对藏族经济、文化、生活等方面产生了很大的影响。为了表达对文成公主的怀念和景仰之情，在民众中流传着各种有关她的传说。据说乡城"疯装"就是民间传说中文成公主路过乡城时穿的服饰。当年赞普去世之后，文成公主受到赞普子孙们的排斥，加上赞普的死带来的悲痛，公主已无心打扮，穿的衣服也是东补一块西补一块，当她走过巴姆

---

① 雪犁主编：《中华民俗源流集成》（服饰、居住卷），甘肃人民出版社1994年版，第17页。

② 松巴堪布·益西班觉著，蒲文成等译：《如意宝树史》，甘肃民族出版社1994年版，第258页。

③ 吉星编：《中国民俗传说故事》，中国民间文艺出版社1988年版，第548页。

山的时候，天空中突然下起雨来，侍从随手拿一片芭蕉叶盖在她的背上，这就是"疯装"背上的一块称为"公热"的装饰绿布的由来。连衣裙左右胸襟还分别镶上红、黄、绿、藏青、黑色三角形布料，代表福寿、土地、先知、牲畜、财产。"疯装"的穿法与普通藏装的右衽刚好相反，是左襟在里，右襟在外，足见公主"疯"的程度。① 另外，在民间流传很广的关于邦典的色彩和金花帽的故事都与文成公主有关。文成公主进藏时把许多染料带到了高原，一路上她把染色的方法教给大家，于是就生产出五彩邦典。藏族男女老幼都喜戴的金花帽据说由文成公主设计制作。一天，在布达拉宫日光殿一次歌舞宴会上，文成公主看到西山飘绕的彩云获得灵感，她连夜用金银丝线缝制了一顶帽子，并在上面镶上了水獭皮，松赞干布戴上显得特别精神，后来，金花帽从宫廷传到了民间，一直流传至今。羊卓地区妇女腰带刺绣图案十分精美，有吉祥结、长城、莲花宝瓶等各种图案，相传是文成长公主进藏时流传下来的，此编织法也叫"甲达"，即汉编法。②

宗喀巴是藏传佛教格鲁派的开创者，也是藏族的圣人。据传卫藏地区妇女头戴"巴珠"头饰与宗喀巴有关。宗喀巴年轻时进藏拜师学习，身上只带了木碗和背架，途中求食受到女人的嘲笑。宗喀巴说："这是圣物，你们应该戴在头上。"人们后来崇拜他，真将木碗和背架之形戴在了头上，"巴珠"上面用布扎的三角形和碗形饰物极似宗喀巴的背架和木碗的形态。③

青海玉树、甘孜州德格、石渠一带的妇女在前额顶戴一个由银或青铜铸造并镀以金，中间镶有红珊瑚的"梅朵"，相传为格萨尔王妃珠牡落难后身处逆境时的装束，而头戴五颗琥珀珠，并在全身挂满各种佩饰的盛装，则是当年岭国强盛太平时的珠牡装。扎巴地区男子在节庆时，要戴一种叫"阿得"的用红色彩绸制成的头帕，其来源与传说中的格萨尔有关，其地男子腰带两端分别坠于腰两侧，据说这一系法是当地百姓为了减轻格萨尔违背誓言杀死了他的妃子和霍国国王生下的孩子而受到的惩罚和罪孽。④ 青海河湟一带的藏族妇女仍保留着先祖"披发覆面"的习俗，将细辫覆在脸的两侧，具有明显的怀祖意识。

---

① 2007 年，笔者在乡城调查时，据县旅游文化局曲珍女士讲述。
② 桑学巴·贡觉云丹：《羊卓藏族服饰》，《中国西藏》2005 年第 1 期。
③ 达尔基：《阿坝风情录》，西南交通大学出版社 1991 年版，第 122 页。
④ 刘勇等：《鲜水河畔的道孚藏族多元文化》，四川民族出版社 2005 年版，第 47—48 页。

　　四川平武和甘南一带的白马藏人头戴鸡翎毡帽，这个小帽也记述了一段有趣的故事：很久以前，白马人是很强大的，后来衰败了，被敌人困在深山里。深夜敌人偷袭，眼看白马人就要遭殃了，一只大公鸡对天长鸣，惊醒了白马人，白马人得救了。为了感激公鸡的救命之恩，从此白马人将公鸡毛插在帽子上。①

　　一般来说，史书、文学作品等典籍代表着上层的历史观念，而依靠口耳相传而延续下来的民间神话、传说故事由于更贴近生活，故事性强，受群众喜爱并广泛传播，它更能反映民间广大百姓的真实情感和观念基础。一定的服饰符号系统与相应的传说、故事、习俗的解释，就形成了全面发挥作用的阐释系统，从而起到强化传统、追根忆祖、缅怀英烈、储存文化的巨大作用。比如羊卓地区独有的"乌折"帽就是六世达赖仓央嘉措平息两部落纷争的纪念之物。"乌"是"头"的敬语，表示对六世达赖的尊敬，"折"是"束"的意思。两部落是指"棍如"和"赠如"，即今天的苏格和洞加。"赠如"妇女的发辫放在左边，"棍如"妇女的发辫放在右边，表明互不侵犯，"棍如"妇女将相似于当年六世达赖头束的黑氆氇头巾叠成三角形，戴在头上，顶头角象征六世达赖，前后角分别象征"赠如"和"棍如"。② 这样一顶小帽隐藏着丰富的历史文化意义，也难怪会受到当地人们的喜爱而传承。以上几则故事或传说多有相似之处，表现的主题都是对智慧、勇敢、善良的赞颂，对民族功臣的追思和缅怀，虽然表现的形式是最普通的服饰，但是其隐含的文化意义，远远甚于服饰本身的物质形式。这些服饰阐释着藏族人民的情感体验和精神寄托，表达了整个民族的冀望和追求，代表着一种精神。

　　可见，藏族服饰不仅包含了大量的历史记忆，寄托了穿着者的思想和情感，这种外在的物质条件或形态，具有了人们共识（在一定区域内）的象征意义，从而成为人们自觉地遵守的规定和固有的心态观念。某种特定的服饰现象以民俗存在的方式相沿成习并形成一种定式，久而久之，就成为一个民族普遍的心理特征。③ 在历史上就有利用服饰中的某种约定性的意识来传达信息，从而达

---

　　① 雪犁主编：《中华民俗源流集成》（服饰、居住卷），甘肃人民出版社 1994 年版，第 22 页。

　　② 桑学巴·贡觉云丹：《羊卓藏族服饰》，《中国西藏》2005 年第 1 期。

　　③ 华梅：《服饰民俗学》，中国纺织出版社 2004 年版，第 102 页。

成自己的愿望的例子。松赞干布胞妹赞姆赛玛噶是象雄王李半夏的王妃，她希望赞普征讨象雄，便通过松赞干布派去的使者带回了一首隐意歌和三十颗精美的松耳石。赞普据此认为："如果不敢进攻，就是懦弱得与妇女一样，戴女帽可也。"因为自古以来，松耳石是藏族男女佩戴的饰品，佩戴项饰和耳饰是英雄的装束，把松耳石连串作为头饰佩戴则是妇女的装束。松赞干布对于歌词和礼物的理解正符合其妹的心意，于是，发兵攻打象雄并一举拿下了其政权。① 流传在民间的故事中有一类记述了古代藏人利用生活衣着来传递信息，展现了高原藏人的着装智慧。传说一千三百多年前，拉达克人占领古格，准备攻打多香。多香的百姓们则脚穿特制的铁鞋面见入侵者，并说：去多香需翻山越岭路途遥远难行，你看！走一趟铁鞋都已磨破，你们就不必事倍功半地去攻打多香了。②

2. 藏族服饰蕴含着丰富的吉祥文化信息，表达着一个民族对吉祥的厚望：避邪、纳福、求吉。

求吉趋福作为一种精神现象，一种心理需要，往往寄托于一定的物质或与物质相关联的某一具体事项，与服饰（包括人们穿戴的衣服和饰物）具有不可分割的共生性。它以一种民众群体的普遍性观念，深刻地影响着藏族人民生活的各个方面，表现在服饰上无论是表现形式还是内容都具有鲜明的民族性。笔者曾据藏族服饰的特点及表现艺术，从装饰物、装饰符号（图案）、民俗事象三个方面对蕴含于藏族服饰中的祈福、避祸的民俗事象进行了探讨，以揭示出该文化现象的特征和内涵。③

首先，从遍及全身的装饰谈起，这些饰品佩戴部位和物质材料都是有讲究的。藏族人对九眼珠的迷信自古就有，意大利著名藏学家图齐称：

瑟珠（九眼珠）具有魔力，它具有保护佩戴者使之消灾免祸的能力。这和佩戴玉能预知变故，佩戴绿松石能净化血液，避免染上黄疸病一样，佩戴瑟珠能防止邪恶精灵的侵袭。④

① 恰白·次旦平措等著，陈庆英等译：《西藏通史》，西藏古籍出版社2004年版，第50—51页。
② 杨年华编著：《神奇的阿里文化 中国西藏阿里纪行》，青海人民出版社1995年版，第2页。
③ 李玉琴：《藏族服饰吉祥文化刍论》，《四川师范大学学报》2007第2期。
④ ［意］G. 图齐等著，向红笳译：《喜马拉雅的人与神》，中国藏学出版社2005年版，第185页。

同样，藏族对珊瑚、玛瑙、绿松石等特别钟爱，源于"石头能消灾降福，是一种吉祥之物"。而有一类与宗教有关的饰物，如"嘎乌"、佛珠等皆是由于宗教习俗长期对藏族社会生活的影响而使其成为驱邪护身、减少障碍、增加福报的护身物，藏族男子遇有打仗之类或出门远行，尤非佩着不可，认为可护身保平安。一位63岁的格萨尔说唱艺人昂仁每次出门都认认真真地背上"嘎乌"，他说：

> 这个嘎乌我从小就一直带着，里头是莲花生大师，因为格萨尔是莲花生大师的化身，下面的是度母，是男女老少都信仰的佛母……这些神会很好地保佑人们，由于我非常信仰格萨尔，格萨尔的骑乘是枣红马，所以我骑的也是枣红马，并带着嘎乌，只有这样心里才舒服，也可避免各种灾难，所以它们都离不开身的。①

其次，藏族服饰中通过非实体的表象、事象、图像等来表达某种思想感情，以服饰为媒介来寄托人们的愿望和理想的图案。如雍仲"卐"（或"卍"）和"十"字纹样，以及吉祥八宝、日月、狗鼻纹等，广泛地运用在藏族服饰中。第十世班禅送给毛泽东主席的衣袍也是由"甲洛"纹氆氇制成（彩图19），以此表达对毛主席的爱戴和美好祝愿。吉祥八宝多用于金银饰盒的装饰，如"嘎乌"、火镰、"洛松"等金银器上錾刻的图案；也有单独使用其中某一图案的，如小孩儿背布上绣上莲花，并挂上一个海螺，认为能给孩子带来福运。藏族人崇尚奇数，把奇数看作吉祥数，在奇数中特别崇尚"三""九""十三"等，如藏族人辨别九眼珠："珠"上小圈称为眼，单眼较双眼价值高，五眼、七眼、九眼的九眼珠被视为珍品。饰物中若能达至"九"数，则会让佩者分外满足，被看成灵验的护身物。这是因为"九"对苯教来说是一个神圣的数字。108在佛教中是重要的吉祥数字。由于数字的特殊属性可以互渗，108作为9和12的公倍数而具有特殊的力量，② 因而在青海牧区，妇女有发辫108根的习惯。康南稻城姑娘下着的五彩百褶裙褶皱多至108道，为当地农区特有的盛装。服饰的色彩倾向表现了民族的社会文化心理，如五彩，尤其尚白。认为白色是纯洁、美好的化身，是善的象征。无论是民间习俗还是宗教文化中，都视白色为纯洁、

---

① 人类学纪录片《仲巴·昂仁》，中国人民大学音像出版社2006年版。
② ［法］列维—布留尔著，丁由译：《原始思维》，商务印书馆1997年版，第214页。

神圣、吉祥。① 所以，在藏族的服饰中白色的比重很高，藏装要配白色的衬衫，新娘身上要系上白色哈达。据调查，在昌都，为了祛除病魔，病人头上要系白带子。在藏北，老人到80岁后要穿着白色衣服。此外，藏族服饰也普遍使用纯度极高、色相亮丽的红、黄、白、蓝、绿五色。如"邦典"就是以五彩为基调，以多种色条组合而成，有些藏北妇女的袍面也镶上五厘米宽的五彩"邦典"，简洁美观，宛如彩虹绚烂无比。

3. 通过带有象征寓意的人生仪礼和活动来表达人们对幸福生活的向往和祈求。

孩子出生后，先埋掉胎衣，然后，用长辈的旧衣服或羊毛皮包裹，为的是沾上"福"气，保命定魂。逢本命年，一般要做一件黄色的衣服在藏历初一这天穿上，要穿一年，黄色衣服饰相当于他的护身符。② 女孩子到了十六七岁要举行隆重的盛装装扮为主要内容的"成人礼"，不仅是其跨入社会的标志，也可以说是对少女步入新生活的祝福。日喀则一带的老人要穿着"杰纠阔嘎"（一种寿服），服装的背部饰有太阳、月亮或"雍仲"纹饰，衣服颜色有红色和白色，根据老人的属相而定，通常为白色。③ 以上种种服饰行为和习俗充分体现了藏族人浓厚的心理情感、生命意识和审美情趣，是服饰文化的一面多棱镜。藏民族生活在自然条件十分严峻的青藏高原，他们世代生息于这块土地上，由于生存环境的恶劣和生活的艰辛，他们感知的世界是自然的又是超自然的。一方面他们珍惜自然的馈赠，另一方面将生活的憧憬寄托于超自然的神力。所以，趋利避害作为一种群体长期约定俗成的精神文化，与他们生活的自然环境和条件密切相连。众所周知，盛装对于藏族人来说，是美和财富的象征，然而这并不能说明他们爱美媲美的内在原因。藏族有这样一个说法，即"认为在外出时，一个人如果没有穿洁净、体面的衣服，那么他的'龙达'（潜在的机遇）就会减少，因而使他比较容易受到咒语的影响"④，也就是说服饰能够满足人们求吉

① 藏族人对白色的崇拜源于他们生活的地理环境和对白雪的崇敬。在藏族古老的神灵观念中，他们认为，白色是神的色彩，东方是白色。苯教认为太阳起于东方，故白色象征光明。在藏传佛教中，白色象征了六道轮回中的天道。在藏族人的观念中白色是与天与神相连的，故神话传说中吉祥长寿女全身皆白，阿尼玛卿雪山神化为白牦牛。

② 曲吉卓玛：《藏族的生日和本命年》，《西藏民俗》2000年第3期。

③ 陈立明等：《西藏民俗文化》，中国藏学出版社2003年版，第85页。

④ ［印］群沛诺尔布著，向红笳译：《西藏的民俗文化》，《西藏民俗》1994年第1期。

的心理需要，这应该是藏族人注重服饰装扮的内趋动力。今天，面对环境同样严酷的雪域高原，藏族以独有的方式表达着对生活的热爱和对自然的崇敬之情，如松潘姑娘的发辫上戴着十几个琥珀系着的珊瑚枝，像朵朵鲜花整齐地排列成圆弧形，如花冠一般使佩戴者更加秀美（彩图20）。独特精美的头饰寄予了姑娘们对美的追求和向往，希望带来甜蜜、欢乐、幸福。这就是藏族人的吉祥观：一切美好的事物和事象都能满足一种审美理想，一种功利情感。求吉心理是民众生存情感最朴素、最直接、最真诚的表达，是普遍存在于藏族人生活中的一种心理趋向，就像藏族人见面时说的最多的"扎西德勒"一样，在客观上它并不就一定能带来现实的利益和好处，可从另一个层面上，却起到了调节心理、增添欢乐、慰藉心灵的作用，从而让这里的人们处于一种宁静、淡泊、充实的心境状态之中。

第二节　藏族服饰的社会制约功能

卢梭《社会契约论》认为，以契约和法律来约束社会是法的社会功能。在法律制度不甚发达的藏族社会，服饰充当了规范社会的角色，而且可以说，人类社会在其进程中，部落、民族的服饰在规范社会、制约社会中同样起着重要作用，是传统社会管理的重要组成部分。人类学者指出，任何社会秩序维持仅靠内化控制（称文化控制，指通过深刻内化于个人心中的信念和价值而实现控制）并非完全胜任，它往往还要发展出一套外化控制，又叫作约束，它使文化和社会控制结合起来。社会控制包含公开强制以及非正式的规范，其作用都是确保遵守群体规范，使社会成员和社会派别都各安其位。[①] 在藏族社会，服饰装扮绝不仅仅是个人的行为，他需要服从于当时社区的风俗习惯，其装束要求得体。即要求从服饰这一外显标志上体现出性别、年龄、职业、经济状况等身份特征。这里的"得体"就是一个价值判断，包含了它所属群体和所处社会所有的共同意义和规范性、区示性功能等。也就是说，如果在自己的服饰行为中，不按照其所在的群体中的地位、角色或世代相传的约定俗成的方式来穿戴的话，

---

① [美]威廉·A.哈维兰著，瞿铁鹏等译：《文化人类学》，上海社会科学院出版社2006年版，第364—365页。

就会受到社会舆论和其他群体成员的谴责和非难。比如松潘地区，已婚妇女不戴头饰外出，将视其为不祥之兆而受众人鄙视和唾弃。① 嘉绒藏区，女子戴帽始终不为当地人接受。这里的社会控制亦称"社会约制"，指社会通过正式和非正式的手段，来实施其行为规范，并确保其成员在行为上不致过于偏离正当的模式。② 在不同的社会环境中，服饰参与社会管理的强度和社会属性是不一样的。中国历史上各朝各代都有严格的"典章制度"将人们的着装以制度的形式加以规范，西藏在近代也有以噶厦政府指导下的统一换装的规定。噶厦依照节令颁布统一换装的规定，每年冬夏两次，具体时间由活佛占卜决定。这一天还要举行以达赖为中心的换装仪式。换装本来应该根据藏区不同地方的节令进行，但政府往往以拉萨地方的气候判断，还要参考占卜的结果，往往日期过早或推迟。因为没有得到换装的指令，无论僧俗平民还是贵族，都不能自作主张，即使热得汗流浃背，也不敢把羊皮袄脱掉，冻得打战也不敢穿上皮袄。这一刻板甚至不近情理的规定，直到噶厦解散才停止执行。③ 这是社会制约中的公开强制。在广大民间社会，包括民族地区，服饰的规范功能、标识功能、调适功能无声无息地影响着它所在的社会。由于各生存环境、历史发展和传统文化的差异，这种潜在的社会规范和评价标准是不一样的，传统的民族社会之间存在较多的共通性。

在藏族传统社会，服饰以"符号"使用的方式，界定各人群类别并依靠社会评价机制以维护本族群群体的利益和社会稳定。根据藏族服饰的特点和习惯模式，以服饰来标明社会角色的不同类别分为常见的标明性别差异、标明社会地位、标明僧俗人群和标明不同年龄阶段、标明婚否等几方面。

在历史上，藏族服饰是人们社会地位和等级层次的标志，是人们等级、地位差距的工具和象征物，④ 民主改革以前有的地方还明确规定：千总、头人不能穿绸缎衣袍，不能用獭皮镶边子；百姓不许穿洋布和氆氇，也不准穿布鞋和

---

①　曲塔措：《松潘藏区妇女头饰的编制及佩戴》，《九寨沟》2005 年第 3 期。

②　吴泽霖：《人类学词典》，上海辞书出版社 1991 年版，第 161 页。

③　Heinrich Harrer, *Seven Years in Tibet*, Rupert Hart-Davis, London, 1996，p. 189. 转引自西北大学周晶博士论文《20 世纪前半叶西藏社会生活状态研究 1900—1959》，2005 年。

④　已有多文论述，详见杨清凡：《藏族服饰史》第四部分"清前期及噶厦政府时期藏族服饰"，青海人民出版社 2003 年版；日喀则政协编，德庆多吉译：《原后藏各阶层的服饰特征》，《西藏民俗》2001 年第 4 期。

袜子。① 现在，服饰不再包含有"昭名分、辨等威"的界定内涵了，但是自身的经济条件仍然是一种比较明显的社会经济分层的标准。服饰的质料好次、款式形制、饰品多少、色彩偏好都不同程度地反映了穿着主体的职业、地位和经济状况。

藏族僧俗人群的差异在服饰上的体现是非常明显的，本书将在后面作详细讨论。由于藏族社会对各年龄段人群的行为要求是不同的，加之各年龄性格特征的影响，因此，不同年龄时段的服饰色彩、装饰等方面呈现一定的差异特点：年轻时的服饰色彩鲜艳、花纹装饰繁复、做工细致、佩饰齐全，逢年过节穿着盛装满身披挂地出入于各种热闹场合。到了四十来岁以后，一般就不大讲究了，穿着也朴素，色彩上多用较为暗淡的素色，款式上也倾向传统的保守式样而少有变化，值得一提的是，这种着装特点只是一种普遍现象而并不绝对。年龄特征的转化因人而异，所以，藏族服饰的标志和区示作用在年龄阶段上是比较模糊的。但是，在藏族人的成年、未婚和已婚等几个关键的阶段，服饰上却有明显而确定的标志。

受历史传统的影响，藏族社会的婚姻是比较自由的。藏族社会中存在的"打狗""抢头帕""顶毡衫""爬房子""钻帐篷"及各地都有一些为姑娘小伙认识和恋爱提供机会的节庆活动等婚恋习俗，说明藏族社会所给予青年男女在婚恋方式上的自由空间是很大的。一些偏远牧区对非婚生子女同样得到社会认可，而不会受到人们的歧视。藏族女子在婚前拥有性行为自由的事实，反映了藏族社会伦理道德价值取向的不同，并不意味着男女性关系的混乱和道德规范的缺失。藏族聚居区不少地方至今还有为到了一定年龄的少女举行"成年礼"的习俗。"成年礼"的举行标志着这位女子已长大成人，从此她就可以参加各种青年男女的聚会。从另外一个角度看，"成年礼"仪式也向社会表明"我家有女初长成"，具有推销待嫁女的意思。在广袤的高原大地，人口稀少，居住分散，为女子举行成人仪式也加强了人际交往，能够帮助女子完成社会角色的顺利转变。

在一个人的成长历程中，出生、青春期、成年、结婚、死亡这些阶段互为联系，在社会中扮演着不同的角色，人们都要以相应的服饰装扮来适应其所在

---

① 四川民族调查组：《小金县结思乡社会调查》，见四川省编辑组：《四川省阿坝州藏族社会历史调查》，四川省社会科学院出版社 1985 年版。

群体的生活。如于式玉所记的拉卜楞妇女梳发分为三期，各个时期梳不同的发式，并戴不同的头饰品：五六岁梳几条发辫合为三股，末尾续白羊毛或彩带，末端装点以珊瑚、玛瑙珠、九眼石等；7 岁以上至 15 岁期间，发辫多了一些，象征性地顶戴较小的头饰"惹鲁"（ral li）或"惹刍"（ral phrug）；15 岁到 16 岁的少女，必须顶戴"托勒"（tho li），其续发为白颜色的。① 尤其是女孩子的成年意味着婚配育嗣，将对所在的社会产生重要的意义。因此，在藏族聚居区，藏族少女的"成年礼"受到普遍重视。卫藏地区姑娘到了 16 岁，由僧人择吉日，家人要为其举行隆重的戴"巴珠"或戴"敦"仪式，围"邦典"，穿上盛装，然后在邻居、亲朋好友的陪同下到八廓街上的"觉雅塔钦"前，煨桑、供奉神佛和吉祥天女、许愿……② 从此，天真少女算是进入成人的黄金时代，可以参加社交活动，接触异性。青海安多藏族聚居区则以改梳发辫和改换辫套来作为成年标志，即将头发编为若干小辫，并用镶着宝石、珊瑚的辫套保护和装饰头发；在海西州，藏族少女到 15 岁以上大都在身后配挂"马尔顿"（辫套），以区别于未成年少女。拉卜楞一带每年藏历正月初三，为满 17 岁的姑娘"上头"，上头时要请父母健在、有夫有子的贤惠妇女来为姑娘焚香洗沐，梳理发辫。小辫结成大辫，然后系在一条由红呢子制成的上缀琥珀的"热周"上，再将辫子和热周集中在一块上缀珊瑚、银元、藏币的底红边饰锦缎的硬长布条饰品"热瓦"上。③ 云南维西县塔城的女孩子 13 岁就要给她们举行成人礼——穿裙仪式。④ 藏族传统社会女子"成年礼"是进入社会取得成人资格的一个重要标志，在传统社会中标志性成熟具有与异性交往的资格。拵邦典、辫发、戴上标志性的头饰、穿裙等往往被看作是藏族姑娘性成熟、成年的标志。

藏族除部分地方还保留着成年礼俗外，也有的地方没有严格意义的成年礼，女孩子的服饰面貌是悄然改变的，习惯到了某个年龄就标志成年。如阿坝女子年满十四五岁开始蓄发，表示成年可以恋爱，结婚前后，头发才梳成辫子。⑤

---

① 于式玉：《于式玉藏区考察文集》，中国藏学出版社 1990 年版，第 71—74 页；贡保草：《拉卜楞藏族女性头饰研究》，《西藏研究》2004 年第 4 期。

② 丹珠昂奔等主编：《藏族大辞典》，甘肃人民出版社 2003 年版，第 431 页。

③ 夏玛·扎东：《拉卜楞花季少女梳妆习俗》，《中国西藏》1998 年第 3 期。

④ 彭建鑫：《横断山中康巴人——彭建鑫访谈节目选集》，云南民族出版社 2005 年版，第 112 页。

⑤ 阿坝县地方志编纂委员会：《阿坝县志》，民族出版社 1993 年版，第 122 页。

一般而言，婚礼是成年礼的延伸和继续，两者几乎是相连的阶段，但在某些地方成年礼与婚礼并没有天然的界限。过去，安多藏族聚居区还存在"戴天头"，它既是一种"成年礼"形式，同时也是指天为婚的一种单婚仪式，其仪式隆重与婚礼仪式相同，姑娘要穿戴盛装并戴上标志已婚的头套或饰品。① 尽管各地仪式各不相同，但是核心内容是一致的，即都以改变女子服饰外部特征来作为藏族少女成年的标志，仪式中不少内容蕴涵着对姑娘未来生活的祝福和祈愿。成年礼仪和其他生命礼仪（也称通过仪式，与个人生命周期里的关键阶段有关，包括出生、青春期、结婚、为人父母、死亡等）发挥了社会角色的标志作用，可以帮助她们度过生命中的重要关头。婚否的界限在实行择偶社交自由的藏族社会显得十分重要，它直接关系到社交中伦理道德的维护。因此，藏族服饰中对婚否的界定是有明确标示的。

在藏族聚居区，未婚女子和已婚妇女的服饰是有区别的。卫藏地区，已婚妇女要围上邦典，戴上属于当地的头饰，如拉萨戴"巴珠"，日喀则、江孜妇女戴"巴廓"或"巴龙"。藏北未婚的女孩子将头发编成一根或两根辫子，没有什么饰物，已婚妇女则要将头发中分，两边编许多细长辫子，后脑勺儿编一根较粗的发辫，头顶和较粗的发辫上缀络各种饰物。藏北有些地方已婚女子有辫子上戴海螺的习惯。山南、林芝的"加霞"帽有两个三角形翅扇，两翅向后表示已婚，翅向一侧表示未婚，而老年人是圆形帽。四川甘孜地区已婚妇女在额上戴有用金或银做的盘状物，盘上刻有花纹，盘中嵌有珊瑚，藏语叫"色加"，但是如果是嫁给汉人，则戴于脑后。② 白马藏人已婚的帽子左右两侧各有一束羽毛做装饰，未婚女子只在左侧饰有羽毛，以红色彩珠相连，垂挂在两鬓角，长达一二尺。③ 四川道孚地区少女编独辫盘于头上，所盘头发在耳背右下有一个外凸支出的锥形，这是该地成年未婚女子的标志，已婚者加红头绳在脑后分梳成左右两辫，后互交环盘于头顶，如遇丧事，则改绕绿头绳。而在瓦日区甲斯孔乡，女子一旦结婚，就在头顶戴一颗大的松耳石，上顶一株多叉的珊瑚枝，发编成两根辫子或插在耳侧或盘在头上。④ 扎坝地区成年妇女要佩戴一种由白

---

① 汤夺先：《论藏族人生仪礼中的头饰》，《中国藏学》2002 年第 4 期。
② ［美］柔克义著，杜品光译：《甘孜至道孚见闻记》，《四川民族史志》1989 年第 1 期。
③ 们发延：《斑斓多彩的藏族妇女头饰》，《中国民族》1996 年第 9 期。
④ 刘勇等：《鲜水河畔的道孚藏族多元文化》，四川民族出版社 2005 年版，第 44 页。

色海螺串成的圆形饰带"洛泽"①（图4－1）。青海乐都已婚妇女的"家郎"（两条宽约7寸的棉布条，从腰间直吊到脚跟）上镶有长方形的银片和松耳石等；未出嫁的只梳一个辫子，系一个三角形的大绣花荷包。有的还系红绿彩绸，带子上挂"苏拉"的银铜制饰品。②甘南"觉乃"藏族姑娘梳三根辫子，并用红头绳结扎，已婚妇女只编中间一根，且用黑头绳系扎，两边的两股头发上段蓬松，至腰带之下才编结。③而青海祁连山一带的华列藏族已婚女子佩戴辫筒"加盛"和"阿热"（俗称"三大片"，分别戴于身后和两侧，用布和皮革制成，上面整齐地饰缀纽扣、银币、象牙等），辫筒上嵌银盾和银牌饰或者刺绣美丽的图案，直曳腿前，随身摇曳，艳丽多姿。未婚女子的发套仅垂于胸前，姑娘出嫁，要举行戴辫筒仪式。

图4－1　甘孜扎坝妇女服饰
石硕摄

如果丈夫亡故或长辈去世则只戴辫筒，不戴"阿热"，妇女到40岁后，辫筒也不戴了。④在青海循化地区由果杰帽（mgo dkyil）的花纹、色泽、堆绣数目的种类及做工来区别和表示人生的阶段、年龄。⑤甘南上中迭一带，姑娘穿上一件分三片衣襟的外衣"库多"（khog stod）表示已婚。⑥上述各地不同的习俗规范从一个侧面说明了藏族文化的区域性差异，虽然同为一个民族，各地的民俗文化繁复多样，但是从中可以看出头饰（包括帽子）在服饰区示功能中的巨大作用和地位。玉树结古地区的少女额前留刘海，头顶戴一蜡贝（黄琥珀），若刘海儿两侧置有两颗小玛瑙或松耳石，则表示已有男友；若摘去前额两侧蜡贝，则表示双亲已故；若前额两侧的蜡贝附近置有两颗松耳石，则表示不幸；若系

---

① 刘勇等：《鲜水河畔的道孚藏族多元文化》，四川民族出版社2005年版，第46页。
② 乐都县志编纂委员会：《乐都县志》，陕西人民出版社1992年版，第518页。
③ 宗喀·漾正冈布等：《卓尼生态文化》，甘肃民族出版社2007年版，第526页。
④ 冶存荣：《青海华列藏族妇女辫饰艺术》，《西藏民俗》2003年第3期。
⑤ 多杰东智：《青海循化藏族的"果杰"帽》，《青海民族研究》2007年第4期。
⑥ 洲塔：《甘肃藏族部落的社会与历史研究》，甘肃民族出版社1996年版，第552页。

寡妇，取下头顶的蜡贝。较富裕的已婚女子，头顶各置五颗蜡贝呈五角形，并在靠两颊的小辫上，系上缀以松石、红珊瑚的长形发带。[1]

服饰在社会中的区示功能除了标明女子的婚姻状况外，有的地区还能从服饰上作出更为细致的判别：是否有男友，双亲是否健在，是否丧偶等。藏族家庭中有亲人去世，子女亲属服孝期的服饰也有明显的符号特征。一般情况下，安多藏区以翻戴的帽子或不戴帽子以及发辫或耳朵上的白色羊毛来判断该人的亲属中有人去世，"亡者亲属、子女，脱却艳服，换以破旧之皮统长袍，去其帽缨而翻冠之，或竟不冠。男子发辫拴有白色羊毛，不带刀；女子拴白羊毛线于耳，不带首饰，面露忧郁，表示服丧守制也"[2]。阿坝成年男子留短发，若遇一子死去，次子出生后，理发时脑后留一辫子，祈神保佑。若遇丈夫先逝，妻子剃发悼祭。[3] 在东部农区，亡人的家属无论是男人还是妇女，要把腰带结转到身前，且一直到死者周年过后才能换过来。阿坝州汶川一带受汉族影响在服丧期戴白孝头缠白布外，州内别的地方的丧偶之妻，要将身上所有的饰物取下以守孝，要把饰物藏于箱内一至二年，并且这段时间，忌穿鲜艳华丽的衣裳，妇女发辫中去掉彩色布条，或间以绿色来表示对死者的怀念。[4]

从社会系统来说，一系列的符号和仪礼建立了一定的社会规范与秩序，有利于维持社会的有序运转，藏族服饰是藏族社会角色的外显符号，对社会的秩序化和稳定起积极作用，服饰发挥着一定的社会控制的作用。另外，社会角色的变化有利于调适与其他社会成员或整个社会的关系，服饰的标识作用也体现了社会对每个成员社会角色的框定和评价，在调节人们行为方面起了相当大的作用。

根据不同的场合，藏族服饰可以分为劳动服饰、休闲服饰和节日服饰三种。从款型上来看，三种服装之间并没有什么差别，不过，服饰的繁简、用料、价值差异很大。劳动服饰简单、面料耐磨、粗陋，以实用为主，很少装饰；休闲服饰多用于劳作之余，走村访友、会客休憩时，其着装随意大方，有简单的佩饰；节日服饰豪华、珍贵，佩戴丰富，每逢传统节日或其他盛会，藏族男女都

① 朱世奎主编：《青海风俗简志》，青海人民出版社 1994 年版，第 170 页。
② 丁世良等主编：《中国地方志民俗资料汇编·西北卷》，北京图书馆出版社 1989 年版，第 264 页。
③ 阿坝县地方志编纂委员会：《阿坝县志》，民族出版社 1993 年版，第 122 页。
④ 格桑木，朵藏才旦：《天葬·藏族丧葬文化》，甘肃民族出版社 2000 年版，第 36 页。

会穿着节日盛装。盛装是藏族服饰文化最为闪亮的部分，不只是因为它外形华美、价值昂贵，更重要的是它文化上具有的特殊意义。盛装的意义对个人和家庭而言是财富的象征，是美貌和仪礼的依托。对藏族社会而言是节日、仪式、舞蹈等集体活动期间气氛的渲染、价值的展现。

藏民族将服饰视同于财富自古已然。《格萨尔王传》记载晁同与妻子色措口角，妻子色措索要自己的财产：

> "回旋莲纹嵌金螺，是我色措的头饰，现在哪儿拿出来。八瓣莲纹金戒指，是我色措的首饰，现在哪儿交出来。三颗重迭绿松石，是我色措的玉璁，现在哪儿交出来。我这三件装饰品，都在晁同你手里，限你今日交出来。"①

至今，在藏区青年男女结婚，男方送彩礼中一般都有服饰的内容，女方的陪嫁也少不了一两套衣服或饰品，四川道孚县尼措区男方送的彩礼中一套衣服是必不可少的，再贫穷的人家也要给，这是表示对女方母亲的尊重。后藏岗巴人求亲时必须给姑娘的母亲带一份固定的礼品——一条围裙，这条围裙被称为"乳礼"，表达的是感谢养女之恩。② 甘南夏河、舟曲等地新娘的衣物饰品都由男方备制。色达牧区多以"匝巴"或"氆氇"作为陪嫁或聘礼，昂贵的饰物作为嫁妆由新娘掌管，若女方无过错而离婚的话，这些饰物女方可以带走。③ 当然，有的饰品还具有其他宗教或文化意义，比如华热部落女子婚后要佩戴辫筒和"阿热"，其辫筒和阿热中的"斗哈"，皆由娘家人陪送，意指娘家站在后面，后面有人的意思，两侧"阿热"由婆家制作，其意是尊重婆家老人。④

藏族家庭中的盛装有的是数不清多少代人的积累，平日不穿的时候，他们会放在经堂的屋子里或沿墙的小壁橱里，以防盗窃。盛装属于整个家庭，不属于哪一个人，当谁需要的时候就给谁穿，亲戚朋友或同一个村社，相互之间可以借用，互帮互助。黎光明先生在他的调查中曾记录了川西地区藏族这样的习俗：僧人到西藏朝圣之前，要经过有学问的喇嘛卜定起程的日子，在起程的这天要为他们举行隆重的"送别会"，参加送别的人，包括父母、姐妹、朋友、邻

---

① 索代：《藏族文化史纲》，甘肃文化出版社 1999 年版，第 77 页。
② http：//www.bowuzhi.com.cn/bbw/viewthread.php? tid =/2007.2.25.
③ 格勒等：《色达牧区的嫁妆和聘礼——川西藏族牧区的人类学专题调查之一》，《中国藏学》1995 年第 2 期。
④ 冶存荣：《青海华列藏族妇女辫饰艺术》，《西藏民俗》2003 年第 9 期。

居及寺院中的同事等都特别地装饰起来，和朝庙会一样。这些起程去朝圣的僧人（包括"觉母"）也穿上普通人的盛装打扮起来，各个手上都持着一杆黄布小旗，旗上镶缀四方小布片，其色蓝、白、红、黄，分别象征天、云、风、土。他们这些衣帽装饰和马匹都是借来的，在分手时由送行人带回归还。① 有的人家把亡人的衣物（无论多么贵重）献给活佛或寺庙，或布施给穷人，他们认为这是一种积累功德的方式。很显然，这里的服饰也是一种物质财富。在传统节日或大型集会活动时，人们穿着盛装，顶着烈日，负着沉重，在观众面前迈着缓慢的步伐，脸上挂着骄傲的神情，他们获得一种欣赏和赞美。衣服上镶水獭和虎豹皮越宽，身上佩戴的珠宝越多，越显示富有，受到人们关注越多，藏族谚语："是否英勇，请看男儿腰间，是否富有，请看女儿背上。"② 在康区，一套盛装少则几万，多则上百万，2007 年，从德格出发前往北京去参加"大红门国际"服装节的男女服装，价值都在百万以上。这种"显富"不能看成是人们对奢华的追求和钱财的迷信，它是藏族社会对勤劳和财富的一种理解。藏区地处高原，气候恶劣，生存环境极其艰难，在这样的条件下，勤劳是获得美好生活的唯一途径，勤劳创造财富，财富需要展示。藏族聚居区人口稀少，居住分散，生产和生活流动性强，尤其是游牧地区，为了方便迁徙，他们往往把辛勤劳动积累下来的财富变换成首饰、珠宝等，逐渐演变成一种财富的象征。尽管今天有的地区牧民也有了冬季定居点，也接受了储蓄和投资观念，但人们对盛装的喜爱程度并没有因此而减弱。

藏族人对服饰的珍爱还源于对美的追求，这是显而易见的。在日常劳动中，服饰装束很朴素，一旦外出或参加聚会，就会将自己装扮起来。任乃强先生所记"负靴而行之两少妇，赴东谷集市后身首满戴银饰，着靴过市，袅袅婷婷"③，藏族谚语曰"貌美赖衣装，树靠叶帮忙"，即可见出藏民族对服饰的形式美感、人体装扮作用的理解和肯定。难怪，有藏人感叹："藏之衣服可以变更任何人之仪表。"④

---

① 黎光明等：《川西民俗调查记录1929》，台湾"中央研究院"历史语言研究所史料丛刊之一，2004 年版，第 142—143 页。

② 贡保草：《拉卜楞藏族女性头饰研究》，《西藏研究》2004 年第 4 期。

③ 任乃强：《西康图经》，西藏古籍出版社 2000 年版，第 297 页。

④ ［英］路易斯·金，仁钦拉姆合著，汪今鸾译：《西藏风俗志》，商务印书馆 1931 年版，第 97 页。

　　藏族服饰文化之所以绚烂夺目，之所以能够长期保存，是因为植根于深厚的民族文化沃土之中。它不仅表现为财富积累和审美的需要，而且是一种文化的需要，从藏族现在的民众文化中可以看到藏族服饰存在的广阔空间。藏族社会节日很多，藏区各地几乎月月都有节日，有的长达十多天（宗教节日居多），但不是所有的节日都是服饰展览的场所。一些带有广泛群众性的具有地方特色的节庆，如西藏的藏历新年"洛赛节""望果节""雪顿节"（八月），甘南藏区的"香浪节""娘乃节"，川康区的"转山会"，木里藏族的"俄喜节"，尼汝藏族的"登巴节"等都是藏族服饰展演的舞台。在这些节日里，他们会穿上艳丽的盛装，和好友或姊妹一起加入欢庆的人群。甘肃文县一带每年五月初四或初五"采花节"到来的时候，全村的姑娘们盛装打扮，由自己的兄弟陪同，上山采摘鲜花并祭祀花神，鲜花配上艳丽的服饰真是美不胜收。牧区各地都有一年一度的夏季赛马大会，而服饰表演是最受人关注和喜爱的一项内容，往往成为赛马会开幕或闭幕式上的重头戏。2006 年，理塘"八一"赛马会开幕式上，传统服饰表演犹如华彩乐章，备受瞩目。他们在喜庆的气氛中载歌载舞，女子长袖飞舞，男子踢踏如鹰，彰显出藏民族豪迈奔放的个性（图 4 - 2）。玉树地区的赛马会上每年都要表演欢快的

图 4 - 2　理塘赛马会上的舞蹈表演
石硕摄

卓舞和轻柔的依舞，以及"则柔""弦子"等各种舞蹈。舞场上，几十人甚至数百人在广阔的草原上一起起舞，场面十分壮观。这里，藏族服饰与藏族节日、仪式和舞蹈等交融为一体，藏族服饰的韵味也通过歌舞的方式展现了出来。笔者多次身临其境感受了藏族服饰以及歌舞的迷人魅力，这种美震撼着每一个在场的人，此时的服饰美也是舞蹈的美。不管是在草原牧场，还是在集会大坝，每逢传统节日，藏族同胞都会倾寨出动，男女都着盛装聚集而舞，他们伴随音乐，或旋转、或踏步、或起伏，时而轻柔舒缓、时而激越豪放。在舞蹈中你会

发现藏族服饰的独特魅力，长袖、束腰、长靴、碎辫以及褪下来的右袖恰到好处地得到了展现。农区年节一般都在农闲季节，牧区人口分散，闲暇时日较少，所以节日相对也少。人生礼仪或婚庆活动也一般安排在空闲时节。平日里忙碌而穿得破旧，在有闲的时候穿上华美的盛装既可调节疲惫的身心，获得一份美的享受和愉悦，在相对固定的社区里获得成就和自豪，未婚青年男女也在节庆活动中找到自己意中人。从这一层面上来讲，节庆中的藏族服饰具有营造喜庆气氛的娱乐功能。值得注意的是，在大型的传统服饰展演中，几乎都有几岁到十几岁的孩子参加，合体的盛装及各种饰件披挂于身显得可爱而漂亮，尽管服饰的沉重压得他们难受，可是他们的神情是自豪而骄傲的（彩图22）。这种方式为人们提供了一定社会范围内的人群的审美标准和情感模式，从而将人们观念和价值有序化，产生共同体的自豪感，有利于建立具有权威性的、稳定的传承机制。

节庆活动以及人生仪礼中盛装服饰的展示（彩图23），反映了藏族民众历史形成的价值观念和审美心理，通过这些活动加强了村落或社区内部成员之间的友好往来。如妇女的"辫发"通常情况下需要四人以上一天时间才能完成，体现了团结和合作的精神。服饰虽然是家庭财产，若在集会中，一个大家庭甚至一个村社有谁需要，他们慷慨支援，不会计较个人得失，在意识深处，藏族同胞已经把自己生命同周围人紧紧地系在一起。从中似乎也表明了藏族服饰文化为什么能够长期传承，除了自然条件和生产生活方式的长期稳定之外，藏族的传统文化包括仪礼规范、节日文化以及舞蹈的长期存在为藏族服饰保存和发展提供了一个稳定的社会环境和保障机制。

第三节　族界标志与认同

民族服饰成为"辨族别异"的徽记，已是一个不争的事实。过去文献典籍对民族的记载以及今天民族族属的考察，服饰的描述和分析都是其中重要的参考。正如有学者指出："我们在研究、判断或识别一个民族的时候，除了语言、经济关系、宗教信仰、婚丧制度、体质特征等因素之外，也把服饰作为一项重要的依据。"① 藏族服饰具有鲜明的民族性，前面已进行了相当多的论述。无论你身处何地，你很容易从服饰上将藏族与别的民族区分开来。藏族服饰能够反映社会经济、文化、宗教和心理素质等各方面的特点，而且其在民族识别、民族构成、民族发展的诸要素中，是最直接、最显性地体现民族特征的要素。

民族是指被制度化了的族群人们共同体。族群是相互分享共同的历史、世系，从而具有某些共同文化特征的人群。② 由于族群范畴会跟随与它交往互动和参照对比的对象的变换而伸缩，即场景拆合性，因此，族群可以概称"民族"，也可以用它来区分民族内部的支系。人们为了在社会交往互动中便于区分"我群"和"他群"，往往选择文化中的一些特殊层面作为界定族群的特征，服饰通常作为一种外在的文化特征而成为标明群体成员的族界标志。在一个传统而封闭的社会，人们穿用民族服饰以维持族界，而在某些特殊场景中则可能认同于主流文化的文化特征，而成为涵化过程的一部分。③ 藏族服饰的独特性既是藏族内部认同的标志，也是其他民族对藏族认识的主要依据。

民族学者认为，参与界定族群（这里指民族）的成员或团体通常包括三部分：（1）被识别的族群本身；（2）在地方社会系统中的其他群体，即被识别族群的邻居；（3）国家。④ 藏族服饰成为定义藏族的"客观文化特征"也同样得到了这三部分人的认同。首先，藏族自身的认同，凡是传统节日、婚庆典礼等场合中，藏族同胞都要求穿上藏装。近代，邻近汉区的一些地方头领在正式场合，如见政府官员、出席大型仪式活动都是穿着藏装。⑤ 其次，他者——邻近族群或成员的认同，近代地方志及一些藏族聚居地见闻录中所载的关于藏族的生活民俗中就有服饰方面的记述，诸如"褚巴""嘎乌""革康"（靴）等的描述与今天藏族的服饰面貌大同小异。20 世纪 50 年代，我国经过民族识别和确认，认定了 56 个民族，藏族作为其中的一员经常以"标准化"的着装形式以凸显藏族的民族特色，比如全国性会议的民族代表身着传统服装的团体合影照，

① 尼跃红：《中国少数民族服饰文化》，辽宁美术出版社 1990 年版，第 29 页。
② See Raymond Scupin, *Cultural Anthropology: A Global Perspective*, 4th edition, Upper Saddle River, New Jersey: Prentice Hall, 2000, p. 56.
③ 庄孔韶：《人类学概论》，中国人民大学出版社 2006 年版，第 309—310 页。
④ ［美］斯蒂文·郝瑞著，巴莫阿依·曲木铁西译：《田野中的族群关系与民族认同——中国西南彝族社区考察研究》，广西人民出版社 2000 年版，第 23 页。
⑤ 西南民族学院民族研究所编：《嘉绒藏族调查材料》，1984 年铅印，第 122 页。

春节晚会上多个民族演员身着传统服饰同台演出，以及国家派出到外国演出的各民族特色文化团体等场合的展示，这种以服饰来凸显民族特色的展示，强化了藏族服饰在世界范围内的带有象征性的标识符号。从另一方面来讲，这种标识确立了什么样的形象是藏民的形象的同时，也展示了藏族与汉族、其他各少数民族彼此之间的区分，以至于一个稍读过一点书的儿童都能区分汉、藏、回、维吾尔、苗等风格特征显著的民族形象。藏族服饰的"民族化"过程如同很多民族一样，"20世纪80年代以来，由于各种媒体传播工具逐渐普及，这种民族舞蹈或服饰展示所表现的民族'区分'，透过各种竞赛演出、民族画册刊物与民族知识书刊的发行，以及90年代以来的电视转播，成为塑造各族人民（特别是城镇居民与知识分子）'认同'的重要集体记忆"①。这也是藏族聚居区各地服饰差异趋向缩小，而共同特征越来越多的原因。在历史发展过程中，民族服饰随着各种文化展示而呈现"标准化"的模式，如长袍、宽腰、右衽、长袖，脱去右袖或双袖，女子腰系邦典，着藏靴，以及花纹、装饰、服装衣料的特点等，

作为民族界标并不是这些特质的总和，可能表现为某一族群的部分特质以其普及的广泛性和知名度而成为主要特征，甚至成为民族的标志。比如女子穿无袖长袍，腰系邦典，胸佩"嘎乌"，男子穿藏袍，脚蹬藏靴等。因此，凡需标明藏族身份的形象往往以类似装扮出现。1999年10月1日发行的"盛装歌舞为主、兼顾民俗"的56枚各个民族的邮票，其中"藏族"就是男女青年着盛装舞蹈的形象，男子头戴金丝帽，身穿镶七彩氆氇边的藏袍，未着右袖，脚穿翘角藏靴，女子

图4-3　1999年发行的"藏族"邮票

辫发环盘于头顶，加红蓝彩线，须束置于右耳后，着红色衬衣，长袖挽至手腕，外套无袖氆氇袍，腰系五色邦典（图4-3）。

　　藏族是一个集合名称，从民族识别到现在，"藏族"已不再是一个想象的共同体。即便是距离遥远的族群，也通过语言、服饰和宗教等文化特性上去寻找

---

① 王明珂：《羌族妇女服饰——一个"民族化"过程的例子》，台湾"中央研究院"历史语言研究所集刊第69本（1998），第841—885页。

主位的认同。地方族群（以下称为亚族群）是藏族的支系，他们生活在特定的环境中，他们的服饰或许具有与典型的藏族服饰明显不同的地方或表现为不同的类型，这些差异之处也往往是民族学者研究其源流、迁徙、支系变化的切入口，有的甚至成为族属争议的缘由之一。如前述，藏族各地方支系族群的服饰与典型的藏族服饰既有共性又有区别，即便是非常边缘地带的地区性服饰，如舟曲服饰、卓尼服饰、嘉绒服饰、华热服饰等，这些服饰仅从外观风格上来看，差异是很大的。但是不可否认，他们的服饰上的共性特征，如服饰装饰纹样、色彩及装饰品的造型、材料，女子编发习俗等也为他们族属认同找到了依据，更为重要的是不同形态服饰所反映出来的心理素质、宗教信仰、审美价值是共同的。也有学者从服饰的历史变迁中去寻找认同的联结点。华热是"英雄的部落"之意，华热部落是吐蕃派往民族边地的军队后裔。据研究，华热独特的服饰是由于其地处汉、蒙、藏交汇地带，自元开始受到蒙古族服饰影响的结果，华热藏族妇女的发饰是蒙藏民族文化交流的见证。① 卓尼"觉乃"（也称"卓乃"）藏族服饰最有特色，尤其是妇女的"三格瑁"服饰。据说延续了拉萨宫廷服饰和发型式样，保留了吐蕃时代的卫藏农区藏族服饰的特点。② 关于白马藏人，桑木旦认为他们的服饰是藏族古代服饰的遗俗，白马人是吐蕃时藏王征服四边的时候藏军留守人员。东嘎·洛桑赤列也认为白马人为吐蕃时代由西藏山南工布遣来的骑兵"达玛"之后裔。他们头戴的鸡翎毡帽，就是当年仪仗队的礼服帽，后来慢慢演变成藏军军官的一种标记了，还有他们的五色花边服饰……鱼骨牌子及跳十二生相舞时所撑的旗子，都是沿袭了历史传统习俗。③ 舟曲境内的藏族服饰是源于吐蕃王朝时西藏工布一带迁来的马兵"达玛"之后裔，胸前"欧斗"银盘，据学者研究就是由吐蕃马兵胸前佩戴的挡箭避邪之用的护身符演变而来的。④ 这些边缘区域的亚族群服饰在民族认同中的复杂性，服饰外貌上表现出的异质文化的内容，由多种因素所致：族源不是单一的，而是多元的；经济发展水平的不平衡；所处区域远离藏文化中心，主流文化对其影响较小；与别

① 郭登彪：《华锐藏族妇女发饰探源》，《青海民族研究》2006年第3期。
② 宗喀·漾正冈布等：《卓尼生态文化》，甘肃民族出版社2007年版，第516页。只是当地一种说法，并无可靠证据。
③ 洲塔：《甘肃藏族部落的社会与历史研究》，甘肃民族出版社1996年版，第205、548页。
④ 洲塔：《甘肃藏族部落的社会与历史研究》，甘肃民族出版社1996年版，第205、550页。

的民族杂居或相邻，民族间的文化交流和影响；自然生态和气候环境差异；社会制度的差异等。可见，在同一民族共同体下各支系族群服饰上的联系也包含了非常深厚的文化内涵，体现了族群与族群间的区别，以及地方群体与藏族群体的归属认同。

　　我们知道从文化特性上讲，族群内部具有一致性，而族群之间具有差异性。据调查，各式形态的藏族服饰有上百种之多。由于族群认同又具有多重性、层次性，历史形成的各式形态服饰就是藏族社会生活中对不同层次的族群认同的细化要求的具体体现。从这个意义说，族群界标的复杂性是藏族服饰丰富的主要社会基础。在同一族群内部的成员，他们又能根据一些更加细微的差异区分出"他地"人群和"我地"人群，或者"他寨"人群和"我寨"人群。如，四川横断山脉东部的小金藏族和硗碛藏族世代联姻，两者同属于嘉绒藏族，两地女性通过头饰分辨，"小金藏族妇女穿戴的头帕前后均绣花，硗碛藏族则只有帕檐的表面有几道花纹"①。丹巴中路各村寨的头帕色彩和所绣的花纹都是不相同的（彩图21），他们之间的服饰差异对于外面的人来说往往是不易知晓的，但相邻族群间介于某种主观或客观因素不仅能加以区分，而且以一种族界符号来强化他们之间的差异，这也是地方族群服饰能够长期保持自己独特的服饰特点的原因。但是，事实上，地方族群服饰在历史的长河中并非一成不变，它也像其他物质文化一样，受科技发明、族群交往、政治统治及经济发展等因素影响而发生着变化。这里，服饰就不仅是一个物品，而要从一个标记"符号"来理解，若仔细观察服饰外观中有"意义"的组成部分，就可看到，服饰中有的部分是易变的，而有的地方是在哪种情况下都会保留下来。如本章第二节中谈到的服饰是特殊历史事件的载体、一种祖先族源记忆、被赋予特殊含义的内容，以及区示已婚和未婚的标志等，从这里可以看出服饰中某些标记是多义的，特别是装饰部分，比如头饰。传统服饰特色经代代传承、积淀，也会形成一种不易改变的、对某种角色有固定认知的惯性甚至惰性。②

　　服饰成为族群之间相互区别的外在标志，体现了一个民族或一个群体的共同意志。藏族传统社会是强调群体意识的社会，在青藏高原那样生存条件极端险恶

---

①　邹立波：《一个"边缘"族群历史与文化的考察——以宝兴硗碛嘉绒藏族为例》，四川大学硕士论文 2006 年。

②　华梅：《人类服饰文化学》，天津人民出版社 1995 年版，第 209 页。

的环境中，个体力量微弱而有限，个人离开群体而存在是难以想象的。因此，藏族社会时时处处都凸显群体意识，藏族服饰内部族系的标志化，内部成员社会角色的分类标识等都是群体意识的表现，这是民族或族群生存发展的需要，也是一个社会管理的需要。藏族聚居地区婚嫁仪式中，除新郎、新娘必须盛装打扮外，参加婚庆的亲戚也都要穿藏装、讲藏语，不然主人会不高兴，甚至遭到乡亲的责难。舟曲上河地区（峰迭、立节、大峪）每年正月初八要举办隆重的晒佛、跳锣锣舞、摆阵的年节活动。在贡巴（民间巫师）的组织下拜佛、跳舞、摆"龙蛇阵"，老贡巴头戴虎皮帽、身穿藏装、腰缠羊毛带、肩扛一只叉着一方腊肉的三角钢叉，叉杆上绑着许多红丝绸带子。据说这个活动是纪念格萨尔的祭祀活动，在整个活动中，男女皆着节日盛装，不穿藏服的人只能观看而不能参加。① 服饰是一个人身体的延伸，通过穿着民族服饰使参与者获得了集体建构的一种传统，而通过这种传统强化了民族情感和集体意识，相同的服饰会营造一种"自己人"的大家庭气氛，能够维持族群认同和共同的民族意识。程裕淇在《西康剪影》中记载陕西人在西康的生意做得很大、很成功，究其原因，他这样写道：

> 大致新从陕西来的学徒，先得学康人的语言，再慢慢熟悉他们的生活习惯，穿兽皮大袍，吃酥油糌粑和生牛肉干，骑快马，养成原始的睡觉方法，或竟在很冷的地方露宿，康化的程度愈来愈深，这样才能和买主熟识，使得他们感觉到这些做买卖的简直就是极熟的朋友，不用多生猜疑。②

显然，陕西商人的高明之处就是通过改变自己的外形面貌、语言和习惯来获得康人的认同。

藏族服饰的外部表征是凸显族群认同的重要因素。流传很广的一首歌谣概括了藏族聚居地区服饰的认同特征：

> 我虽不是拉萨人，
> 索呀，拉萨的装饰我知道——
> 铜带系腰口琴吊，
> 索呀，把珍珠冠头上罩。

---

① 马宁：《舟曲藏族的年节习俗研究——以黑峪沟为个案》，《西藏民院学报》2005年第11期。

② 张鸣：《1939年：走进西康》，山东画报出版社2003年版，第87页。

我虽不是贡觉人，

索呀，贡觉的装饰我知道——

顶珠三串胸前抛。

我虽不是德格人，

索呀，德格的装饰我知道——

头顶明珠金莲抱。

我虽不是霍柯人，

索呀，霍柯装饰我知道——

红绿带儿绕满腰。

我虽不是达多（康定）人，

索呀，康定的装饰我知道——

红绳扎发满头绕。

我虽不是理塘人，

索呀，理塘的装饰我知道——

发系银器叮当闹。

我虽不是巴塘人，

索呀，巴塘的装饰我知道——

银丝缠发额前飘。

我虽不是盐井人，

索呀，盐井装饰我知道——

头包凤帕腰悬刀。①

另外，我们应该看到，20世纪，我国的民族识别将社会成员的族属永久化，而族群作为地方政治和经济的体现者也被行政区划所取代，随着时间的流逝，文化特征对于民族或族群来讲，将越来越不重要，民族传统服饰在实际生活中作为族属或族群认同的表征意义也越来越小②。经过五十多年的社会发展，传统藏族服饰面临着新的变化，在藏族的社会经济生活中发挥着不同于过去的重要的作用。

① 叶玉林：《天人合一取法自然——藏族服饰美学》，《西藏艺术研究》1996年第3期。扎西旺都教授认为霍柯为"章柯"，现甘孜炉霍一带。

② 据杨嘉明讲，十年以前丹巴中路女子头帕佩戴严格讲究的，能从头帕色彩和花纹知道来自哪个村寨，现在不讲究了，所绣的花纹也混乱了。

第四节　人神沟通：藏族服饰的象征意义

　　藏族人生活在现实和非现实的两个世界：现实世界条件艰苦、环境恶劣，人的生存时常充满危险；非现实世界是一个虚幻的神灵世界，存在于人的精神领域，它无处不在并影响着人民群众的生活。然而这个神灵世界很是复杂、怪异："它是一个看得见、却不完整的影幕，或者是一个超越宇宙现实的透明的罩子。只有用宗教信仰的眼光才能看得到；只有采取静默、强制的准则和复杂的宗教礼仪等手段才能控制它。"① 也就是说，这些神灵有的会给人类带来灾难或对人产生危害，但是通过一定的方式也可以导致有益的结局。藏族人相信通过禁忌、祈求、许诺或威胁等方式，可以获得平安和达成好的愿望，这种为谋求自身利益的力量和动机影响着人们的日常行为，服饰就是重要的一个方面。

　　禁忌是通过自我行为约束，避免神鬼等超自然力量的侵犯的一种防范措施。由于危险往往来自人们经验无法把控的领域，所以，藏族生活中有关服饰方面的禁忌针对孩子的较多。如认为："为一个尚未出生的婴儿购买和制做衣服是非常不吉利的。如果不禁止这样做，未出生的婴儿就会很快夭折。""如果小孩儿在学走路阶段，你从他的衣服上跨过，就会使小孩儿绊倒或使其经常摔跤。因为附在孩子身上的神灵遭到亵渎，不能再保护孩子了。"② 可见，为了护佑孩子，一方面谨守言行，不招惹神灵，另一方面驱邪镇魔，防止鬼魂的惊扰。在偏远牧区，藏族同胞带小孩儿晚上出门，习惯在孩子的鼻子上和胸前用炭灰画上一条黑线，以镇吓鬼魔。孩子刚出生时，喜欢用身体结实、健壮的人的旧衣服来包裹。这些禁忌中，衣服明显成了魂灵寄所（提前准备的衣物会让鬼魂寄驻，对孩子不利），或被赋予虚幻的神力，服饰具有主体人代表的象征意义。这些观念和习俗皆源于"万物有灵"的原始信仰。目前，这种认识虽然有所改变，但父母仍希望不要发生这样的事情。旧衣服也常被看成带有旧有主人的"运气"，好的运气可以保护孩子，而一般在"穿二手货的旧衣服之前，要在衣服上

---

① ［奥地利］勒内·德·内贝斯基·沃杰科维茨著，谢继胜译：《西藏的神灵和鬼怪》，西藏人民出版社 1996 年版，克瓦尔内 "再版导言"。

② ［印］群沛诺尔布著，向红笳译：《西藏的民俗文化》，《西藏民俗》1994 年第 1 期。

稍稍啐上一点唾液，然后焚香熏烤一下以除晦气的痕迹。晦气可能会玷污一个人的智慧线，亵渎附在身上的神灵"①。被人跨过的衣物也可以通过这种净化仪式消除对神的亵渎。藏族的妇女们从不披头散发，认为这是女妖的样子。即使因为年纪大了，不能佩戴头饰，也不能让头发蓬乱，至少要梳两根粗辫子。在藏族同胞看来，普通妇女不能扮作女巫，除非她是神巫（也叫通灵人）。

神巫是神灵的代言人，他可以代表神灵向人们传达其意志。他们穿的仪式服装是西藏法师所穿的服饰中最奇特、最鲜艳的，其装束要"与依附该神巫身体的传统神灵画像所绘衣饰明显相似"②，也就是神巫要扮成他准备代言的神灵的传统形象，主要在于衣袍的形制、色彩以及头饰的风格要符合附体神灵的性质和神灵所属特定阶层的特点。内贝斯基在《西藏的神灵和鬼怪》一书中列举了西藏代言神巫所穿服饰的几种主要类型：王服、赞服、魔服、丹玛服、勇士服、地方神服、喇嘛服等，他们的帽子和头盔都是独特的，能够显示出神巫的神力，如厚重头盔重达30英磅，只能在进入幻迷状态后由两位助手帮忙才能戴到巫师的头上。③ 头上还有一些具有象征意义的饰物，如五个袖珍骷髅头骨，象征"五怒"，以及代表巫师的象征物：秃鹫尾羽、五佛冠、护心镜等。关于鸟羽的使用，在藏族聚居地早期的一些岩画中就有苯教徒或巫师在头上或身上装饰羽毛的形象。藏族在祭典时祭司所穿的"垛来"，就是一种肩部插有羽毛的衣服。内贝斯基指出：这是一种经过简化的改变的萨满教标志。④ 除此之外，西藏巫师和萨满巫师所戴的头饰还有许多相似之处，如帽子上、盔甲上缀上长长的布带，头戴上系小铃、红头巾或者头缠叫作"五怒饰"和"五善饰"的缀纸板红布巾。⑤ 所以，认为藏族聚居地宗教与萨满教之间存在某种联系不无道理。佛教里一种能赋予加持的帽子"五禽冠"顶部也装饰一种羽冠或鹰翎以及五色彩带，还有日、月、镜子，在帽檐还装饰着珍珠。而这种帽与格萨尔说唱艺人

---

① ［印］群沛诺尔布著，向红笳译：《西藏的民俗文化》，《西藏民俗》1994年第1期。

② ［奥地利］勒内·德·内贝斯基·沃杰科维茨著，谢继胜译：《西藏的神灵和鬼怪》，西藏人民出版社1996年版，第486页。

③ ［奥地利］勒内·德·内贝斯基·沃杰科维茨著，谢继胜译：《西藏的神灵和鬼怪》，西藏人民出版社1996年版，第486—490页。

④ ［奥地利］勒内·德·内贝斯基·沃杰科维茨著、谢继胜译：《西藏的神灵和鬼怪》，西藏人民出版社1996年版，第641页。

⑤ ［奥地利］勒内·德·内贝斯基·沃杰科维茨著，谢继胜译：《西藏的神灵和鬼怪》，西藏人民出版社1996年版，第642—643页。

"仲巴"的帽子非常的相似，"说唱艺人不但是诗人，说唱家和音乐家，而且还是通灵人、占卜师和萨满"，可以说，说唱人的行为和他的服装都与巫术——宗教领域中的各种专家之间具有许多相似性。① 金属镜子也是巫师、密教徒、说唱艺人等人物所必须佩戴的一样东西，据石泰安的研究，由于占卜师在格萨尔的保护下可用镜子问卦，通灵人可从镜子中观察出现的显圣化现。在一般情况下，这镜子具有神性，如同箭一样，应装饰彩虹般的五色彩带。② 对于"仲巴"来说，帽子是招请格萨尔所必需的。（彩图 24）为了能更细致了解说唱艺人帽子的外形及其象征意义，将其分述如下：

帽子的基本形状是基部为方形的金字塔状，上面有一个颠倒的截顶圆锥状，同样也为方形。（1）在两端的中间，下部拴着皮制附属物，即"驴耳"。据说是格萨尔征服北方鲁赞魔时一去杳无音信，其妻子对他的等待。（2）从耳朵尖垂着四色彩带（白、黄、红、蓝），帽尖向后也垂着各种布片与彩带。象征格萨尔的本命神的生命之旗魂：白色象征大神白梵天神，黄色是身体之神格措（神山、年神），红色是岭地的战神，蓝色是龙神祖拉仁钦，斑色为岭地的"杂色"居民。（3）帽顶有鹰羽，象征一名英雄（dpa'-bo 也指一名巫师或通灵人）。（4）中心有一个白色的铜镜，象征着格萨尔史诗中的金刚手的化身。（5）一个小铜盘和一颗野猪牙构成日月符号，象征格萨尔统治整个世界的力量。（6）镜子左边是张拉开上弦的弓箭，表明格萨尔来到岭地。右边是木马鞍，象征格萨尔对霍尔国王的胜利。镜子下面是 4 个贝壳形成的一朵莲花，象征格萨尔远征北方之魔后返回岭地。（7）一小片金属，上有 9 个洞，象征格萨尔对九魔的胜利。（8）帽子下缘有一行贝壳，象征岭国的 30 名英雄。（9）在贝壳的左端，有一颗蓝色的玻璃珠，上部带有一枚汉地的钱币，象征对 18 个王国的征服。在帽子的最下端，沿帽装饰了 35 颗坚硬植物的种子，象征瑜伽的 35 种"脉气"，

---

① ［法］石泰安著，耿昇译：《西藏史诗和说唱艺人》，中国藏学出版社 2005 年版，第 354 页。

② ［法］石泰安著，耿昇译：《西藏史诗和说唱艺人》，中国藏学出版社 2005 年版，第 372 页。

也即格萨尔制服了生命之气。①

有学者认为说唱艺人的帽子象征宇宙三界，其帽顶鸟羽与日月象征天界，中间铜镜、马鞍、弓箭象征中界，贝壳制的莲花、贝壳及植物种子象征地下世界以及财富，金属片、玻璃珠、汉地铜钱作为被征服之地同样象征财富。除此之外，这三层结构的象征物还代表藏族一种传统的象征思维模式，即三元象征观念，羽毛、日月符号是统治力量的代表，弓箭与马鞍是守护力量的代表，莲花与贝壳、钱币、植物种子是经济力量的代表。②

格萨尔的帽子是其获得领地和幸运财富的保证，这也是说唱人要通过帽子来代表的理由，同时也是表演时获得灵感的源泉。不同时期格萨尔（青年觉如、杂耍艺人的格萨尔、格萨尔王）有着不同的帽式特点。因此，说唱艺人的帽子是象征性的，上面所述这些组成部分也不必完整，但被看成格萨尔的化身或替代物，而且具有巫术的特殊力量。

在藏族聚居区，最具影响也是最常见的宗教祭祀就是藏传佛教法舞"羌姆"（有的地方也称"跳神"）。"羌姆"是一种驱鬼降神的宗教仪典，相传是莲花生大师吸收了原始苯教巫舞形式和神灵系统创制出来的。每逢释迦牟尼的诞辰、藏历新年以及藏传佛教的重要宗教节日，藏传佛教寺院都要举行盛大的"羌姆"活动。表演时，老少喇嘛们，身着衣身肥大、右衽大襟彩袍，头戴面具，手持法器或兵器，按照神位的高低顺序出场，以示各路神灵已降临人间，既有"三皈依"象征的上师、本尊、佛以及菩萨、佛弟子、护法神，也有大量充当神佛随从的低位神灵，以及羌姆中特有的咒师、尸陀林主（彩图25）等构成羌姆宏大的角色阵容。这些仪式中的神，尤其是数量众多的护法神，大多以凶恶、威猛、狰狞、怒目圆睁的怒像出现，以红色、绿色、黄色、蓝色等鲜明色调突出其情绪特征，形象、生动、夸张的面具与鲜艳的服装给人以强烈的视觉效果。表演者借助音乐、服装以及法器展现了一个神灵的世界：有赞王、妖女、游方僧、巫师、孩童、本土鬼神等各种角色，可见，"羌姆"人物造型已模式化并达到了较高的艺术水准。对于整个象征表演，演者和观众有着各自的理解和认识，不管是出于禳灾还是佛教的动机，他们都在这种庄严、神圣的气氛中受到感染，

---

① ［法］石泰安著，耿昇译：《西藏史诗和说唱艺人》，中国藏学出版社2005年版，第392—394页。

② 孙林等：《〈格萨尔〉中的三元象征观念解析》，《西藏研究》1997年第2期。

得到升华。"'降神'仪式在极强的宗教氛围里进行和结束，每个参加'降神'仪式的人，都会被宗教的神秘力量所震撼。"① 桑耶寺是"金刚舞"的发源地，郭净以西藏桑耶寺仪式表演为例，揭示了桑耶寺祭祀的多重意义。② "羌姆"展示了佛寺镇魔的功能，也借表演向广大民众阐释深奥的佛理、教法。观者也是朝圣者，来自附近农村和牧区以及西藏各地的上万之众前来观看"羌姆"、参与拜佛、进香以及"大王巡街"仪式。随着妖魔驱逐仪式的结束，宗教气氛下的肃穆、阴森感也随之消失，观众也像获得解脱似的感到精神上的轻松和愉悦，那是一种对未来的无限希望。

藏戏的服饰是藏族宗教服饰艺术化的直接体现，藏戏角色和人物的外观造型大胆地借鉴了"羌姆"服装及面具的特点，随着后来的逐步丰富和完善，面具造型出现了瓦状面具、立体套头面具以及门帘式面具等形式，服式上也更突出了藏族鲜明的民族风格和地方特色，如无袖藏袍，花镼氇围腰和藏族化的项饰在藏戏中出现，从而使藏戏人物角色接近普通百姓的生活，更具有艺术感染力（彩图26）。藏戏面具性格鲜明、形象突出，集中概括了人物的个性特征。藏戏人物自身蕴涵的神灵属性和宗教情感意念主要由这些精制的面具表达出来，如表现罗刹、魔女的可畏、恶鬼、食人鬼的形象，往往以狰狞的、龇牙咧嘴、怒目圆瞪、披散头发的面具表现，《卓瓦桑姆》里的一个心毒于狼的妖妃就是巨齿獠牙，脸上长着大黑痣的模样。而"萨温巴"面具则代表渔夫或猎人，表达了颂扬神灵、祝愿吉祥的愿望。藏戏戴面具表演，使其成为一种独特的戏曲表演艺术，更重要的是，表现了受宗教渗透的独特的审美趣味和艺术表演法则。只是后来，受到汉族戏曲的影响，出现了有些角色在脸上直接化妆或将平面面具象征性地戴在头顶一侧的情况。

当一个神巫戴上插有羽毛的帽子，穿上特殊的服装时，他就即刻变成了一种精神力量（神），他代表他所附体的神灵说话、跳舞，受着精神力量的支配，而扮演者的身份已显得并不重要，神灵也成为有血、有肉、有情感的有情众生（彩图27）。同样，羌姆的表演中，各种各样的神、魔、动物齐来显现，模仿神灵世界的往事，佛主是天堂圣地的主宰，骷髅鬼卒就是地狱鬼界的管理者。在

---

① 次仁央宗：《西藏贵族世家》，中国藏学出版社2005年版，第387页。
② 郭净：《多重意义的祭祀空间——以西藏桑耶寺仪式表演为例》，《思想战线》1997年第3期。

"仲巴"戴上他那装饰着非常繁复的小帽时，他就是格萨尔，他获得了格萨尔的智慧、权力和勇武。无论在宗教仪式、藏戏表演或史诗说唱中，不仅扮演者自己发生了转变，而且作为观者，也情不自禁地被表演所吸引，也加人这种转变的行列之中。在宗教活动和仪式中的服饰突出了宗教的神秘性，增强了宗教在民众中的感召力和影响力。宗教服饰的象征不仅仅是为了表明一种复杂的观念或意味，它还具有提高宗教的精神性或感情性的效果的目的。

在藏族人看来，人和神也像天与地、日与月、物质和精神等概念在成双成对后产生着矛盾，这种对立现象是可以通过巫术的力量来得到解决的。[①] 事实上，无论是处于自然状态的民间宗教还是体系完备的佛教组织，他们都清楚地意识到宗教生活的世俗价值——充当人神沟通的媒介。他们不仅有对世界结构的牢固把握，同时也有神秘的心灵智慧，这就是他们所拥有的纯熟的象征方法。下面引用一段关于红教（宁玛派）僧人大发辫的解释，以观其思维的特点：

> 至于红教僧的大发辫，原来在他们密宗的理论上有许多解释；黑黑的头发，象征法身；上边有各种庄严，象征报身；头发较多，象征化身。盘在头上，主要意思是恭敬师尊，常想老师坐在头上，以头顶戴老师。盘起头发，算是给老师预备座位。头上的大辫子共有 58 股，象征 58 尊忿怒神，头上周围的蓬松头发，象征空行母。念经的时候，有时把头发披散在背后，为的使人害怕；有时以发击地，乃表示压下了敌人。再则头发的外表象征佛殿，其本身即是佛体。他们念经的时候，要两眼时常望天，为的是静听空中神佛说法；且对天地间任何风吹草动的天籁，都要听作佛陀宣示的密咒。[②]

法身、报身、化身，上师、忿怒神、空行母；佛相、佛法和佛本身，充分体现了苯教的三元结构特点。

服饰在宗教活动中充当神圣的象征符号，很大程度上还依赖于色彩强大的表现力。藏族对色彩的偏好是显而易见的，那就是广泛采用纯度很高的色泽鲜亮的红、白、绿、黄、蓝黑等色，宗教仪式中的服饰更是尽其亮丽、繁复，给

---

① 孙林：《藏族苯教神话的象征思维及其固有模式概述》，《西北民族学院学报》1993 年第 2 期。

② 于式玉：《于式玉藏区考察文集》，中国藏学出版社 1990 年版，第 3 页。

人以威慑、震撼之感。阿恩海姆说："色彩能够表现感情。"① 颜色作为表达情感的象征模式归根结底源于宗教——苯教中代表五种本源的象征色，后来被佛教所借用，以此奠定了藏族文化环境中五色蕴涵的浓厚的宗教情感。有关五色的象征有一定的模式：在不同场景中对应不同的象征意义。五色在方位、五性佛、藏戏面具和五色经幡中都有各自对应的寓意，见图4-4。

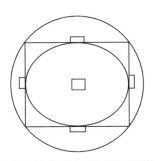

色彩名称	方位	五色经幡	五性佛	藏戏面具	象征意义
天蓝、藏青	中央	天空	不动如来	猎人	佛教文化中代表威严、愤怒、杀戮；老百姓使用则显示富足
白	东方	云	金刚萨锤	男性角色	慈祥、纯洁、美好、吉祥的象征
黄	南方	土地	宝生佛	高僧大德	兴旺、财富，也象征宗教
红	西方	火	阿弥陀佛	国王，浅红用于臣相	佛教文化中是权势的象征
绿	北方	水	不空成就佛	女性角色	平民颜色，在佛教中表事业

图4-4 坛城示意图及五色象征意义

笔者根据阿旺晋美《藏地原色》所制，原载《西藏人文地理》2006年7月号

黑色具有多义性，在苯教教义中一般代表黑暗、恐惧、野蛮，在佛教寺庙中护法神用黑色，有镇邪的意思，而在民间黑色却有"财富"的含义。而在藏族聚居区的其他地方普遍把黑色理解为护法神，用于服饰中有驱邪护身的象征意义。在具体的环境或不同的情况下，某种颜色也有不同的理解，如藏戏中的

---

① ［美］阿恩海姆著，常又明译：《色彩论》，云南人民出版社1980年版，第13页。

神舞面具"更",为神的仆从或使者,凡眼难见的魔障、灾难等,"更"均能克除,其面具色彩上,男"更"白色,女"更"为红色。

在民间,藏族服饰秉承了宗教象征的基本精神,以一定形式的外在物象引起人们的联想、想象和情感体验,来满足人们求福避灾的心理愿望。这种思维能力的形成,最终实现了服饰由视觉形象向象征内涵的转化。四川松潘一带的妇女头戴一种手工缝制的布袋,用琥珀、玛瑙、珊瑚等装饰。据说布袋象征魔石和蛇。当年修建布达拉宫,屡建屡塌,松赞干布请一卦师占筮后说:"因为女人污秽,惹怒了天神,只有让所有女人戴上魔石和蛇,天神才能息怒。"① 在藏人看来,魔石是一种价值较高的护身符,尤以九眼珠为最;蛇,是来自萨满信仰的东西。扎巴地区仲西乡女子的长袖高腰外套后背有一个三角形的切口,向外翻呈三角形。当地人讲,这主要是为了镇服活鬼。在旧时,该地人认为一百个女子中九十九个是活鬼。为了防止女子成为活鬼,缝衣服时在其后领处剪一道口子,并将其向外翻呈三角形,当地人将其视为魔鬼的心,意思是剖开了魔鬼的心,消除了女子的魔气。另外,在女子上装后背裙摆上有用黄、蓝、红不同颜色的三角形若干,当地人将其称为"吉珠"(意为三角形),其形状似活佛驱鬼时所做的三角形糌粑,也是用于防止魔气。② 也有的地方分别把象征神或魔的头饰佩戴于头,以祀之礼,希冀获得好运。如卓尼农区的"三格瑁"妇女的"珊瑚斑玛"头饰是"拉"的头饰,"拉"(Lha)是高居天上的神,可以帮助人类,给人类带来幸福;半农半牧区的"提提玛"头饰是"鲁"的头饰而形成的,"鲁"(klu)是地下的一种水神,祭祀它会给你带来幸福,反之,则会带来疾病和灾难;牧区的头饰"箸姑"是"魔"的头饰,而"魔"居住在地狱里,它有九个大脑袋,靠吃人肉和动物肉存活,一旦接近无生还之道。③ 人类学者指出:"如果象征符号因其内含的意义而具有影响人的力量,那么,操纵这些符号的宗教仪式的执行者更能够增强这种力量。"④ 一块由活佛开过光或念过咒的红布"都巴"(mdud pa)成为藏族人随身佩戴的护身符,可以祛病、消灾、保平安。戴久了或不小心弄脏了也不能随处乱扔,要拴在树上,不然会惹怒神

---

① 达尔基:《阿坝风情录》,西南交通大学出版社1991年版,第122页。
② 刘勇等:《鲜水河畔的道孚藏族多元文化》,四川民族出版社2005年版,第45页。
③ 宗喀·漾正冈布等:《卓尼生态文化》,甘肃民族出版社2007年版,第524页。
④ 童恩正:《文化人类学》,上海人民出版社1989年版,第255页。

灵（彩图28）。

祭司在举行仪式时所穿的法衣或使用的道具更是具有某种非凡的力量。曾作为代言神巫道具的扳指（戴于右手拇指上的空心厚银戒指）就成为一个令人向往的、具有极强法力的护身符。① 过去，在藏历新年期间，拉萨有一种被称作"折嘎"的人，头戴面具，身着白色毛皮衣服，手拿"扎且"（一种乐器）到各家门前演唱祝词，他走到谁家，谁家就感到十分高兴，认为全年会有好运，并赠送他好吃的东西。

今天，藏族服饰中一些装饰性很强的饰品或服装构件，也是自然崇拜、多神崇拜或图腾崇拜的遗迹，有的已渐渐淡化了它的宗教色彩，演化成一种纯装饰性或实用性的服饰的一部分。如硗碛藏族妇女在盛大节日佩戴精美的银制装饰品"大鹏鸟"，当地人称为"琼"，其形一爪握蛇头，一爪捉蛇尾。这是一种苯教天神崇拜的显现。当地人认为，"琼是天上飞的，最凶，天上的东西都崇拜"②。在偏远的山区或牧区，如西藏错那、洛查、阿里以及甘孜的一些牧区，时常还能见到妇女的背上背着一张完整的小牛皮或山羊皮，皮毛向内而皮板朝

图 4-5　牛皮背披

---

① ［奥地利］勒内·德·内贝斯基·活杰科维茨著，谢继胜译：《西藏的神灵和鬼怪》，西藏人民出版社1996年版，第488页。

② 据邹立波在硗碛藏族调查时所作记录。

外，小牛皮头部必须朝上，牛尾朝下，四肢向两侧伸展（图4-5）。虽然牛皮可以隔潮保暖，背东西时可以避免磨损衣服，但是这种装扮方式表达了藏族人对牛图腾崇拜的敬意，认为它有驱邪护体的作用。① 至于西藏地区妇女的奇形怪状的巴果、巴龙、巴珠等头饰，虽然现已不能理解它的象征含义，但笔者推测这些头饰最初可以产生于某些动物形象或动物的某些部分（爪、角、牙或皮等）的模拟创造，其目的无他，还是希望通过佩戴这些饰物能够获得神灵感应。

---

① http：//www.e56.com.cn/system_ file/minority/zangzu/fengsu.htm.

第五章

藏族服饰美学分析

　　藏族服饰是藏民族在长期的生产实践和社会生活中创造的具有地域特色的物质文化，同时，它也是藏族审美艺术的重要组成部分，起着丰富和美化生活的作用，体现了藏族审美的理想和精神追求。藏族服饰的美是令人惊叹的，它像高原上一朵盛开的格桑花，鲜艳夺目。它粗犷，但不失厚重；它华美，但不失质朴；它繁缛，但不失生动。从艺术审美的角度来考察藏族服饰文化的表现力，有利于人们对藏族服饰这一客观对象的美学因素的认识，从而揭示藏族服饰的审美价值及视觉吸引力的内在根源。藏族服饰的美是直观的，同时，又具有内在的蕴含。就其外在形式来说，这种生动可感的具体形象不仅包含或体现了特殊的高原生存环境和社会生活的内涵，而且还能够引起人们特定的情感表达，如奔放、幸福、富足、快乐等，是合规律性与合目的性的统一体。具体来说，藏族服饰审美包括两个方面：一是通过形态、材质、色彩、图案、装饰等方面的美学特征和意蕴来探讨服饰的外在因素如何引起或传达人们感官和情绪上的美感。二是与藏族社会的文化背景相结合，从一个更高层次上来审视藏族服饰的外在特征，从而领略一种与精神、情感相联系的具有社会内容的美，这也是藏族服饰的审美心理观念外化的过程和原因。在实际的审美中，两个层次的审美往往是融合在一起的。本章根据衣与饰的不同功用（衣突出了人体需要的物质功能，而装饰更多地表达了服饰在社会生活中的精神需求），将衣与饰分别加以讨论，在此基础上，探讨藏族服饰蕴藏的丰富的审美含义和价值。

　　对于藏族服饰，即便是一个不了解藏族文化的人也会为之感动，通过对藏族文化的了解，我们不禁会为藏族服饰这一伟大创造而折服，还会体验到藏族服饰所蕴含的更多社会内容的美。

第一节　服装形态的美学特征

美的基本特性就是它的形象性，也就是说，任何美的事物都有由一定的形体、色彩和质料等构成的外部形象。藏族服饰能够给人以美的感受，就是因为它具有美的形象。一个事物的美可以从不同角度进行观察，比如服饰，可以有造型方面的美，质地方面的美，色彩方面的美，各因素的美是构成服饰美的基础，但必须统一在一种风格中，否则就谈不上美。这就如同把不同人的漂亮眼睛、鼻子、嘴巴、耳朵等组合在一起也并不一定能得到一张漂亮的脸一样。所以，服饰审美中要正确把握服饰整体与局部的关系，要从整体上把握藏族服饰的形象。藏装的整体美依附于形态的线条、色彩、衣料肌理以及某些形式美规律的巧妙结合。

从前文知道藏族服饰的形态由上衣、下裙（裤）、足衣、首衣以及耳饰、胸饰、腰饰、头饰等衣装和饰品的具体形态构成，每一件藏装都是以整体的形象呈现在人们面前。由于藏装外袍宽大、结实，注重服装线条的流畅和运动感，而不拘泥于各部位的细节，强调整体效果。所以说，藏袍的结构、形态是构成藏装风格特色的主体，对藏族服饰外观美起着至关重要的作用。藏袍的结构以及它与其他组成部分的组合方式是藏装风格特色的决定因素。

藏袍是一种上下相连的服装，其结构简单，轮廓分明，线条柔和，强调袍的宽松和厚重，肩、袖、襟的变化丰富，下装（女子为裙）相对简单。同样的结构部件，由于局部结构的变化以及造型中的点、线、面等形态语言的变化，形成了无领无袖的"古休"、大襟无袖的"普美"、大襟长袖的"褚巴"、无袖对襟的"长坎肩"等类型。在同一类型中，由于服装面料、装饰方法以及色彩、图案的不同也会形成不同的式样风格。青海牧区的藏袍较为单一，多用羊皮制作，而且不挂面，白色羊毛从襟缘、袖口露出来，腰系亮色绸带，轮廓清晰柔和，显得厚实、温暖；而四川甘孜州康巴汉子的藏袍形态复杂而多样，有细绒氆氇袍，也有用彩色绸缎做面的夹袍，其襟缘、袖口和下摆用皮毛或织金绸装饰，色彩明快，宽大的袍身用腰带紧系，经折叠的衣皱随意自然，胸前形成囊袋，显得潇洒、飘逸；西藏藏南一带的男子则喜欢穿白氆氇藏袍，腰间垂两根绿色飘带，领口、袖口、下摆处镶"十"字花纹的花边，给相对单调的藏袍带来一些色彩变化，他们有时也穿短装，显得精干和利落，很有精神。在男女藏袍穿着方式上，又因腰带的系位差异而改变了服装造型的点、线、面的构成，凸显着装者的不同形象，给人们造成不同的感受。女性藏袍长及脚踝，腰带束位较高，使得下裙占着身体的大部分，加上衣褶集中在腰后，看起来前面表面板整，忽视了下部的人体曲线，故女性服饰的视觉效果庄重高雅，从后面及侧面来看，又显示出女性的婀娜多姿。而男性袍摆处于膝盖上下，露出大截宽松的灯笼式的裤腿，裤脚紧束于靴口，方便大幅度的动作，极富运动感，尽显沉稳、阳刚的男子汉气概。为什么男装和女装的不同穿着方式能让人产生不同的感觉呢？这里有一个视觉"中心"的问题（任何一种服装款式，都应有一个中心，它一般依据形态特征和由观感所受的各种力的相互作用来确定这个中心）。女性腰带系于上部，服饰形态上小下大，在胸前各种线条和点（各种佩饰）汇合形成"中心"焦点吸引着人们的注意力，而下装的宽大对称给人一种沉稳端庄的感觉。男子腰带靠下，几乎将人体等分为二，整体看身体上大下小呈 T 形，经腰带紧束的宽松袍服自然形成各种皱褶。"中心"下移以及流畅线条的作用，使平衡中生出变化的感觉。

藏袍是一种平面结构的式样，它不需要符合人体的体形和尺寸。宽大的藏袍穿在身上并不是人体曲线的简单复制，基本上改变了藏袍原来的形态，成为一个创造的"新人"，这就是藏族服饰形态塑造的任意性特征。如前面所述，同一种类、同一使用功能的服装也会有多样、漂亮的形态。服装造型中点、线、面、体是塑造不同服饰形态的元素，其中，线在藏袍的造型艺术中起到了关键的作用，它犹如写意画中的淡墨重彩一样，是塑造服饰形态中无声的语言。藏族服饰十分宽大，厚重的袍身勾勒出了服装的外形轮廓，多曲线，少直线，线条的曲折、徐疾、柔婉、挺拔之间尽显个人主体的情感。随着人体的行走、跳跃、上下肢的屈伸、回旋等有节律地运动，宽松的离体部分就产生摇摆、蓬松和飘逸的现象。而西装等现代服装则完全不同，其线条如同机印汉字一样横、撇、竖、捺有条不紊，多直线，少曲线，很少有褶皱起伏的自由。

从藏族服饰材料上看，服饰材料的恰当运用是显现服饰特质和整体表现力的一个重要部分。各种衣料以其自身的性能特征（主要指质地和纹理）影响服饰形态，形成或柔软、或流动、或坚挺的艺术效果。一般来说，光滑的材料用于装饰性强的服装，粗糙的材料用于轻便实用的服装。藏族服饰的材料非常丰富，民间艺人形容其面料之多时往往说："从大缎、氆氇、织锦缎，到羊毛褐子等以上，取出不同衣料九百种。"[1] 从衣料质地的视觉和手感（服装面料的肌理通过视觉、手感和体感显现出来）来分类，大致可将藏族服装的面料归纳为四类：

一类是毛织物，包括氆氇、毡子、毡布、毛尼料等，其厚重、柔韧及精细的纹理给人以温暖、平整、高雅的感受。

二类是丝绸织物，包括缂金丝织物、丝缎等，其特点是亮丽、平滑、细腻、挺阔，这种质料给人以华美、高贵的直接感受。

三类是化纤或天然混纺织物，如织制考究的呢料，给人一种庄重、雅致的美感。

四类是动物皮毛，包括皮与毛，如羊皮、牛皮等，给人一种结实耐用的感觉。水獭、虎豹等的毛皮具有天然的纹理和高贵的特点，是最为理想的装饰材料。

在衣料选取上，藏族同胞广采博取，雅俗适度。根据使用场合和功能来选取使用何种衣料。用于佛事场合，要选用庄重文雅的高级面料；用于婚嫁场合，要选择喜庆华贵的面料；用于民间节日，则要鲜艳特别的面料；用于平日劳作的服饰，则要耐磨便宜的面料。无论是用于什么场合的服饰，都注重实用和审美的结合：宽松得体，舒适大方。

在藏族服饰的造型风格中，装饰的造型也是塑造藏装形态不可分割的重要部分。藏族饰品以金银饰品和各种宝石为主体，其形态夸张，样式奇特，讲究体形和结构的大气，比其他民族的饰品都粗朴、大方。男子佩戴的佛盒"嘎乌"有的达到30厘米，康区女子头饰银盘大如圆月，戴于头顶十分突出。安多藏族女子的背部的银盾也是大如斗碗，背饰盖住了整个背部。头饰、胸饰、颈饰、耳饰等上面的绿松石、珊瑚、蜜蜡等也是越大越好，大如拳头者不在少数。这些大小不一、形态各异的饰品数量众多，是服饰形态中具有审美意义的部分，体现了藏族同胞豪放、粗犷的性格特征。本章下节将作进一步阐述。

从总体上说，藏族服饰的形态是建立在藏族服饰实用功能的基础上的。从

---

[1]　叶玉林：《天人合一 取法自然——藏族服饰美学》，《西藏艺术研究》1996年第3期。

藏族服饰产生、发展的历程来看，这种形态美并不是基于纯美的需要出发，应该说它是适应自然环境和生产生活方式的结果。便装要求得体耐磨（面料多用毛织物制作），夏装要轻便透气（用布制作），冬装则需防风保暖（多用羔皮制作），就是体现的实用原则。藏装的每一个构件是必不可少的组成部分，各构成部分的尺寸也适合于它所应有的功能。宽大的袍袖方便双臂自由运动，长袖为保护手不被冻伤，长筒靴后跟开衩是防止骑马时从马上摔下来，袒袖可以调节体温，戴帽是为了保护头部，起御寒防晒的作用。宽大的袍子还是藏族同胞夜间简便的被褥，即所谓的"日衣夜被"。可见，藏族服饰形态是适应高原气候与游牧生活方式的需要，体现了御寒、保暖、舒适、方便的实用原则。在艺术美学中，适应是一种合乎目的的美，即适用的是美的。当你身处雪域高原时，你会为藏族的聪明才智而叹服。姚兆麟曾记述了他当年在 5000 米的羌塘高原，身穿棉衣棉裤背负重物行路的情景：行没多久就全身冒汗，一个多小时后，就觉得衣服成了累赘，中午更是大汗淋漓，后来干脆把棉裤脱了才觉得好受一点。[1]作者深刻体会到藏族背负方式以及藏袍在高原气候中的适应性，宽大的袍服既可以透气也便于穿脱；藏族同胞背东西一律将绳套挎在两肩三角肌外侧，这样没有自上而下对身体的压力，而且胸部没有束缚，不影响呼吸。因此，可以说藏族服饰这一物质文化展现了藏族人民的聪明才智，体现了藏族对高原自然环境独到的认识和理解。随着历史的演进和发展，今天的藏族服饰式样已经突破了纯粹的实用功能而成为生活中的审美内容，如藏族妇女的五彩邦典，腰饰奶钩、火镰等都已完全成为美化的形式。

作为一个区域性服饰或民族特色的服制形式，比较现代社会的大众化服装式样具有相对稳定和艺术化的特征，为什么呢？不仅因为它具有的适应自然的实用功能，更重要的是因为服饰形态中还蕴含了丰富的社会内涵，反映了藏族同胞的审美心理和观念，是民族文化心理的物化形式。比如藏族袒右（俗称"露一手"）的穿着方式是藏装的基本特征之一。前面已述，藏袍褪下一袖或两袖主要是散热和方便劳作，这是高原民族在游牧生产生活方式中适应高原气候环境的智慧。应该说这种习俗产生很早，晋宁石寨山出土的战国至秦汉时期的青铜器人像中就有袒露一臂或双臂的人物形象：头部辫发，均穿袍式衣服或毛

---

① 姚兆麟：《雪域甘苦话当年》，载郝时远主编：《田野调查实录》，社会科学文献出版社 1999 年版，第 372 页。

皮披风。学者们推测，这是距今最早的藏族先民的形象。① 然而，今天的藏族同胞认为祖右是受到佛教的影响，因为佛祖身着袈裟也是祖右的缘故。佛教的传入全面地影响着藏族同胞的生产和生活乃至观念，他们把对佛主的尊崇和佛教的信仰内化到行为和思想中，自然也容易将这一产生久远的形象与佛祖身披袈裟的形象联系起来，以此来表达虔诚的宗教情感。另外，藏族服饰的形态还有一些相关的传说，如藏袍上爱用动物皮毛镶边的来历，据说是吐蕃时期松赞干布奖赏英勇战士的标志，这种制度的订立也符合当时人们的审美心理，用猎物皮毛来装饰和美化自身，因为这些装扮象征勇敢、力量。在民间还流传着的一些服饰就是当年文成公主服饰的遗存，如乡城"疯装"等。这些社会的、历史的、宗教的因素作为一个潜在的意识或价值观念影响着服饰的形态，成为表达情感的一种方式。所以，从服饰形态来看，藏族服饰是适应自然的结果，也有着相适应的社会内涵，反映了藏族长期以来的审美观念和审美情趣，是实用和审美的统一体。

藏族服饰形态结构上符合于一定的形式美原则。比如在造型、色彩方面的对比、和谐、对称、均衡、主次、比例、节奏、韵律、多样与统一、安定与变化等，然后灵活运用点、线、面、体的组合，达到服饰的审美追求。

多样与统一的美学法则在藏族服饰形态的塑造方面得到了很好的体现，可以说正是藏族服饰的这一特征，让人感受到藏族服饰的无限趣味和艺术价值。藏族服饰在结构、材料、图案、饰品、色彩及整体形象等方面具有共同的风格特征，这并不否认构成服饰形态的这些因素存在的差异，前面所述的由不同地域文化、不同人群以及不同使用功能等原因而呈现出不同的服饰形态和美感就是多样性特征的表现。

藏族服饰形态的多样性还体现在里外服装的不同组合以及装饰的搭配。藏装由内外多件组成，有层次感。藏装穿着时，通常要褪下右袖，有时褪下双袖，露出里面的衬衣，因衬衣的质料、款式、色彩等因素的不同而形成不同的服饰风格。如夏天女子穿的无袖袍，一般里面配搭一件长袖衬衣，斜襟翻领正好遮盖在无袖襟上，如同袍裙的领口一样。在色彩上一般是外面为深色，如墨绿、褐色、深咖啡色，衬衣或鲜艳或淡雅，有的还穿印花衬衣。相反，男子在穿着

———————————

① 安旭：《藏族服饰艺术》，南开大学出版社 1988 年版，第 39 页。

缂金缎面的袍服时，里面往往搭配纯色的衬衣与裤子。而平时的服饰相对盛装虽然朴素得多，但是缘边的装饰是少不了的，充当装饰用的材料多为艳丽的氆氇花边、织金缎或者呈斑纹状的豹皮、水獭皮等，与大面积的深沉色块形成点缀。男子一般内着麻质、丝质立领式衬衣，外面套一件坎肩，露在袍外显出一种丰富的层次感。在藏装中，不同地区的里外衣组合方式是不同的，相似或相同的内衣配以不同的外衣，是形成不同族群服饰的特色之一，反之亦然，相似或相同的外衣配以不同的内衣，也可以区分出不同的人群。这种现象在两个相邻的人群中经常见到。比如西藏拉萨的妇女一般内着白色或印花斜襟衬衣，外袍颜色较深，系色泽淡雅的细条邦典；而江孜一带的妇女则外面着花氆氇制成的坎肩"当扎"，围裙色条比拉萨宽和艳；同为牧区的藏北高原牧民与青海地区的安多牧民的服饰形态也因为外袍的差异而呈现出不同的服饰特色。装饰的不同在塑造服饰形态上的作用不言而喻，从前面第三章的内容就可看得出，各种服饰类的区别很大方面就是各地区装饰上的差异，包括佩饰、色彩以及图案等。如嘉绒地区的女子一般都身着长衫，下着百褶长裙，系花腰带、围腰，头顶折叠多层的布帕，这是嘉绒女子服饰的基本款式。但在族群内部不同县域之间，甚至不同的村寨之间是有差异的，这种差异主要体现在装饰上。比如，小金人顶黑色或蓝色头帕，理县柯苏人顶花帕子，五屯人则用青布头帕，前胸和后背都有吊牌；马尔康的妇女头梳百根细辫，身上装饰品如牧区一样丰富、繁复，头、耳、项、手、腕、腰间都有饰品，材料多用金银器、珊瑚、蜜蜡、松石等；康定鱼通女子穿宽花边长袍，袖子很大；小金县别思满屯的女子则常穿黑色、灰色长袍，拴青色或绿色布腰带。从上面的分析，可以看出藏族服饰形态以变化减少雷同，是统一的多样，也是多样的统一，其丰富多样性是藏族服饰具有巨大魅力的原因。藏族服饰形态多样性的塑造，会受到许多方面因素的制约，这些因素包括：服饰质料、人体结构、审美习惯、工艺技术、着装场合、实用功能以及社会价值观念等。

　　节奏与韵律的美学法则在藏装上表现得非常突出。节奏是通过一定形式的反复形成的一种有条理的美，服饰设计中存在多种表现形式：有规律节奏、无规律节奏、放射节奏、各部位体积节奏、结构线组织节奏、面料色彩节奏、面料明暗节奏、面料质地节奏等。① 韵律则以节奏为基础，形成渐变、排比、交错等变化的韵味。邦典上，相同或相似色相的色条的反复排列，形成了藏族服饰艺术的一大特点，十分具有装饰的趣味。而佩饰中依靠饰品进行有规律地排列组合来增强服饰的节奏感和韵律感的情况随处可见，如头饰中同一类型发箍的佩戴，项饰中与天珠、松石等距离间隔，串饰中按大小次序排列形成的节奏与韵律。另外，藏装中还运用单一图案的重复排列，如"十"字纹、雍仲纹或几何纹来装扮藏袍的襟边、下摆、袖口，让人感到一种节律的装饰美。又如，藏族女子自织的花腰带，上面不仅有同一图案的反复，还有色彩上的重复变化，都给藏族服饰形态营造出一种别致、丰富的节奏和韵律。此外，节奏也可以是运动的秩序，在大型的节庆活动中，经常可看到衣着相似的藏族个体在广阔场景中有序地移位和动作有节律地变化，从而形成气势上的节奏和韵律。

对比与调和是藏族服饰艺术的基本特征之一，对比是把截然不同的矛盾双方放在一起，调和则是消除差异双方的对立，以达到协调一致。服饰中的对比与调和是民族服饰中常见的形式美法则之一，藏族服饰也不例外，如服装形态上的直线与曲线、大与小、方与圆、硬与软、多与少、水平与垂直等，这些属性不同的元素主要表现在服饰结构、材料、饰品等方面。如胸前佩饰中的圆形珠饰与方形"嘎乌"，大襟直线与腰部形成的曲线褶皱，柔软、光滑的丝织面料与粗糙、干涩的毛料等都给人强烈的对比印象。同样，藏装中由于点、线、面、体的丰富变化和多种面料的运用，又总体显示出和谐统一的效果。对比与调和的表现最为引人注目的要算服饰色彩上的运用，如红与绿、黄与蓝、黑与白的对比，在鲜明的对比色之间，还巧妙地运用金色、复色或者黑、白等中性色等来增添协调的因素。这种色彩上的对比与调和构成了藏族服饰艺术的一大审美特征。

对称与均衡的美学法则在藏装中运用广泛。衣的两肩、两袖、裤的两腿等无一不是对称的形式。对称包括左右对称、上下对称、辐射对称。由于人体两侧本身是对称的，因此，从衣服的裁制上基本上体现了对称的原则，这是显而易见的，不用多述。在装饰上，饰品的串结方式体现了对称的美，如项饰的串结基本以人体为中轴，左右两边的珊瑚珠大小、数量都呈对称形式，其间还

---

① 华梅：《服装美学》，中国纺织出版社 2003 年版，第 90 页。

等量地间隔其他不同色彩和类型的宝石，是一种均齐的对称。再如，服装后背上缝饰的如意卷纹也是左右对称的，这种对称的应用给人造成稳定端庄的感觉。但是，如果完全是对称的形式而没有变化，又会使人感到乏味、平淡、毫无生气，给人呆板的印象。而均衡则是在一种非对称的形式中获得基本稳定而又灵活多变的形式美感，藏装形态的"动感"就是一种均衡的表现。藏族服饰不仅让人感到平稳、安定、大方，而且还因特殊的结构创造了无限的变化，极富动感和韵律感。如，藏装的大襟，一条长长的斜线打破衣服左右的平衡，再者，藏民族袒右的着装方式（穿左肩落下右袖的形态）更是加强了不对称的效果，但因对称性的人体以及左右两边的空间、大小、样态的微妙变化却能给人立体的对称和平衡感。从着装方式上看，藏装穿着给人以两种不同的印象：一种是静的，一种是动的。两袖都穿上时是一种稳定、庄重的感觉；两袖呈不对称式样时，是"动"的形式，给人一种潇洒、旋动、轻快等感觉，显得生动而富有朝气。可见，不对称的平衡要比对称的形式更富有趣味。① 所以，有学者评价藏族的服饰"不仅是一门静止的文化，也是一门运动的文化。它所具有的意义和价值不仅在于服饰本身的造型，而且在于服饰作用于人时，所表现的风格特色与文化内涵，以及完成这种特色的表现的全过程"②。舞蹈中的服饰充分地显现了藏族服饰形态均衡的运动美。在茶余饭后、劳动之余或节庆仪典上，都会看到他们载歌载舞的情景：长袖飞扬，衣摆和袍裙上下旋动，时而疾步如飞，时而流水缓步，在举手投足间其服饰形态可谓"千姿百态"，恰当地表现出藏族舞蹈的基本特征，从这个意义上说，藏族服饰是藏族舞蹈的天然道具，两者的结合给人们带来相得益彰的审美感受。

第二节　装饰的美学意蕴

藏族民间有这样一首民歌：

---

① 藏传佛教僧伽的袈裟也是一个例子，穿着时将一长条方单缠绕于身，这种款式通过线、形、大小、方向等的变化改变了身体左右平均分量的平衡，产生一种奇妙的艺术效果，给人一种动中有静，静中有动的生动意境。

② 叶星生：《西藏城镇与草原服饰及其图纹艺术的分析比较》，《西藏民俗》1997 年第 2 期。

美丽的蓝天是松石的宝盆，

灿烂的太阳是纯金的装饰；

只要你松石的宝盆不变，

我纯金的装饰自然和你在一起。

雄伟的雪山是水晶的宝盆，

勇猛的狮子是银子的装饰；

只要你水晶的宝盆不变，

我银子的装饰自然和你在一起。

碧绿的海水是翡翠的宝盆，

金银的鱼儿是珊瑚的装饰；

只要翡翠的宝盆不变，

我珊瑚的装饰自然和你在一起。

圆圆座席是幸福的宝盆，

少男少女是吉祥的装饰；

只要你幸福的宝盆不变，

我吉祥的装饰自然和你在一起。①

民歌以藏族同胞生活中常见的事物：松石、水晶、翡翠，以及太阳、狮子、鱼儿等来象征世间万事万物包括人与人，人与自然，人与社会之间这种和谐共处，相互依存，相互装饰的关系，这就是藏族同胞特有的装饰观。

这里的装饰，包括对服装本体起修饰作用的一切元素，具体指饰物、色彩、图案等。装饰在藏族同胞那里是具有高品位的艺术，在长期的历史发展中形成了较为固定的为本民族大众喜闻乐见的形式，并由此创造了颇具美感的艺术效果。如明快的五色，常见的金线边、对角连心图案、吉祥结、福寿图等程式化图案的应用，对金银、宝石的喜爱以及遍及全身的装饰品。

一、色彩

色彩是服饰美的灵魂。在服饰的外在形象中，色彩与形态是吸引注意力的主要部分，尤其是鲜艳的色彩，人们对于色彩的感受远远超过事物的形态。

---

① 叶玉林：《天人合一 取法自然——藏族服饰美学》，《西藏艺术研究》1996 年第 3 期。

在藏族聚居地，各地服饰有着不同的服饰文化特色，但在色彩的选择上却很一致，这就是藏地五色：白、蓝、红、黄、绿。众所周知，色彩能让人产生不同的联想和感受，具有各自的表情属性，让人们对各色彩产生好恶和崇尚的心理。关于色彩与情感的关系理论，不少画家和美学家都有精辟的讨论。如红色会唤起人的热情，让人兴奋激进；黄色是亮度最高的颜色，它有着太阳的光芒，属于暖和颜色，带有富贵和丰收的心理，在中国历史上，它往往属于皇帝的专用色；绿色能使人产生静谧和舒适的感觉；蓝色，让人感受到的是悠远和平静，也暗含着清冷的意味。白色给人印象是洁净、光明、纯真等，黑色为无色相无纯度之色，常被人称作死亡之色，让人产生不祥和压抑之感，这些色彩感情是一般意义上的表现。不同的民族对于色彩的认识和感受是不同的，五色对藏族来说具有强烈的美学表现能力。白色，是吉利和祥瑞的象征，是善的化身，它代表纯洁、温和、善良、慈悲、吉祥；蓝色是蓝天和湖泊的色彩，它显得神秘而高远；黄色是大地的本色，同时，它又有浓郁的宗教色彩；绿色是草原的颜色，寓意生机和活力；红色则被看作是战斗和力量的象征，藏蓝和白色是藏族服饰中用得最多的颜色。藏族聚居地五色代表着藏族的情感寄托，不管是卫藏地区，还是安多地区、康巴地区的藏族同胞，他们都无一例外地选择和认同五色，这与藏族的宗教信仰密切相关，五色在苯教中代表五种本源的象征色，后来被佛教所借用。藏族对五色的偏好反映了藏族千百年来形成的共同的审美情趣和心理特征。

藏族服饰的色彩亮丽，纯度很高，几近于原色（几乎不含杂色），明快艳丽的饱和色，能够让人精神振奋，充满活力，给人以强健而愉快的美感。在广袤的高原牧场，在高峻的雪山之巅，五色经幡像一道亮丽的风景线，给高原的人们带来生机和希望。藏族对鲜艳色彩的喜好跟他们的生存环境有关，在雪域高原，天是纯净而湛蓝的，白云、雪山一尘不染，茫茫草原一望无际，黑色的牦牛散落在大地上像一颗颗黑珍珠。可以说，他们喜爱的五色体现了大自然的直观表象。另一方面，单调而寂寞的雪域高原上也需要明快鲜纯的色彩来表达藏族同胞们丰富的情感、装点空寂的生活。试想一下，被高原太阳照射，皮肤呈古铜色的藏族同胞穿上色调灰暗的服饰会是怎样的一种情景？显然，与自然背景是不协调的，也不能突出生命的活力。同样，饰品的色泽也是明快鲜艳的，符合藏族同胞们对色彩的审美追求，如红色的珊瑚、绿色松耳石、黄色琥珀、白色象牙、闪亮银器等。

色彩在有形元素中是最敏感的，容易成为给人视觉印象的第一要素，尤其是艳丽而和谐的色彩搭配。藏民们使用对比强烈的色彩，大胆组合，巧妙搭配，形成独特而富有民族个性的风格特征，成为藏族的审美文化的重要表征。藏族服饰中的色彩搭配特点有三：一是有序排列，形成有节奏和韵律的形式美，邦典和腰带的色彩可分为对比系排列、同一色系排列、多色系排列（图5-1）。需要说明的是藏装中这种重复排列并不是完全相同的重复，如邦典色条的重复中不仅有色度的差异，同时也有宽窄的变化，在邦典的拼合时还有色彩的错位重复，从而呈现出变化丰富的韵律美。二是服饰色彩丰富，主色调突出。藏装多以各类深色、重色作服色主体，再衬以浅淡的衬衣或色彩明快的宝石饰品、银制品。嘉绒地区女子服饰呈现黑色调，藏北地区的藏袍多以白、褐为主，中甸妇女外袍以天蓝为主。在邦典的色彩搭配中也有以某一色彩为主的情况，比如邦典中以黄色调为主，通过同一色系的深浅变化，一样形成色彩斑斓、绚丽多姿的效果。黄色调的邦典称为"色梯"（ser theg），白色为主的邦典称为"噶梯"（tkra theg），以黑色为主的称"那梯"（nag theg）。三是色彩强烈对比，高度和谐。藏族服饰上常有红与绿、黄与蓝、黑与白等色的对比，给人鲜明、醒目的感觉，然后巧妙地运用复色、金色丝线以及中性色黑或白色缓和色调，使色调变得和谐、明快、生动。饰物中红色珊瑚常与绿色松石、暗淡的藏银组合在一起，衬在白色或黑色的衣上，在感觉上非常和谐，再如黑发上有黄色琥珀、红色珊瑚，也有绿色松石共同组合配套的头饰，非常引人注目。图5-2体现了藏族同胞对色彩的独特认识和灵活运用。图中主要是五种色彩的变化，既有反差极大的色彩的强烈对比，也有黑白色的中性调和，同时还有不同色块重复排列、同一色系渐变，表现了一种如音乐般明快的韵律感。

图5-1　康南藏族妇女腰带色彩示意图

（Ⅰ—白、Ⅱ—黑、a—红、b—绿、c—蓝、d—紫）

二、装饰图纹

藏族服饰上的图纹充满着强烈的民族情感和宗教氛围。图纹主题多为祈盼

A1 A2 A3 Ⅰ B0 B1 Ⅰ D0 D2 B1 B0　C　Ⅱ　ⅠB3A1D01D02D03 B1ⅡC A1A2 A3 ……

图5－2　藏族妇女邦典色彩示意图

（A—红色，B0—黄色，B—绿色，C—蓝色，Ⅰ—白色，Ⅱ—黑色；

1－3表示色度由深变浅）

吉祥和美好生活的内容，如吉祥八宝、雍仲纹、如意狗鼻纹等。关于图纹的种类和内涵在第一章中有比较全面的介绍。服饰纹样的构成形式充分体现了现代图案的美学理念，其传统造型大致具有三个方面的特性：

1. 圆满性

藏族人受佛教轮回观念的影响，以及对"圆通""圆觉""圆满"境地的追求，服饰图纹也成为寄托宗教感情的载体。在图案的构成上，非常注重构图的完整和线条的圆润、丰实繁密，不论器物的形制，也不论图纹结构是对称式还是放射式，线条的粗细、数量的多少，都在这一构成的要求下，由均齐、平衡、统一、调和，以形成圆满的完整美。以藏族艺人倾注了异常热情的圆形图纹为例，它代表了完整性图纹的高度。圆的图纹既能表达藏族人民的宗教情感，又与人们的心理和生理机制相适应。工艺美术学家雷圭元曾写道："圆这一字眼，在人类的感觉上，给了多少丰润的意味！'花好月圆人寿'是以圆味来形容生活的完美，'珠圆玉润'是以触觉所感到的圆滑来形容抽象的歌声。无论是视觉或听觉，均以摩挲得到的圆的感觉表示其快感。"①

2. 习惯性

服饰中的图纹不少直接来自藏传佛教装饰图案，民间使用时虽有一定的变化，但仍沿袭了佛教图案的惯制和理念，形成了较为固定的造型模式和使用习惯。如佩饰上的"藏八宝"图案、雍仲纹、法轮、文字纹等。其他图案也有较一致的形式，如衣领的如意缠枝纹，鞋面的鱼骨刺纹以及腰带上的福寿纹、几何纹等。程式化中的图纹在民俗服饰中会根据器物的属性和形状发生相应变化，尤其是填充部分的纹样，要能相互呼应，凸显所要表达的主题，形成一种庄严高雅的气质感度。

---

① 雷圭元：《新图案学》，国立编译馆1947年版，第13页。

3. 适用性

虽然藏族装饰图案不少都已程式化，同时也会要求不同的器物纹式具有不同特性，即根据具体的器物形制而形成适合的图纹。综观藏族服饰的纹饰，除常见程式化的具象的图纹外，少有别的动物和植物图形，这是因为藏族图纹向更加装饰化方面发展的缘故。狗鼻纹、缠枝纹、云纹、雍仲纹以及几何纹在藏族服饰中大量采用，也主要因为这些纹样可大可小，随意变化，如衣摆或领角的角隅运用，火镰、"嘎乌"的适合运用，在腰带上的图纹以此形成连续纹样。圆形图纹也可根据需要自如地采用放射式、离心式、旋转式、内心式，适用于多种器物装饰，以达到美化的目的。

三、佩饰

藏族的佩饰种类繁多、式样独特、内涵丰富，反映了藏族审美意识的要求，是藏族服饰文化中非常重要的一个部分。佩饰主要由金银和宝石构成，金银部分体现了细致精巧的工艺之美，如奶钩、洛松、"嘎乌"、火镰盒、针线盒等主体饰物，银饰精雕细镂，图案精美，配上色彩鲜艳并透着宝石般光泽的玛瑙、松石、珊瑚等，颇具装饰效果，呈现出一种华贵、优雅的美感。藏族使用珠宝镶饰银器，既有工巧之美，也有朴拙之美，显示了藏族人自古以来极高的审美水准。火镰、钱包，主体造型为藏族传统形制，为对称五边心形，上面雕饰以对称的单独纹样，正中镶嵌三颗红色珊瑚珠均匀排列，画龙点睛，光彩夺目。有的银制饰盒还挂上数条细细的银链或挂缀绣品、红绿绸带，弥补了金属装饰大气有余、柔美不足的缺憾，给精致、古朴的整体风格增添了丰富的审美内涵，使其更加灵动、瑰丽。从饰品的质地上看，凸显了金属、丝绸、毛皮、玉石等固有属性美感，将粗糙与柔滑、平面与立体、厚与薄、亮面与毛面等调和统一在一起，显示了藏族同胞具有的较高的工艺技术和独特的审美情趣。藏族同胞对羽毛这一具有很高审美价值的物品也相当喜爱，据记载，羽毛很早就作为藏族人的头部装饰品。[①]

饰品以多为美，也是藏族重要的审美特征。在重大的节日庆典活动中，藏族同胞身上重重叠叠，从头到脚佩戴的饰品不计其数。在调查中，笔者曾见到

---

① 西藏早期岩画如阿里塔康巴岩画、齐吾普岩画都有羽饰人物的形象。

这样的情景：戒指、手镯戴满两个手的手指和手腕。"嘎乌"、项链更是多不胜数，有的胸前挂满了由珊瑚珠和天珠穿成的项链（图5-3）。女子腰带戴三至四条，还有腰上的奶钩、针线盒，头上的串饰、腰饰璎珞等，皆以多为美，由于这些佩饰都由金银和各种天然宝石制成，其重量相当沉。

　　另外，藏族同胞佩饰品的另一个特点就是多样的统一性。从材质上看，不仅有珊瑚珠、天珠、琥珀等宝石，还有玉器、骨器、象牙、贝类、金银器等；从形状上看，有长柱形、圆形、扁形、环形，也有长方形、心形、菱形、异形等，可以说形态各异，这些形态和质地各异的饰物给藏族饰品的自由组合提供了最大可能；从组合的方式上看，有对称组合的，有齐一组合的，也有递增排列的，藏族同胞可根据个人的喜好随意组合。因此，基本上找不出完全相同的两件饰品。结合前面叙述的在服装的结构和形态的审美原则可以看出，变化与统一原则体现了藏族艺术审美的高度。藏族服饰中的这种追求变化统一的审美心理直接源于高原先民（图5-4）。李永宪在他对藏族先民在制造和使用装饰品的过程研究中，发现了那时的先民已经形成了追求有变化的统一这样的完美形式概念的心理，"他们对装饰品造型（组合）的追求并不是简单的相同物集中，而是在相类似之中求得变化，在强调多样性的同时求得统一，从而使人体装饰品由多个物件构成的组合造型体现出一种新的人工韵律美变化统一"①。

图5-3　盛装时佩戴繁多的饰品　　　　图5-4　昌都卡若遗址出土的串饰

石硕摄于康巴艺术节　　　　　　　　　摄于西藏博物馆

---

① 李永宪：《西藏原始艺术》，河北教育出版社2000年版，第83—84页。

第三节　衣饰结合的审美价值

费孝通先生区分了衣和饰的不同功用，并且强调衣着与饰物结合的历史意义。他将这种满足人们基本生活需要的文化要素上升为具有更高层次的社会和精神的需要，并赋予了复杂的象征作用，即服饰"成为亲属、权力、宗教等社会制度的构成部分，更发展成了表现美感的艺术品，显示出民族精神活动的创造力"[①]。藏族服饰的审美文化，一方面体现着藏族儿女的物质文化创造，同时，也凝聚和渗透着极其丰富的民族精神和思想的深层含义。

第一，藏族服饰文化中，以服装华丽、饰品繁多之美作为审美标准的审美价值，体现了藏民族热爱生活的情感原则。

藏族服饰的价值非常的昂贵，一般的盛装都在百万元以上，一套隆重的藏服价值可能过千万元。尤其是像项链、腰带、首饰等佩饰，是代代相传留下来的，有的已有几百年的历史。对于藏族同胞来说，服饰具有财富的意义。普列汉诺夫曾说过，贵重的东西是美的，为什么呢，因为它联系着富有的观念。[②]同时，浓烈而丰富的色彩也反映了财富和地位，给人朝气蓬勃、生机盎然的讯息。可见，藏族追求服饰的华丽和繁多之美是一种朴素的审美心理表现，与藏族长期的传统游牧生产生活方式有关。为方便迁徙，人们将财富变成可以穿戴的服饰是很自然的事，久而久之，人们形成了以服饰来反映一个家庭的经济水平的观念。财富是辛勤劳动的成果，就像在狩猎生活中人类会将动物的爪、皮、牙齿作为勇敢、灵巧与有力的标志来佩戴一样。藏族服饰与劳动生活的关系很密切，不少饰品本来就是生产工具演变而来，如火镰、奶钩之类。在服饰展示的过程中，人们不禁会对藏族人佩戴那么多项链、腰带等饰品而感到好奇，这时他们会愉悦地告诉你：越多越好呢，它显示着财富，也蕴藏着吉祥的祝福。

第二，表达了崇尚自然，天人合一的思想。

人们的生存环境是影响审美性格的基础。在广阔、贫瘠的雪域高原，人与

---

① 费孝通：《〈中国少数民族服饰〉图册序》，《新华文摘》1981 年第 11 期，第 251—252页。

② 楼昔勇：《普列汉诺夫美学思想研究》，上海人民出版社 1990 年版，第 17 页。

自然是一体的。高原先民对大自然充满着无限的敬畏和热爱，在顺从、适应与斗争中也积极地改变着人的生存状况，将自然资源为我所用。服饰与自然密切的关系主要体现在三方面：一是形象上与自然的浑然天成，如形象上的模仿，饰品的天然朴拙，色彩的纯美等；二是服饰材料就地取材，高原产品是藏族服饰中的主要构成；三是藏装的实用功能体现了与高原生存环境和传统生产生活方式的结合。

崇尚自然的装饰风格有着深厚的文化渊源。藏族对金银器物和天然珠宝的审美表达方式并不属于现代社会时尚的审美，从其观念形态上看，藏族的这种审美活动中还杂糅了宗教的、历史的和社会的实践活动，审美内涵中具有象征、宗教、身份等意义，这些附加的意义决定了藏族人民的社会心理和审美情趣。结合上一章分析来看，藏族的这种审美意识、审美情趣与藏族同胞的自然崇拜、佛教信仰、人生仪礼相互重叠和交叉，有的观念还作为潜在意识影响着人们的审美取向，其审美意义并没有完全从价值观念和信仰中分离出来。格罗塞认为人体装饰艺术首先是它的宗教意义、民俗的实用价值（如区分各种不同的地位和阶级、不同的族群等），而悦目的形式只是实际而重要的生存需要中的一个次生品，只是后来装饰的实用功能渐渐失去了原来的意义而愈加发挥着美化生活的功能。① 今天看来，藏族服饰中仍然鲜明地保留了自然崇拜的遗迹，特别在佩饰上，不仅表现在材料上，如石头、海底贝类等表现出对自然物的崇拜；还表现在服饰纹样以及服饰色彩上，色彩是构成藏族服饰的灵魂，红、蓝、白、黄、绿在佛教教义中解释为风、火、地、水与法的结合，最初与民间的原始信仰有关，表现了他们对蓝天、雪山、大地、江河以及空间护法神的崇敬。从审美的角度来看，藏族同胞将自然物品加工，使它们具有了更高的艺术价值。无论是绿色的松石、黄色的琥珀还是金银制品，都会让人产生极高的视觉美感。将自然物品依据一定的规则进行打磨制作、穿孔成串或錾刻花纹等，保留了自然物的肌理和质感，体现出一种原始的质朴和粗犷，充分地显示了藏族所具有的独到的审美眼光。

第三，蕴含着藏族丰富的辩证法思想。

藏族服饰是稳定与变化的统一体，体现了运动的和谐之美。藏族注重一种

---

① ［德］格罗塞著，蔡慕晖译：《艺术的起源》，商务印书馆1987年版，第77—83页。

平衡的、动态的美，在藏族同胞看来，一些图纹代表着运动与静止的辩证统一，如菱形、圆形、吉祥结、"卐"和"卍"等。这些图形既有着对称的平稳，也有着动态的感觉。菱形是藏族喜爱的图形之一，卡若遗址出土的陶器纹饰有许多菱形，也就是说距今4000年前已经出现这个图形。今天藏族服饰上也常见到由菱形组合的纹饰（图5-5）。而雍仲则是静止与运动的辩证特征的典型代表。巴登尼玛认为，这个符号标志着藏族人的哲学的认识，它一直影响着藏人的思维方式，与此符号相关的"三、六、九"中都有三的共性——稳定的运动，运动的稳定。①

图5-5　藏族服饰中常见的图纹

由于藏传佛教的哲学思想和观念在藏族文化中起着主导作用，对藏族人民的影响极其深远，与藏传佛教有关的纹饰渗透并融入民众日常生活习俗中的各个方面。比如，雍仲是动态的，但它所代表的文化意义则是"永恒不变"，藏族同胞信仰它是因为在藏族文化中它蕴含着坚固、永久、不变的意思。佛教中认为万物人生生灭变化，是不停运转的法轮，但是它又以外在常态的形式出现，是处在稳定性与变动性之中，是自我与非我的同一，是有与无的同一。藏族人认为世俗世界是无常的，彼岸世界是永恒不变的。这就是藏族辩证的运动观，静止寓于运动变化之中，运动又以静止的形式显现出来，动与静不能分离开来。

除此之外，藏族服饰上的对比与调和也体现了藏族的对立与统一的辩证法思想，和谐是藏族传统文化的总体特征，是对立的和谐，和谐中强调对比。色彩中的强烈互补色的审美心理受到苯教的影响，苯教主张事物二分法，善与恶、白与黑、红与绿等总是相生相伴的。

第四，展现了藏族内在的民族精神，彰显了民族个性。

藏民族个性独特而鲜明，艰苦恶劣的生存环境与残酷激烈的竞争压力将这

_____

① 巴登尼玛：《文明的困惑——藏族教育之路》，四川民族出版社2000年版，第67页。

个民族磨砺得坚强、勇敢、乐观而充满活力。黑格尔认为人是服装的主人，这样的服装能适应环境和气候、满足人的精神追求并能展示人的内心世界，这种服装可以充分发挥人的美感想象力，它不致遮住人体的优美线条。① 由此来看，藏族服饰是符合黑格尔所倡导的那种：服饰定位于人，即以人为本，以舒适、方便为目的，由人的形态决定服饰的形态，展现了主体人格的精神。藏族服饰整体宽松、华美、明快、大气的风格与这个民族乐观、热情、豁达、豪放、粗犷的个性是一致的；服饰色彩对比强烈，鲜艳亮丽的组合表达了他们爱恨分明，情感真挚、大胆外向的民族性格；服饰形态多样、追求变化（形态上的任意性）体现了他们自由奔放、无拘无束的性格特点；服饰的自然、质朴显示了藏族勤劳、勇敢的优良品质。

藏族聚居区各地不同气质文化特征的人群的服饰因而也有不同的特色：拉萨服饰典雅、端庄；阿里服饰蕴含着一种古老韵味，神秘、优美；安多服饰雍容华贵；康巴服饰粗犷、豪放，英姿飒爽。男女服饰上的差异展现了不同的性别特征：男性服饰体现的是刚毅、粗犷、英武、强壮；女性服饰端庄、挺拔，展现女子高贵典雅，娇柔和美丽。

第五，表现了宗教崇高的神秘美感。

藏族服饰作为一种精神文化，还表达着藏族人民的情感、理想和愿望，它关联着民族的深层文化。藏族崇信宗教，希望在沉重而艰难的现实生活之外寻求心灵上的补偿与慰藉，超脱于俗世外的精神追求使人们获得一种超越自我的振奋，这样的审美想象让主体的愿望和理想得到了精神性和意念性的满足，沉重而单调的生活也就有了崇高的意义。藏传佛教主张通过今生的努力获得来世的幸福，于是，空寂的雪域高原到处可看到五彩的经幡和袅袅桑烟，当然，蕴含着对真善美的执着追求的理想和信念自然也会反映到生活中最亲近的服饰上来。渗透了宗教含义和意蕴的藏族服饰显得神秘而厚重。藏族对五色的审美感

---

① 黑格尔十分赞赏古代希腊罗马似服装的不确定性：他在《美学》第一卷中写道："古代服装本身多少是一种无形式的平面，只是因须紧贴身体，例如肩膀，才得到某种确定的形式。此外，古代服装是可以适应各种形式的，只依照它本身的重量简单地自由地悬挂着，或是随着身体的站势，四肢的姿态和运动而得到确定的形式。这样确定的形式见出服装外表只表现出身体上所显现的心灵的变化，所以，服装的某一种特殊形式，褶纹、下垂和上耸都完全取决于内在生命，适应某一顷刻的某种姿态或运动——这样取得的确定形式就形成了古代服装的观念性。"

受已经超越了人们对色彩的普遍意义，它代表着这个民族对生存环境的理解和宗教文化的理想。在藏族同胞眼里，五色是悦目的，其审美效应力量"不是感知的直觉，而是表象的复活，也就是说当某一直观的色彩形象作用于人们的感官引起感性效应时，在这种效应中早已凝聚了一个民族特有的审美文化心理积淀，正是这种深厚的文化底蕴，才使感性效应得到深化，在人们的审美意识中建构起具有丰富精神内涵的美感世界"①。装饰图案秉承了宗教象征的基本精神，以写意性的几何图案和类型化的动植物形象，构成了寓意深远的服饰审美意境，折射出藏族服饰独特的审美价值。藏族繁多的装饰品更是让人在艺术之境的欣赏中获得一种超现实的情感体验，体现了宗教思想具有超越时空的恒久的艺术魅力。

综上所述，藏族服饰不仅是藏族审美艺术中的一种主要形式，也是表达民族思想情感最有力的"形象语言"，探讨藏族服饰的审美特征及心理文化特征，是继承藏族传统服饰艺术，发展符合民族审美情趣和弘扬优秀民族文化的需要。

---

① 李景隆：《西部传统民俗事象中的象征及其美学内涵》，《青海民族学院学报》2004 年第 4 期。

第六章

藏传佛教僧伽服饰释义

藏传佛教以其神秘的宗教文化日益受到人们的关注。关于藏传佛教外在标志之一的僧伽服饰，近年陆续有文章进行一些概要性的介绍和一些象征意义的阐释，然而对于藏族僧伽独特的衣着形貌的历史渊源、文化特点及社会意义，至今没有人做过系统的探讨。笔者拟从藏传佛教僧伽服饰的色彩、衣体（质料）和款型三个方面，对藏传佛教僧伽服制的历史形成、种类、外形特点及其社会和文化意义进行探讨，以此加深对藏传佛教的思维、观念、仪式、信仰以及所伴生的行为方式的理解。

第一节　藏传佛教僧伽服饰的形貌概述

广义而言，藏传佛教僧伽服饰是指僧人在寺院公共活动、个人生活和出外活动中穿着范围广泛的服装和饰物徽记，包括格鲁、萨迦、宁玛及现代苯教在内的几大教派的僧侣服饰。密教虽为沙门之相，但并不为常人所展示，如蓄发戴冠挂璎珞之在家庄严相、五佛冠等，于此不作探讨。鉴于各教派僧伽服制和种类都大同小异，这里不一一列述，仅以格鲁派僧伽服饰为主，来介绍藏族僧伽服饰的种类及质料、用色等情况。①

---

① 本节内容参考了以下文章：次仁白觉著，达瓦次仁译：《藏传佛教僧服概述》，《西藏民俗》1995 年第 4 期；伊尔·赵荣璋等：《藏传佛教格鲁派（黄教）的喇嘛及扎巴服饰》，《甘肃画报》2000 年第 2 期；吕霞：《隆务河畔的僧侣服饰》，《青海民族研究》2002 年第 1 期。

一、衣类

袈裟，藏语叫"仍热"（gzan），根据其割截条数、穿着场合和用处可以分"唐奎"（mthing gos）、"喇奎"（bla kos）和"朗袈"（snam sbyar），即僧人"三衣"。"唐奎"即僧裙，又可称五衣，为平常所着，一长一短，共五条；"喇奎"为诵经礼忏或是大众集会时所着，二长一短，共七条，也可称七衣；"朗袈"也称祖衣，为比丘在膜拜、化斋、宣法、举行仪轨或见尊长时所着，四长一短，可为九条、十一条、十三条乃至二十五条不等。朗袈大小和条数根据比丘的身材来定。袈裟样式为一条状方单，长约4～6米（身高的两倍半长），宽约45厘米。穿时先将一端搭于左肩，然后将较长的一段自身后绕至右腋下最后再折回到胸前，披于左肩背后，右肩袒露。七衣和祖衣可以穿着于五衣之外，所以又可称为"重复衣"。袈裟须用割截布条缝制，形成网格状。其缝制方法是由中间向两边交叠缝合，并且留有一边缺口不缝合，一般留纵向右边和横向下方为缺口，纵横交错时还要在重合处缝上箭头状的回针，以免缝线脱落。袈裟属礼敬类法器之一，只有比丘才可着朗袈，沙弥是没有资格着朗袈的。"喇奎"则是沙弥和比丘白天所穿的上衣，大小与"朗袈"相同，是常服。袈裟以赤黄二色为准，"朗袈"为黄色，"喇奎"为绛紫色或暗红色。袈裟的选料一般为绛棉制品，冬天多用羊毛织品。喇嘛可用绸缎来制作，多用明黄、中黄或土黄色，其外部绣有各种吉祥图案或嵌有各种织锦、金、银丝线。

上衣，也即坎肩，藏语"堆嘎"（stod vgag），此为藏区独有的僧服之一，其形如大襟坎肩，领及襟边拼缀其他色料的锦缎，也有用同一色系的，肩和袖缘镶蓝色滚边（图6-1）。穿时将两襟交叠塞入裙中，左襟在上，右襟在下。在两袖的下部还有两个蓝线环，据说是为避免甩动胳臂而用来插大拇指用的，现在成了装饰并没有实际用处。堆嘎的选料没有限制，棉布、绸缎、毛料、氆氇等均可。选用什么材质作衣料主

图6-1　堆嘎和裙

要根据其经济实力和寺院僧位的高低来选材，过去三大寺及地方政府的僧官、布达拉宫的僧人、扎什伦布孜滚康的僧人等都着黄绸堆嘎，三大寺扎仓群则以上僧职人员则着赤黄缎子堆嘎，一般僧人着红毛料或红氆氇堆嘎。其他寺院在选用堆嘎料子上不讲僧位高低。喇嘛采用高级牛、羊皮或绸料、织锦缎精制而成，边上往往镶上各种吉祥图案或皮毛等，颜色用大红、朱红、黄色。而普通僧人则用土红或深红的布料制作，棉布和氆氇选用较多。

裙，分内裙和外裙。内裙，藏语称"迈月和"（smad gyog），其形似于裹裙，上部以紧松束腰。一般采用柔软、贴身的衣料，根据季节选用绒、棉、氆氇和羊皮、人造羔皮料等，颜色须是绛紫色。外裙，藏语称"夏木塔布"（gsham thab）只限于棉布类，而且褶皱纹路都是有讲究的。其式样为筒裙，以约 3 米长的布匹对接成双层筒状，裙长出脚面数尺折叠捆系于腰间，裙高约 1.3 米左右。穿裙时腰间形成折褶，一些教派的折褶式样是相同的，藏传佛教僧人从左侧向前，右侧向左折叠；苯教则两侧向后折叠捆扎于腰间。① 裙子的后面两边都有褶的称藏隋，只有一边的褶的称为卫隋。藏隋上的两褶皱代表扎什伦布寺有来自东西两面传入的律统的意思。不过，宁玛派的门竹林寺的僧人的外裙后面也有两个褶皱。三大寺和扎什伦布寺的浪荡僧所穿的裙前面没有褶皱，而后面却有许多褶皱，并且将褶皱弄得油亮的。喇嘛的夏木塔布由截割布条缝制而成。

披风，"达喀木"（zla gam），是喇嘛和僧侣们在佛法盛会时披用的大氅，其特点是宽大、厚重，形状呈扇形，背部多褶皱，衣领正中镶以扁月状布片，从中向两边还依次镶压多条宽度相等的衣条，犹如锯齿一般（彩图 34）。过去用氆氇、棉麻制作，随着生活水平的提高，现也有用毛呢料和人造纤维呢来制作的。喇嘛和铁棒喇嘛的披风，其背上挂有"金刚"或织锦背饰。而普通僧人则不能挂"金刚"，无"金刚"披风称为"江木森"（lcam tsa）。通常藏族聚居区的僧伽的大氅都是红色的，唯有三大寺的堪布扎什伦布寺的僧人着黄色，表示扎什伦布寺与三大寺享有一样的地位。

连衣裙长背心，藏语叫"豆侯干"，一般采用氆氇夹条绒、平绒或棉麻料合制而成，颜色多为深沉、古朴的深褐、土红。高级喇嘛，如法台、活佛则用细

---

① 阿坝县地方志编纂委员会：《阿坝县志》，民族出版社 1993 年版，第 122 页。

柔、保暖的毛毡氆氇镶压缎面制成，下摆处贴以水獭皮或呢料压修饰边。有的里面用白色羊羔皮而外衣罩以棉布或绸缎缝制而成，颜色多以深紫红和金土黄为主。

二、法帽

法帽，藏语叫"更孟"（dge zhba），僧帽的种类很多。意大利藏学家图齐先生的《西藏宗教之旅》一书以图文解说的形式详述了藏传佛教中宁玛、噶举和萨迦派的帽子的种类及用途。[①] 有不同类型和颜色的法帽（彩图29、彩图30和彩图31），分别用于不同教派、不同级别以及不同场合顶戴。概括而言，各派僧帽可分作两类：其一是沿袭创始者或大活佛的法帽，如莲花帽（白玛同垂帽）、达保帽、格鲁黄帽、俄尔帽、黑帽、红帽等，这是该教派区别于他派所独有的；其二就是法会和修学时所戴的帽子，如格鲁派的菩提帽、噶举派的尖顶修性帽，宁玛派的"持明公冠"以及通人冠、鸡冠帽等。通人冠又称"班智达帽"（pan ahba），圆形尖顶，具有两片长长的延片（或称翅翼）。其中又分"班仁"（pan ring）和"班同"（pang thung），精通大小十明学科的班智达才可戴班仁，精通五明的只能戴班同，班仁与班同形状相似，只是班仁的延片长一些，班同的则短一些。据传班智达帽最早由阿底峡传入藏族聚居区，帽上装饰以金线，其数目（1、2、3、5）取决于戴这种帽子的人所研究过经文集之数目，或者它可以证实对于五明学研究的深化程度。[②] 各大寺院、各教派的赤巴、堪布、上师可戴这种帽子，有些寺院的活佛也戴此帽。鸡冠帽是藏族聚居区独有的僧帽，分"卓孜玛"和"卓鲁"两种，"卓孜玛"的冠穗是拢在一起的，而"卓鲁"是散开的（彩图34），三大寺的执事和扎什伦布寺的密宗僧人和有学位的僧人戴"卓孜玛"，一般僧人则戴"卓鲁"。值得一提的是，格鲁派僧人的帽和冠都是黄色的，萨迦派僧人的是黑帽红冠（彩图30），宁玛派各寺中，除赤巴、堪布及活佛外，一般僧人戴红色鸡冠帽。噶玛噶举派平时的宗教活动也戴鸡冠帽，而举行重大仪式时则戴夏查，一种形似孔雀开屏的帽子。

除此之外，僧人可戴的还有冬季骑马帽和夏日凉帽。冬季常戴平顶方形礼帽，夏天则戴没有顶饰的白帽和朝山帽"索格尔"（民间也称"格桑斯友"）。

---

① ［意］图齐著，耿昇译：《西藏宗教之旅》，中国藏学出版社2005年版，第142—154页。
② ［意］图齐著，耿昇译：《西藏宗教之旅》，中国藏学出版社2005年版，第143页。

活佛夏季戴"唐徐帽"（thang zhba）、金帽（空虚无际帽）等。

三、鞋

僧侣的鞋，藏语称"汉母"（lham），一般为牛皮底的长筒鞋，形状为藏式原毡垫高腰靴子。以一块整皮做成的连底皮靴，靴尖上翘，称"夏苏玛"；职位较高的僧官则穿厚底翘尖，白缎靴帮花缎鞋"胜松"（ras zon 图6-4），后藏扎什伦布寺的僧人穿没有绣花的"松巴鞋"（zon pa lham 图6-3），活佛、堪布、布达拉宫的僧人，扎什伦布寺的孜滚僧等穿厚底僧鞋。过去僧官穿做工精细的"加紧纳仁"（sbyar chen sna ring 图6-2）和"加紧纳通"（sbyar chen sna thung）等。

图6-2 缎面绣花僧鞋　　　图6-3 松巴僧靴　　　图6-4 胜松靴

四、其他附属品

念珠（pheng ba），是僧人诵经、作法时的主要法器之一，同时也是念佛号或经咒时用以计数的工具。有菩提子、莲子、水晶、珍珠、赤铜、珊瑚、象牙、核桃、檀木等各种不同原料制作的念珠。通常由一百零八颗"相珠"和一颗金珠（"母珠"）和十颗银珠（又作"记子"）组成。一般僧人喜用红木和菩提子念珠，将它缠在手腕上或佩挂在脖颈上。

另外，藏族僧人在腰前还要系一个漱口水瓶或净水袋"恰布鲁"（chab blugs），佩戴装有佛像或各类护身符的小盒子，呈圆形或方形佛盒"嘎乌"（gvu）。

总体上说，藏传佛教僧侣的服饰形态简洁朴素、庄重神圣，既遵循了佛教仪规，又体现了民族特色和地域特色。通常情况下，藏族僧人着衣三层：第一层为贴身内衣，上身为大襟坎肩或汗衫，下穿内裙；第二层上身穿大襟短衣，下穿肥而长的系腰外裙；第三层披挂袈裟（彩图33）。三衣的搭衣威仪也要符合规制，佛制三衣必须圆整外，遮口、扭绑，拖地等皆不许可。僧裙的穿着，要求裙摆稍触脚背即可，不可太过下垂至地，坎肩背心需置于裙内。三衣色彩和着装方法上沿袭了印度僧人服装的特点，所不同的是藏族僧人未受比丘戒以前不能穿有截割"田相"的法衣。藏传佛教各教派大致都如此。僧人离开寺院外出时，可以穿有袖的黄色或赭色色调的衣服，如立领对襟的"古热都通"（stod thung）就是藏族僧侣们常穿的一种出外服①。除三衣外，其他衣服与印度僧服有比较大的差异，如堆嘎、内裙及大氅等，主要是满足僧伽抵御高原严寒气候的需要。当然，也不排除其中一些衣饰的形式特征也蕴含着一些特殊的意义，以及不同地域产生的着装习俗和历史传承中赋予的文化内涵。在选料上和服装的制作上体现出因时因地性，质料选用氆氇、羊皮褐等面料。依戒律来说，动物皮毛不可以作为僧人衣料，但是由于藏地过于严寒，物产中也缺乏棉麻、绸缎衣料，使藏族僧人在衣着上不得不大胆变通，僧人在冬天不仅可以用毛料织物，而且可以着皮毛制品，如青海和康区的僧人所穿羔皮堆察（stod tsha）和羊皮长袍"嘎仁"。动物皮毛如鹿皮、貂毛等，只要不因杀生所取得的衣料，几乎都可以考虑。不过，也仅限于少数高层僧侣，其多源于赏赐，《钦定理藩部则例》卷五十九规定："扎萨喇嘛并由藏调来之堪布等，并准其服用貂皮、海龙皮褂外，其余喇嘛以下及呼图克图喇嘛等之跟役徒众，不准僭服。"② 僧伽服装的差异因等级和职位高低而有不同，这种差异主要表现在衣料质地、颜色、僧帽等一些细节。在藏传佛教僧伽服饰中，至尊的达赖和班禅的装束十分讲究："冬帽以氆氇牛绒制成，其式上尖下大，色尚黄，更帽若笠，纯金以皮为之，内衣氆氇半臂，外衣紫羊绒偏单，以帛交缚于上，著锦靴或皮履，腰束帛如带，春、冬皆露半臂余。"③

---

① 2007年6月，据成都市武侯大街"赵大姐"僧装店店主介绍。
② 张荣铮等编：《钦定理藩部则例》（卷五十九），天津古籍出版社1998年版，第423页。
③ 黄沛翘：《西藏图考》，台北文海出版社1965年版。

第二节　藏传佛教僧伽服饰的历史考证

公元 7 世纪，佛教从汉地和印度两个方向传入西藏。经历了一百年左右的传播，到墀松德赞（755—797）时，僧伽制度已初步建成，藏传佛教"不论大小、显密、禅教、讲修兼收并举，营造了前弘期的极盛时代"①。从佛教前弘期的发展可知：佛教虽然是外来的文化，但一经传入就得到吐蕃王室的青睐和信仰，并大力扶植，从政策上和物质上等方面给予极大支持。赞普崇信佛教，佛寺的供给由王室"分别等级，按期提供青稞、肉类、酥油、衣着、纸墨、马匹等一切所需要的物资"，对于僧人"宗师每年给予衣料 9 肘（长度），给钦扑的 25 个大修行者衣料 6 肘，对 25 个学经人员每人 3 肘长的衣料"②。这种王室的供养免除了僧伽的衣食对普通民众的依赖，其所守持的戒律往往得来于律典的规定，当然，也有外来僧人的"言传"和"身教"，不过，由上而下的倡导对于僧伽理解佛教的精神和制度存在障碍，如墀祖德赞在位时推行"七家供一个僧人"，"僧人的衣服不能有补丁"等，这明显不合于佛教精神。③ 僧众的行为规范也仅仅是外在的学习和模仿，并未形成藏族僧伽自觉的行为规范。这一时期僧伽服饰总的来说比较混乱，并未形成统一的风格。吐蕃占领敦煌时期的 159 窟壁画中所描绘的一个被藏王接见的僧侣的装束就可以说明这点：高僧身着白羊毛的僧袍，一块云霓色的头巾缠在头上，佩带一把鞘身镶金的短剑。④

在译经方面，经过几代藏王的努力，经、律、论三藏典籍从翻译到整理，可以说已很完备。其中《律经》⑤ 也由迦湿弥罗国大德胜友等人译传到西藏，

---

① （释）法尊：《法尊法师佛学论文集》，中国佛教协会佛教文化教育基金委员会 1990 年版，第 36 页。

② 拔塞囊著，佟锦华等译注：《拔协》增补本译注，四川民族出版社 1990 年版，第 55 页。

③ 拔塞囊著，佟锦华等译注：《拔协》增补本译注，四川民族出版社 1990 年版，第 62 页。

④ 西瑟尔·卡尔梅著，胡文和译：《七世纪至十一世纪西藏服装》，《西藏研究》1985 年第 3 期。

⑤ 印度德光论师所著，是藏传佛教五部大论之一，是"律藏之母"，西藏历代高僧关于《律经》的注释，有措拿瓦所撰的《律经释日光论》，僧成的《律经密意释宝鬘论》。藏文撰述的注疏，主要有自在戒、慧贤《律经根本释》、勤自在、布敦等诸大律师的著作。关于律法中对衣饰的注释，有阿佳·洛桑班丹益西丹贝贡保著《律法所定僧衣资具尺度解说·高举胜利法幢之大宝幢柄》及《律法所说僧衣资具图案·宝柄美饰》，收录于《丹贝贡保全集》k 卷 10—11 函。

并同时在藏族聚居地传授戒法。《根本说一切有部十七事》《毗奈耶》并诸注释大小 31 种相继译成藏文，成为藏族佛教徒生活行止的原则。为防止部派纷争，藏王曾明令禁止翻译他派的律典，只弘根本说一切有部的戒律。① 这也是藏传佛教虽有教义教理不同的多种派别却在服制上较为统一的原因。

由于资料的限制，当时藏族僧伽的实际穿着情形已难窥见全貌。但是，仍然可以根据一些史料推测当时的僧伽服制的特点和情况。桑耶寺第一批藏族僧人出家是经过完整的受戒仪式，僧伽的装束（主要指法衣）应该遵照佛陀的教导，以三衣为主。从佛教传入藏族聚居地的情况知道，藏族僧伽对佛徒制衣的认知除了藏译的戒律经典及诠释和印度僧伽的示范作用外，还有来自汉地僧伽的言传和身教，以及西域僧人的传授活动。从佛教承制来说，藏族聚居地佛教奉行说一切有部戒律。依照说一切有部的律制，藏族聚居地僧人应服皂色（黑色）或绛色袈裟，而"皂"与"绛"都是近黑非黑的颜色，可以说红色和黑色的混合色。而今天藏族僧伽普遍着红色袈裟是依循于律制，还是历史演化的结果，由于缺乏充分的证据难以说清楚。可以确定的是，在前弘期墀祖德赞时，僧服尚黄。《拔协》记载，赞普敬俸僧人，"哪怕在一个普通人（俗人）身上看到一块黄色补丁，也要向之行礼"②。说明黄色是僧人专用的服色，或者说僧服以黄为主。僧服尚黄，一者是为了与吐蕃时期"赞"和"赞波"二者的红色服饰③相区别的缘故，二者也可能受到当时汉族僧服的影响。唐时汉地佛教得到相当发展，禅宗大兴并且影响到藏族聚居地，④ 据载禅宗僧人所着僧衣正是茶褐色（黄色调）。至今，在格鲁派内部，"以重闻思时身穿红色僧服，以修行禅

---

① （释）法尊：《西藏前弘期佛教》，见《法尊法师佛学论文集》，中国佛教协会佛教文化教育基金委员会 1990 年版。印度佛教在戒律上分为五部，为了标识各部的差异而"服各一色"，菩萨于五无所偏执，并皆赤色。佛在《舍利佛问经》中说："磨诃僧祇部：勤学众经宣讲真义，以外本居中，应著黄衣。昙无屈多迦部：能达理味开导利益，发表殊胜应著赤色衣。萨婆多部：博通敏达以导法化，应著皂衣。迦叶维部：精勤勇猛摄护众生，应著木兰衣。沙弥塞部：禅思入微究畅幽密，应著青衣。"

② 拔塞囊著，佟锦华译注：《拔协》增补本译注，四川民族出版社 1990 年版，第 62 页。

③ 更敦群培著，格桑曲批译：《更敦群培文集精要》，中国藏学出版社 1996 年版，第 135 页。

④ 唐代佛教出现了不同宗派，依照各部律文穿着黄、赤、皂、木兰、青等色僧衣。西藏历史上著名的佛教内部的渐顿之争即是汉地禅宗与印度显宗之间的纷争。

定时则穿黄色袈裟"① 尚不知是否为这一传统的延续。

达磨灭佛后，藏地佛教沉寂了百余年再度兴起，由阿里、康区和西宁等地传回西藏，除弘扬佛法区域较前大有扩展外，其僧师的活动已进入民间弘传戒律，建庙收徒。前藏有卢梅等，后藏有罗敦等，西藏佛教又再次活跃并在民间得势。这时，他们的宗教活动虽然得到统治者的支持，但更主要的是竭力争取普通民众的认同和资助。寺院和僧众的生存状态已出现明显变化，使僧伽的人际关系也随之发生变化。一方面，僧伽之间的分工协作关系大大加强，僧人不仅要讲经说法，还要共同分摊寺院的管理和其他工作。另一方面，藏族僧伽对普通信众的信赖度也较前提高，出家人与在家人的关系更加密切。为获得普通信众的支持，后弘期初期重建戒律传承，经仁钦桑波和阿底峡尊者的努力，藏族聚居地佛教得以复兴和重塑。这时，佛教与藏族聚居地本土宗教苯教的交融进一步发展。西藏僧伽服色选择以红色为主的原因，很大成分是一切有部律的传承，但是也不能忽视藏族同胞自己在心理上存在着对红色的迷信和偏好，这种心理情感正是在以苯教为中心的宗教土壤上培育出来的。② 藏传佛教中高级喇嘛所戴的尖顶帽，也是由吐蕃时期流行的一种苯教的尖顶帽演变而来的。佛教后弘期开创者之一的贡巴绕塞年少时就是一名头戴尖顶帽信仰苯教的牧羊人，他赠予卢梅等人的黄色尖顶小帽后来成为格鲁派象征之一。③

藏传佛教派别是在后弘期中逐渐形成的。以密教传承修行方式不同，先后产生了宁玛派、噶当派、萨迦派、噶举派、格鲁派以及较小的希解、觉宇、觉囊、郭扎、夏鲁等多种教派。苯教虽为西藏原有宗教，但在后弘期渐与佛教融合，其中一部分也成为佛教的一个派别。藏传佛教各派信奉的教义是一致的，其中包括密乘（或称续部），各教派都遵奉律部戒律。④ 前弘期所译出的律典仍是僧师们传教的规范和依据。关于后弘期产生不同教派的服色和俗称，有学者对各教派的盛衰的历史状况及所处的历史时期的服色制度进行分析，发现各教派所崇尚的衣帽颜色与中央王朝服色制度有着密切的对应关系，即后弘期佛教中相继掌握地方政权的萨迦、噶举和格鲁各派随元明清王朝的服色制度（元朝

① 才旦夏茸著，完玛冷智译：《论藏传佛教各教派的命名》，《青海民族宗教工作》2000年第2期。
② 苯教有尚红的传统。在青藏高原的许多苯教遗迹中可以看到在装饰品上涂红的痕迹。
③ 多杰东智：《青海循化藏族的"果杰帽"》，《青海民族研究》2007年第2期。
④ 扎雅·诺丹西绕著，谢继胜译：《西藏宗教艺术》，西藏人民出版社1997年版，第4页。

尚白，明朝尚红，清朝尚黄）演变而变化，具有鲜明的时代特征。① 笔者也认为，元、明、清三代西藏与内地关系非常密切，作为地方政权的教派与中央政权产生世俗的联系，不是不可能的。这种理解，为我们提供了一种研究思路，但却忽略了教派服色的形成应该有它自身的宗教含义。如噶举派僧人着白色的僧裙是自玛尔巴开始沿袭的印度密宗的着衣习惯。格鲁派尚黄是因为其创始人宗喀巴在西藏弘法时戴黄色法帽，表示与以往僧人的不同及坚守戒律的决心。

藏传佛教僧人的"法衣"依照佛祖留下来的规制，款式上都属缠绕方式，色彩上也近"皂"，从着衣方式和服色上说，比汉地佛教的僧服更严谨规正。但仔细分析，也可以发现藏族僧伽的制衣和原始僧衣的造型有些差异。在印度，佛教僧衣（佛陀规定僧人必须受持的衣物）主要特征就是"田相"②，此为僧俗区别的标志之一。藏族佛教僧人的袈裟有割截"田相"和没有"田相"的区别，而且只有受了比丘戒的僧人才能穿着有"田相"标志的袈裟。那么，藏族僧服的这一规制是独创呢，还是有别的借取？从有限的文献记载得知，佛教传到汉地以后，汉族僧伽的三衣之外还有一种没有"田相"的"缦衣"。这里的"缦衣"就是一件完整未被割截的衣。汉族僧伽所穿的袈裟，并未完全依循律制，主要是因为无论是色彩还是款式，汉地僧服与俗衣之间差别非常明显。而在印度佛教僧人的制衣与俗衣一样都是长方形，难以区分僧俗人群。因此，佛教传到藏族聚居地以后可能因为同样的原因，像汉族僧伽一样在僧团内部以"田相"来区分不同的僧伽人群。可惜到目前为止，文献上所见到的记载都是说明原始制衣应有的规制，少有实际情况的描述，难以从文献上找到更充分的证据。

多数学者认为，佛教自传入藏族聚居地以后僧人的服装基本没有变化，在后来形成的宁玛、萨迦、格鲁等各种教派之间僧服上也没有区别。③ 不可否认，藏族僧伽的服装，特别是僧人的法衣遵循戒律，主要继承了印度僧服特点，在

---

① 吴俊荣：《西藏各教派所尚服色与中央王朝服色制度的关系》，《西藏研究》1988 年第 2 期。

② 指僧服的外观特征，其形如田畦般成网状，制作方法是先将布割截成布条然后缝合。在印度是僧伽身份的象征符号。其意：一是区别于外道，二防止僧服被盗用，三以其形喻示着装僧人佛如"田畦贮水，生长嘉苗，以养形命，法衣之田，润以四利之水，增其三善之苗，以养法身慧命也"。

③ 次仁白觉著，达瓦次仁译：《藏传佛教僧服概述》，《西藏民俗》1995 年第 4 期。

造型和穿着方法上一千多年来基本没有变化，但是僧服的色彩和质料呢？如上面所推断的话，服色并不一开始就是红的，衣服的面料也不可能一成不变。还有，"三衣"之外的其他服装怎样形成的呢？是来自气候炎热的印度河流域或是其他别的地方？显然没有可依照的范例。在气候寒冷的高原藏区，传播佛法要适应当地环境的需求，藏族谚语说"戒律因时而变，因地而异"，"释迦牟尼"到了藏族聚居地以后，也不是以往的袒胸，不着内衣、鞋的形象，而是身着有袖上衣、足穿藏式高筒鞋的样子。因而，戒律随着时间、地点及具体条件的不同而变化。在印度以单衣终年，而寒雪之地有圣开"立播"之服来适应严寒的气候。佛教在藏族聚居区扎根、萌芽、发展的过程中，逐渐吸收了藏族聚居区的服饰文化和习俗，比如僧衣服装质料使用氆氇、毛料，全身无纽扣、多用系带及脚穿藏靴等，都折射出藏族佛教本土化过程中对传播地区民族文化的借鉴和利用。藏族僧人在前弘期就开始穿着"夏木塔布""达喀木"厚大氅①。而"堆嘎"的形成是在后弘期初期，这是藏族聚居区僧人所特有的上衣。其服装造型遵循佛祖对僧服必须露臂、服装不能繁杂不佩戴饰品的要求，着装特点却反映出藏族传统的穿着习俗。我们可以从后弘期佛教遗址出土的高僧像以及壁画中的僧人形象（图 6-5），如托林寺遗址和皮央·东嘎遗址杜康殿出土的"高僧像"（图 6-6），看出当时的僧服特点和差异：僧人内着无袖斜襟坎肩，外披红色袈裟，头戴圆顶僧帽或红色尖顶帽，从袈裟的衣褶皱来看，可以看出衣料厚重，较软，御寒性应该比较好，根据当时所能生产的服装原料来推测很可能是动物毛织物。整体上看，与今天的僧服没什么区别，唯一不同的，今天僧人内着的僧衣为右衽或对襟，而图像资料中僧服却是左衽，估计是受到当时民俗服式的影响。据研究，吐蕃时期以及其后的分裂时期藏族聚居区民俗服式也呈现左衽特征。② 另外，关于堆嘎两袖边缘的蓝色线边，据说是为了纪念几个汉

---

① 笔者以为，达喀木类似于立播衣，为严寒地区僧伽保暖裹腹之衣。日本学者井筒雅风在其《法衣史》研究中，所称的立播衣极似于藏族聚居地的大氅。据唐朝义净的《南海寄归内法传》也有立播衣的记录和描述，载云"梵云立播者，译为裹腹衣"，其造型"去其正背，直取偏袒，一边不应着袖，唯须一幅才穿得手，肩袖不宽，着在左边，无宜阔大，右边交带勿使风侵，多贮绵絮事须厚煖。亦有右边刺合贯头纽腋，斯其本制"。此为义净留学印度学成归国途中游历南亚诸国所见所闻，表明这种衣制在藏族聚居地出现之前已经存在。

② 杨清凡：《藏族服饰史》，青海人民出版社 2003 年版，第 98、135 页。

僧参加喇钦·贡巴饶赛受戒的功德。① 以上说明，这种无袖坎肩是在后弘期才出现的。所以，藏族僧侣服饰也经历了起源和形成，只不过这一过程相对较短罢了。服制一旦形成，就会相沿成习，千百年来难以发生大的变化。

图 6 - 5　扎唐寺的《礼佛图》　　图 6 - 6　托林寺遗址出土"高僧像"②

总之，汉、印两系佛教对西藏僧伽服装都有影响。在长期的历史发展过程中，为了更适合于当地人接受佛教，僧伽服饰的变通不只是适应高寒的生存环境而产生的需求，高原本土文化，尤其是苯教的影响也是一个主要因素，从而形成了具有高原民族特色的服饰文化和习俗，其核心和基础仍是佛教的基本精神，是藏族佛教僧伽对佛教精神的不同理解和实践。

第三节　藏传佛教僧伽服饰意义的阐释

宗教研究者认为：宗教不仅是一种非常复杂的社会现象，而且是一种形态极为独特的文化现象。宗教服饰除能满足保护身体、御寒等基本的生存需要外，

---

① 次仁白觉著，达瓦次仁译：《藏传佛教僧服概述》，《西藏民俗》1995 第 4 期。
② 王永强：《中国少数民族文化史图典》（陆）西南卷（上），广西教育出版社 1999 年版，第 105 页。

更强调它作为文化载体的功能，即它所具有的多重社会和文化意义。

首先，对个体僧人而言，僧侣服饰的意义是协助僧人谨记修行的根本原则和达成修行目标。僧人出家修行的目的是弃除现世烦恼和障碍（生出离心），证得无上智慧之菩提心，以明见真理而彻底觉悟。而解脱之路的基础就是严持戒律，如无著菩萨云："戒如大地，凡动植矿物均依之而生。"要获得成就，就要遵循共同的行为准则和修行原则，破除障碍，净化意念，以戒定慧以成正觉。僧人的服装，尤其是法衣（袈裟）的意义与僧侣修行的终极目的是一致的。袈裟的本义是佛陀规定僧衣的用色，引申出来泛指"不正色""坏色"的僧人服装，后来，袈裟也就成了"三衣"的代名词。根据佛祖的教化，袈裟"避青黄赤白黑之五正色，而用他之杂色"，只许用青色、皂色、木兰色三种"坏色""不正色"等。这三种色，是"袈裟"的如法之色，佛教僧人允许所有的十三种衣服，[①] 也都必须是坏色。坏色即杂色之意，其寓意出家人不着华美的衣饰，僧服要求"好则不显奢侈，差则不伤威仪"。《律经》中对"三衣"的数量和来源都是有限制的，不当使用即要获罪，如过量受施衣舍堕、过期蓄衣舍堕、出寺离衣舍堕、持余衣舍堕等。[②] 在款式上，袈裟由许多截割布条缝合而成。传说是阿难得畦田启发而作"田相"衣，不仅可以从款式上区别于外道，同时，其"田畔"状，希望僧人能够像稻禾一样，滋养不断，苗壮生长，然后以自身的能量利益众生。在藏族聚居区也有人解释为由释迦牟尼当年穿着别人丢弃的、补了许多补丁的衣服演变而来。[③] 其意义也是希望修行僧人舍弃贪欲，静心修持，"除即时衣食，无须蓄财物"，对衣的要求，只要能蔽体御寒就行了。另外，"三衣"本身所具有的象征意义还有帮助修行者认识修行的内涵的功能。在不同场合、依据修行的道次而着不同品级的法衣。如，祖衣是回忆八圣道支、七觉支、十力、四念住等三十七道品之所依；七衣是沙弥和比丘白天所穿的，由七片合成三条半，是回忆七觉支及反映其性质的念住等之所依；僧裙分五片合成

---

① 《根本萨婆多部律摄》称为"守持衣"，即"僧伽胝"（重复衣）、郁多罗僧（上衣）、安陀会（内衣），此三服皆法衣、袈裟。还有尼师坛（卧坐具）、涅槃僧（裙）、副裙、僧祇衣（掩腋衣、覆肩衣）、副僧祇衣、拭身巾、拭面巾、剃发衣、遮疮疥衣、药资具衣。

② 丹珠昂奔等主编：《藏族大辞典》，甘肃人民出版社 2003 年版，第 101、107、297、691 页。

③ 据四川甘孜理塘寺法相院住持俄色·洛绒登巴活佛口述。

二条半者，表示回忆五力。① 可见，僧衣对僧人修行而言是一种方法，可以协助僧人理解修行的内涵。僧衣的穿着规定虽然是"戒"的范畴，但也是使僧人通过衣着方式去想象和感觉修行目标的牵引并达成终极目标的途径。物质本身是意义的载体，从这个角度理解，僧人的服装体现了佛教的内在精神，是佛教教理教义等抽象的东西具体化、感性化、形象化的方式。当然，遵守戒律只是修行历程的阶段之一，而不是最终目的，因此，在修行达到一定的层次后，戒律也表现出不过分拘泥的外在形式。

其次，在僧团群体内部，僧服又是身份认同的符号，区分内部派别的基本标识之一，同时，服饰的差异还呈现了明确的等级关系。在藏族聚居区，僧人除外出可以穿俗衣外，在宗教活动和平时生活中都必须着僧衣，"虽严冬常露两肘"已经成为藏族佛教僧众共同遵守的行为规范。在这样一个有着共同认同基础的社会内部会因职级、地位和教派不同形成不同的僧伽群体，不同群体之间的僧伽服饰各具特点。比如铁棒喇嘛的发型和袈裟的装束方式就与众不同，有着特殊的面貌特征（彩图 32）。袈裟和法帽属于敬礼法器，僧人受戒不同其所穿的法衣和法帽也不同，受沙弥戒，可穿"曲贵"（chos gos），受比丘戒，可穿"朗袈"（snam sbyar），在举行宗教仪式集会念经时，必须根据各自所受戒律穿法衣。② 二百多年前，清人周蔼联就写道：

> "喇嘛冬衣毬毡，夏衣细毡，一件价有四五十金者。其达赖以下大喇嘛，冬皆披貂鼠斗覆，帽则夏朱漆皮描金笠，冬用元狐或貂皮桃儿帽"，布达拉及四大寺喇嘛"皆秃头冬或戴毬毡兜，右臂皆袒"，有职事之喇嘛则"穿有袖黄缎袍"。③

总而言之，普通僧侣与喇嘛、活佛以及寺院管理者之间服饰差异是比较明显的，这些差异主要体现在僧衣色彩、服装和僧帽等方面。转世活佛还有着与众不同的特殊标记，如戴涂漆帽子，"长耳帽"以及酷似弗吉里亚式的帽子。④藏传佛教内部历史地形成了一些宗教派别，各教派间在僧衣、裙和帽等上面也

① 久美却吉多杰著，曲革·完玛多杰译：《藏传佛教神明大全》，青海民族出版社 2006 年版，第 719—720 页。

② 王永强主编：《中国少数民族文化史图典》（陆）西南卷（上），广西教育出版社 1999 年版，第 267 页。

③ （清）周蔼联：《西藏纪游》卷一，西藏学汉文文献编辑室 1986 年版，第 2 页。

④ ［意］图齐著，耿昇译：《西藏宗教之旅》，中国藏学出版社 2005 年版，第 212 页。

有属于自己的服色特点，人们可以根据僧人的服色特点来辨别是哪一派的僧人，比如，宁玛派穿红色僧服，戴红色僧帽，俗称"红教"；噶举派穿白色僧裙和上衣，俗称"白教"，格鲁派则戴黄色僧帽俗称黄帽派或"黄教"。这种俗称只是对各教派僧伽服饰用色的一种粗略认识和归纳，仅以此并不能区分众多的派别。日常生活中僧人们的穿着差异并不显著，想要严格区分并不容易，有的差异仅在于教派间细微的着装方法、服装的用料及色彩的搭配，属于特定人群内部的差异。比如，苯教僧人着装与格鲁派不同之处在于其袈裟衬里边为蓝色。在藏传佛教中，色彩的象征非常重要，往往是分辨和判定僧人地位、身份的标志，有相同的认同标准。格鲁派戴黄帽，意味着重兴戒律的决心，传说后弘期时卢梅等卫藏人赴藏时，大师喇钦·贡巴饶赛将自己戴过的黄帽赠给他，并嘱咐说："当戴此帽，可忆念我。"从此以后，西藏持律大德们都戴此帽。后来，格鲁派把黄色理解为"像金子一样没掺杂其他的颜色"①，以表明格鲁派师承的正统。但是，不同教派对同一色彩的理解和运用不尽相同，这是显而易见的，在萨迦派中红色象征文殊，白色象征观音，灰色象征金刚，而在格鲁派的扎什伦布寺密宗僧人的红色的上衣则是因为无量光佛也着深红色上衣的原因。有学者认为，藏传佛教僧侣穿绛红色的长裙、袈裟，是以卑贱的服色向神明表示忏罪，并表达终身苦行的意愿。② 即便同一教派内部也存在着一定程度的自由性，虽然这不是深刻的差异，但也体现了一种约定俗成的规范。在格鲁派中存在的两个神咒派别，即上下密院，其僧人服饰有着不同的表面特征，上密院的教徒们穿黄色袈裟和浅灰色的靴子，而下密院的教徒们则穿深红色的袈裟和同样颜色的靴子。③

除此之外，僧团内部也因僧人的等级和职位的高低而穿戴质料、款式、颜色有异的僧装和法帽，主要表现在袈裟或上衣的某些细节，如缝制"田相"、是否有锦缎绲边或镶饰以吉祥图案等，在色彩上普通僧人一般为紫红色，活佛、喇嘛可用黄色；在质地和选材上等级高的喇嘛服材比较考究。由于文化传统和自然环境的差异，藏族僧人服装在物质材料上相比印度更加多样，并且在禁用

---

① 2007 年 4 月，据四川甘孜理塘寺法相院住持俄色·洛绒登巴活佛口述。

② 朱净宇等：《从图腾符号到社会符号——少数民族色彩语言揭秘》，云南人民出版社 1993 年版，第 297 页。

③ ［意］图齐著，耿昇译：《西藏宗教之旅》，中国藏学出版社 2005 年版，第 131 页。

动物皮毛方面有所变通，不过，僧装还是以绫、棉和氆氇为主，高级氆氇、丝绸及少量动物皮毛限于活佛和喇嘛或寺院的管理层。法帽的层级差异尽如前述。藏传佛教僧人服饰上这种严格的等级分层显然不同于印度和汉地。

第三，从整个社会系统来看，僧侣服饰标识着僧与俗的界限，它是佛教的外在特征和标志之一。僧俗的区别主要在衣的款式、穿着方式和色彩等方面，一旦穿上袈裟就表明他的宗教职业者的身份，他同周围人群的关系也随之调整或重新建立，人们就会由他所得到的恰当的预设的角色来对待。对僧人来说，不仅可以减少来自外界设置的修行的障碍，同时对自身也是一种约束和监督。在藏族社会，藏传佛教僧侣是其中非常重要的群体和力量，他们依存于这个社会，同时又通过一整套信仰体系和实践活动对它所属的社会产生影响，从而形成了一个全民信仰佛教的社会。在这个过程中，僧侣特殊的具有象征意义的服饰行为不仅可以起到界分各个人群并规范行为的作用，而且能够有效地承担起调适心理和整合群体以达到维持社会体系的一种正常秩序的效果。如每年的三月初八和十月十五日为一年一度的夏季换服节和冬季换服节，达赖和全藏喇嘛在这个时间开始换上夏装或冬装，两天中，三大寺、噶厦全体官员要去给达赖献哈达致贺以表示尊崇。为了体现僧俗有别，黄色和红色在民间是不能用在服装上的，其原因就是它们是僧装的如法之色。马凌诺斯基说过："宗教使人类的生活和行为神圣化，于是变为最强有力的一种社会控制。"[1] 藏传佛教僧伽服饰作为外在因素也强化了宗教的神秘性和神圣性。在举行法会或神事活动中，僧人必须按照其身份、地位和所受戒律来穿戴法衣，在神圣庄严的气氛中，服饰被赋予各种象征意义，大大增强了藏传佛教作为宗教的感染力、影响力和表现力。

通过以上分析，我们可以看到，藏传佛教僧伽服饰是藏族同胞对佛教教理教规系统的理解与诠释形式之一，形成了独特的宗教服饰观念和特点。一方面，藏传佛教僧伽服饰直接继承了佛教的内在精神，强调佛祖的意志，传达了佛教的理念；另一方面，它大胆地依循藏族的衣着方式和生活特点，将藏族文化与佛教意识形态有机地融合，使藏传佛教僧侣服饰的内在精神和外在形式完美地结合在一起。

---

[1] ［英］马凌诺斯基著，费孝通译：《文化论》，华夏出版社 2002 年版，第 86 页。

第七章

区域藏族服饰的个案研究

四川藏族服饰是藏族服饰的重要组成部分，它以康巴和安多的服饰文化特点为主，兼具边缘服饰文化的特征，文化多元特征极其鲜明。四川藏族服饰文化的多元特征是川西藏族多元文化显现的一个方面，服饰的多元进一步地展现了川西藏区文化多样性、兼容性和开放性。嘉绒藏族服饰独具特色，通过对其服饰式样和风格演变形成过程的梳理，有利于从服饰角度来认识藏族历史文化的复杂性，更好地理解地方区域文化的特性。

第一节　四川藏族服饰文化的多元特性

四川藏族聚居区地处青藏高原东部边缘，与其他几个藏区相邻，包括甘孜、阿坝两个自治州和木里自治县一带。四川藏族服饰是藏族服饰文化的重要组成部分，与整个藏族服饰具有不可分割的内在关联性：既是统一的，又是渐次疏离的，既是相互联系的，又是自成体系的，其最大特征就是多元性。需要说明的是，川西藏族聚居区同其他藏族聚居区一样，其主要区域的服饰仍然具有传承千载的共同特质。服饰文化之多元主要体现于藏族与汉、彝、羌等其他民族相邻的边缘地区。下面从物质形态、社会控制和文化习俗三个层面对四川藏族服饰文化的多元特征加以探讨，并进一步分析促其形成的影响因素。

一、服饰多元性的表现

第一，表现为边缘地区服饰形态的丰富多彩。

从物质形态层面来看，服饰多元表现为空间分布上种类的差异性。总体来说，川西藏族聚居区男子服饰趋向统一：着宽大的藏袍，牧区藏袍一般较为宽大、多皮毛装饰（图7-1），而农区藏袍则相对素雅，合身。女子服饰则呈现多样性，有长袍式、连衣裙式、上衣下裙式等，褶裙又有百褶裙与一般裙之别。根据服饰类型风格差异来划分，四川藏族服饰可以分康巴型（图7-2）、安多型、白马型、嘉绒型、疯装型等若干种。从服装形制上讲，甘孜或阿坝的大部分地方都着藏袍，如康巴服饰和安多服饰，其基本特点是长袖、大襟、右衽、宽腰等，同一文化系统内部各县之间的服饰也有微小的差别。在藏族聚居区边缘地带的服饰却差异甚大，尤其是女性服饰，有的属于完全不同的形制，比如，白马妇女穿对襟式或缺襟式短袖宽口连衣裙（图7-3）；乡城女装则是一种左衽百褶连衣裙；嘉绒藏族女性上穿中长立领衣，下曳百褶长裙（平时穿两片式围裙：腰前一片"罕修"，腰后一片"格支"，加上头上一片头帕"巴惹"，俗称"三片"），还有披毡的习俗，显得古朴典雅（图7-4）；扎坝女子则是特有的一种褶裙等；鱼通服饰则轻便大方，为上衣下裙式，不束腰……这些族群服饰往往保留了更多当地传统或受相邻民族文化影响的痕迹，其服饰形态明显地反映了当地的自然环境和民俗、风情，与主流传统藏族服饰大相异趣，形成了各种服制形式并置的状态。不仅如此，服饰的其他组成也形式多样。如服装材料，就有毛织氆氇、丝绸、毡子、皮革、棉布、麻质物以及各种机织绦纶等面料。头衣类不仅有各种帽子，如金花帽、博士帽、虎皮帽、羔皮帽、红缨帽（图7-5）、袋状筒形帽、圆盘毡帽（图7-6）等，还有头帕、头巾以及各种直接披挂于头顶或发辫的珊瑚、蜜蜡、松石、银丝棒等。发式既有多辫式，也有单辫式，还有盘头式。这些服饰构成虽不是四川藏族服饰的主流，却丰富了传统藏族服饰的形式。

第二，服饰的多元还体现在特定人群服饰行为的变异和多面性。

民族服饰是区别一定人群身份的外显符号，也就是说，从人们的着装能够区分他的身份、地位，这也是一个传统社会秩序化的制约形式之一。历史上，服饰还具有标志人们社会地位和阶层等级的功能。在四川藏族聚居区，土司、头人与百姓的服饰有等级差异，尤其是邻近汉区的地方头领，他们随着自己喜好着装，可以着汉装，穿绸缎、洋布衣袍和袜子；在正式场合，如见政府官员、出席大型仪式活动都必须穿着藏装。① 相应地，千总、头人不能穿绸缎衣袍，

---

① 《嘉绒藏族调查材料》，西南民族学院民族研究所1984年版，第122页。

图 7-1　镶边羔皮袍

杨嘉铭摄

图 7-2　康巴女服

杨嘉铭摄

图 7-3　白马妇女连衣裙

杨嘉铭摄

图 7-4　金川马奈锅庄服

杨嘉铭摄

图 7-5　羔皮帽、毡帽、红缨帽

杨嘉铭摄

图 7-6　白马圆盘毡帽

杨嘉铭摄

不能用獭皮镶边子，百姓不许穿洋布和氆氇，也不准穿布鞋和袜子。① 还有，边缘地区土司或头人的着装与百姓之间往往并不一致，20世纪初，川西黑水女子服饰"除去头人太太因政治的需要穿着藏装（这里指藏袍）外，一般平民的服装打扮则同于嘉戎"②（图7-7）。"嘉绒其他地区（除汶川外）都穿毪衫，男装式样和羌族的差不多，上层穿西康式服装"③。这里，服饰主体的着装行为在特定场合代表着不同的倾向和意义，或显示自己高贵、富有，或显示自己的政治地位，或者是标明自己民族身份等。川西藏族聚居区这种特定人群的着装行为体现了他们身份的多面性，也是他们区别于普通百姓的外在表现形式。

图7-7 黑水一带
妇女传统服饰
杨嘉铭摄

从社会层面来看，藏族社会的僧俗两大人群可以根据他们的装束来区分，藏传佛教僧众以其红、黄色的袈裟和配戴而有别于普通大众。川西藏族聚居区，还存在一些民间个体宗教执业者，如嘉绒藏族聚居区的"哈瓦"、白马藏族聚居区的"白莫"、尔苏人的"书阿"等，他们平时参与生产劳作，与一般人无异，但在作法时所穿服饰奇特（"哈瓦"穿青布袍服，似道教服饰；"白莫"头戴熊皮帽，上插鸡尾羽多支；"书阿"身着黄袍，头戴形似王冠的法帽），显示着他们与神灵沟通的惊人本领。

第三，服饰的多元也表现在普通百姓寄寓美好心愿的多重符号的叠加。

众所周知，服饰是一定人群的文化表征，从服饰上能够反映藏民族浓厚的心理情感、生命意识和审美情趣。藏族同胞在极为特殊的生存环境中繁衍、生息，他们信奉佛教或苯教，尊崇各路神灵，希求获得平安和吉祥。他们本着实用主义的原则，将这些美好期望寄托于最切实的日常生活，服饰也自然成为百姓寄托情感、表达心意的载体。藏传佛教对服饰的影响表现在色彩偏好、图案以及饰物等④。在川西藏族聚居区，除了佛教的渗透之外，民间服饰上同样能找到原始苯教、自然崇拜等民间信仰的痕迹。比如，硗碛藏族妇女在节日佩戴

---

① 四川民族调查组，见《小金县结思乡社会调查》；四川省编辑组：《四川省阿坝州藏族社会历史调查》，四川省社科院出版社1985年版。
② 于式玉：《于式玉藏区考察文集》，中国藏学出版社1990年版，第234页。
③ 《嘉绒藏族调查材料》，西南民族学院民族研究所1984年版，第122页。
④ 李玉琴：《藏族服饰吉祥文化特征刍论》，《四川师范大学学报》2007年第2期。

的"琼鸟"就是苯教天神崇拜的显现①。松潘一带的妇女头戴用琥珀、玛瑙、珊瑚等制成的袋状饰品，据说是吐蕃时期为了平息天神怒气，而让女人戴上的魔石和蛇。②扎巴地区仲西乡女子短外套后背上的外翻三角形切口，主要是为了镇服活鬼；后背裙摆上黄、蓝、红颜色的三角形"吉珠"，也用于防止魔气。③在色彩上，藏人有尚五色（红、白、黄、蓝、绿）的传统，在嘉绒地区黑色却是服饰的主色，大渡河流域人群则偏爱天蓝、粉红及黑色等，白马藏族同胞的服色中紫色、白色居多。在装饰图案上，白马藏族同胞多几何纹样，嘉绒多琼鸟（图7-8）和象形的花草图案（图7-9），九龙一带则以抽象的花草纹样为主。

a   b

图-8 戴"琼"嘉绒头饰   图7-9 嘉绒妇女头帕

一般来说，在人生的几个年龄阶段服饰特征有所不同：年轻时色彩鲜艳，佩饰齐全，未婚与已婚的妆扮有区分的；中年以后就转向朴素和简单了，色彩也倾向暗淡。川西藏族聚居区，有关成年、结婚或死亡的人生仪礼并不普遍，在人生的不同阶段，服饰是悄然改变的。然而，在一些边远地区还保留着有象征寓意的人生仪礼。如嘉绒地区，马尔康一带女孩子到8岁要举行隆重的换装

① 据邹立波在硗碛藏族调查。当地人认为"琼"是天上飞的，最凶，天上的东西都崇拜。
② 达尔基：《阿坝风情录》，西南交通大学出版社1991年版。
③ 在旧时，该地人认为一百个女子中九十九个是活鬼。为了防止女子成为活鬼，缝衣服时在其后领处剪一道口子，并将其向外翻呈三角形，当地人将其视为魔鬼的心，意思是剖开了魔鬼的心，消除了女子的魔气。参见刘勇等：《鲜水河畔的道孚藏族多元文化》，四川民族出版社2005年版，第45页。

仪式（图7－10），有的地方则到了16—18岁才举行隆重的成人礼（换装）①，纳木依地区还有新娘衣、寿衣（老衣），以及死人要穿七件衣的习俗等②。

图7－10　8岁女孩换仪式

王田摄

二、多元性原因分析

服饰文化多元特征的产生，其根由主要在于四川藏族文化源流的多元性，其中自然环境和地理位置是服饰文化多元发展的基础和前提。我们知道，自然环境是影响服饰的直接因素，包括服装的形制、款式、色彩观念以及原材料。③四川藏族聚居区地处高山峡谷的横断山区，自然条件复杂，气候差异大，生产方式有农、有牧、也有林业。在这样的自然环境中，产生丰富多彩的服饰形态也就不难理解了。另一方面，川西藏族聚居区处于藏汉两个文化系统的过渡地带，藏族聚居区中的三大历史文化区之一的"康"区，其主要区域就在四川甘孜。"康"即有边地之意，在其东部，是人数之众的汉族地区，西部是广袤的传统藏族聚居区，其间还杂居着彝、回、羌、纳西等民族。正是由于长期远离汉

①　邵小华，申鸿：《探析嘉绒藏族服饰的符号化系统》，《中华文化论坛》2008年第S1期。

②　据李玉琴调查。

③　戴平：《中国民族服饰文化研究》，上海人民出版社2000年版，第183页。

藏两个文化中心，加上山川阻隔所造成的封闭性和文化边缘性，使这一区域文化更容易受到周边外来文化的影响而"兼容并蓄"，从而发展成为独具特色的地域文化。其所处的位置和地理环境使这一地区文化具有强烈的包容性，一些古老的文化传统也能得以积累和沉淀，即便经过上千年的演变和发展仍然保留着某些亚文化特质，从而形成多元并存的文化格局。

川西藏族聚居区自古以来就是多民族迁徙的走廊，是"彝藏走廊"的主要区域。透视四川藏族的历史发展和演变，我们可以清晰地看到藏族中的多源民族因素，即当地土著及后来迁入的氐、羌部落自唐以来经历了一个不断受到吐蕃文化的融合与同化的演变过程，这些部落包括附国、党项、白狼、白兰以及唐时的西山八国等。① 尽管众多的部族经历长期军事征服和文化融合后最终加入到藏族之中，但是，由于融合和同化存在不完全或不彻底的情况，一些部落或民族的古老习俗或文化特质被保留了下来，如嘉绒妇女服饰中的戴头帕、披毡、贵黑等特征，据此有人说嘉绒乃东女国后裔。② 另外，在各个时期虽曾出现过一些较大的地方政权，但是他们当中从来没有一个政权形成过一统"天下"的局面。因而，相对独立、互不统属的地方政权也是四川藏族服饰文化多元特征形成的重要原因。

其次，藏传佛教文化、格萨尔文化以及白马文化、嘉绒文化、西番文化、扎巴文化等众多支系文化在川西藏族聚居区各据一隅，和谐共存。方言、舞蹈、民间信仰、民风习气等也同样如此。比如语言情况就十分复杂，除藏语康方言和安多方言外，还有嘉绒语、木雅语（又称弥药语）、白马语、鱼通语（或贵琼语）、尔龚语、扎语、尔苏语、纳木依语、史兴语以及却域语等十来种，其中一些语言被称为"地脚话""土话"，只通行于较小的范围内，谚语"一条沟，一种话"就是语言多样性的生动概括。格萨尔文化孕育了康巴人的勇武强悍，藏传佛教的轮回观念、圆通圆觉的理想内化到了藏族同胞的心理情感和行为之式当中。除此之外，还有佛教传入以前的苯教以及活跃在民间社会生活层面的原始宗教成分在一定程度上影响着人们的生产生活，甚至还规范着人们的观念和行为。如，平武白马藏人信奉白马老爷（一种山川崇拜的原始巫术）、嘉绒地区

---

① 石硕：《论藏民族的多元化构成及其形成时代》，《西南民族大学学报》1992年第4期。
② 王怀林：《探秘东女国之都》，《康定民族师范高等专科学校学报》2006年第2期。

本教文化①，康北格萨尔英雄崇拜（图7-11）等，这些各种地方性神灵大多相对流行于一定的区域范围，对其他地区一般不产生影响。因此，这种多层结构的文化因素以及多元并存的文化格局必然投射到服饰上，成为服饰多元显现的又一重要因素。

图7-11　格萨尔服饰

杨嘉铭摄

再次，四川藏族聚居区东部边缘还杂居着汉、彝、羌等民族，各民族在长期频繁的文化交流中相互汲取、融合，服饰也随之交融和变化，从而形成更加丰富、多样的族群服饰特征。如清代松潘镇属龙安营象鼻、高山（今虎牙藏族）番民服饰既有安多藏族服饰宽大、着袍的特征，同时也有白马藏族同胞头戴毡帽、上插野鸡羽毛的特点，据研究，造成这种现象的原因是由于多元的民系（来自松潘的安多藏族同胞、土著白马藏族同胞与来自内地汉人）交融的结果。② 纳木依人服饰明显受到彝族、羌族的影响，服色尚蓝、黑色，衣大襟，下着五彩褶裙，包头帕，衣服上有细腻的绣花等。而地处康南的乡城女子"疯装"则是结合了乡城土装、唐代宫女装和纳西族女装的风格特点，显得神秘而独特。小金河畔的一些地方的服饰（图7-12）则是清代汉服传入而影响当地服饰形成的女性服饰种类。

图7-12　小金民间保存的清代旧服

杨嘉铭摄

---

① 多尔吉：《嘉绒藏区神秘的"哈瓦"世界》，《西藏大学学报》2003年第4期。
② 李绍明：（清）《〈职贡图〉所见绵阳藏羌习俗考》，《西南民族大学学报》2005年第10期。

另外，各地经济发展的不平衡也是服饰文化呈现多元特征的因素之一。服饰作为一种物质文化，直接受到社会经济发展水平的制约。处于民族边缘地带的人群服饰之所以变化缓慢，能够保留比较久远的服饰信息，往往就是因为这些区域的社会经济发展落后的缘故；相反，政治、经济或文化中心地区服饰文化则相对变化快。经济的繁荣，社会的发展，人们生活水平的提高，都会促使服饰功能向审美转变，衣料、服装结构以及装饰上就可能出现较大的变化。川西藏族聚居区地广人稀，自然条件艰苦，相对封闭的自然和社会环境，致使社会发展缓慢。加之边缴之地，时有部族纷争或兼并发生，各地社会经济发展呈现不平衡的状况。今天，扎坝一带姑娘穿着一种高腰长袖无领镶边外套，与20世纪初在四川甘孜藏族聚居区流行的一种服饰非常相似，这种款式在别的地方已几乎见不到了。①

第二节　嘉绒藏族服饰变迁述论

嘉绒，是藏族一个特殊的地方支系，主要指位居于川西北高原的岷江上游西岸流域与大小金流域一带的藏族居民。由于其独特的地理位置和族系源流，嘉绒在长期的时代演进和变革过程中形成了自己特有的文化现象，而且地域特色显著。嘉绒服饰即为其中一个重要的组成部分，也是嘉绒文化的外在表征、形象展示和象征符号，是藏族服饰中一朵耀眼的奇葩。

文化总是不断变迁的，"文化变迁进行在每一个地方和一切时代"。嘉绒传统服饰形成今天这样独特的面貌，是历史发展的结果，其变迁是有迹可循的。正确认识嘉绒服饰的变迁属性及变迁原因，对于进一步保护和开发嘉绒传统服饰无疑具有十分重要的意义。下面从时间和空间两个维度对嘉绒传统服饰变迁的主要表现、特点及原因作一讨论。

一、嘉绒藏族服饰的演变与发展

嘉绒服饰文化历史源远流长。据考古资料分析，距今三千多年前，这里的

---

① 孙明经摄影，张鸣撰述：《1939 年：走进西康》，山东画报出版社 2003 年版，第 136 页。

先民已能用线孔很小的骨针缝制衣服，并且有了骨梳及装饰品。秦汉时期，这里已形成了以定居农耕为主，畜牧和采集为辅的经济形式，麻布和兽皮是当时主要的服装原料，尽管麻线较粗，但已表明手工织物的存在。史料记载：汉时的冉駹已成为这一地区较大的部落集团①，"其人能作旄毡、班罽、青顿、毞毲、羊羧之属"。说明当地的土著夷人不仅能编织麻布、鞣制毛皮，而且还能够制作各种毛类织物。到隋唐时，在族源上与汉代冉駹一脉相承的嘉良"以皮为帽，形圆如钵，或带冪䍦。衣多毛毨皮裘，全剥牛脚皮为靴。项系铁锁，手贯铁钏。王与酋帅，金为首饰，胸前悬一金花，径三寸"。这一段记载，从以帽为主体的头饰、服装材料以及身体的装饰多方面形象地描述了嘉良人的服饰习俗，虽未详言其制，但可以看出"裘褐"与"冪䍦"的使用，与高寒的自然环境和半农半牧的生产方式是相适应的，是先民们适应自然环境的结果；同时，部族社会出现了阶级差别，并且在服饰上有了明显区别。需要指出的是，秦汉以后嘉绒这一地区还分布着从西北迁徙来的氐羌部落。外来的氐羌人进入后与当地土著的夷系民族生活在一起，自然会发生相互的交融和影响，前述的服饰特征中也有着与羌人的某些方面的相似性，如戴皮帽、衣毨裘。总的来说，这一时期服饰变化呈现两个特点：一是古夷服饰元素奠定了嘉绒服饰传承基础，即便在今天仍然能够从服饰上看到嘉绒藏族与夷人后裔彝语支民族的彝族之间的渊源关系②，这可能也是嘉绒女性服饰呈现出不同于其他藏族地区服饰的主要原因。二是服饰差异已逐渐成为区分不同部族集团或族群以及同一社会群体内部等级、身份的标志，且服饰特征带有浓厚的地域色彩。如嘉绒先民以金为饰、尚黑，而吐蕃重瑟珠、贵红色。

---

① 关于嘉绒藏族的族源问题，学术界主要存在两种不同的观点：一是氐羌说，即认为嘉绒藏族的先民是氐羌人，后来与吐蕃发生融合后才形成嘉绒藏族，此观点提出较早。参见李绍明：《唐代西山诸羌考略》（《四川大学学报》1980 年第 1 期），格勒：《古代藏族同化、融合西山诸羌与嘉戎藏族的形成》（《西藏研究》1988 年第 2 期）等。一是夷系说，认为夷系民族是汉代西南民族中与越、濮、氐羌系民族并列的一个族群系统，嘉绒藏族是汉代夷系民族的后裔，进一步说嘉绒是夷人与吐蕃东进融合后形成的新族群。参见蒙默：《试论汉代西南民族中的夷与羌》（《历史研究》1985 年第 1 期），石硕：《藏族族源与藏东古文明》（四川民族出版社 2001 年版）。在嘉绒藏族演进序列上学者们的看法是一致的：冉駹—嘉良—嘉绒，其族源具有混融性特点是不容置疑的。本文采用夷系说。

② 嘉绒藏族和彝语支民族传统服饰具有三个主要相似特征：百褶裙、头帕和披毡。详见石硕：《藏族族源与藏东古文明》（四川民族出版社 2001 年版）第 210—213 页.

　　唐初随着吐蕃兴起并不断东进，各诸夷、氐、羌部落先后皆为之所役，使过去处于分散状态的部落联结成为一个统一的共同体。经过两百余年的唐蕃交战，处于川西北地区部落不断受到吐蕃文化的同化，并最终融合为藏族。在这一过程中，男子服饰逐步与其他藏族聚居区服饰相一致，而女子服饰却与藏族主流服饰存在较大差别。也就是说，男子服饰受到吐蕃影响"藏"化更为明显，而女子服饰则较多地保留了本土风格，如辫发盘头、着百褶裙、披毡、贵黑。当然，嘉绒女子的服饰不可避免地要受到吐蕃服饰的浸染，与主流藏族服饰也有着共同的元素和特征，如冬季服装为宽袍、大襟，系腰带，佩戴嘎乌、绿松石饰品等。这种变化，与当年吐蕃与唐打仗时大批士兵驻留该地并与诸羌部落融合的历史事实是密切相关的。嘉绒作为藏族的一个边缘族群经历了漫长的历史演变，其服饰也在长期的民族分合、交融以及众多部族文化的交流后逐渐形成了与藏族主流服饰既有区别又有联系的服饰特征。正如戴平先生指出的一样"一旦民族形成后，它的服饰也基本定格，形成了本民族独特款式"。在这过程中，嘉绒受吐蕃文化的影响持续时间长、力度大、范围广，表现在服装的穿着习惯、装饰类型以及与服饰相关的审美心理和价值取向都受到同化，形成了"藏"式的风格。因而，隋唐时期是嘉绒藏族服饰发展变迁的一个关键时期。

　　随着吐蕃王朝崩溃，嘉绒地区复又分裂为多个以吐蕃部落为主体的割据政权。中原王朝实行羁縻政策，随俗而治，开设互市，促进贸易。吐蕃部落及其割据政权与东部的汉地之间发生了以茶马贸易为中心的大规模经济联系。嘉绒地区是藏区东部茶马互市的集散地，茶马互市使内地的茶及绢锦广泛地进入嘉绒人民的生活。其中，衣料布疋占有很大比重，明代在茂州年销棉布一万匹以上，威州也在万匹左右。绸缎主要销往藏族的上层人士，如土司、头人及寺庙活佛等，而窄布为川中遂宁、安岳等地手工产品，经久耐用，深受农牧区人民欢迎。此外，各部落首领（土司）可通过"岁输贡赋"获得不少赐予，绢帛占的分量较大。据载瓦寺土司一次获"赏三百八十二员名，银一千一百四十六两，表里缎绢二十四匹，熟绢三千七百零八匹，纱二十一石半"。在民间，藏汉人民之间生活用品类的物物交换更是经常而大量的。通过茶马互市和朝贡及民间物资交换，汉地布匹织锦日渐成为嘉绒人民生活的需求品，使嘉绒藏族服饰的衣料及其色泽等发生了变化，大大地丰富了嘉绒服饰文化。

　　清朝随着农业和手工业的发展，嘉绒服饰特色更加鲜明，地域风格越来越显著。入清以来中央加强了对嘉绒地区的统治，特别是杂谷事件和金川战役之后开始实行"改土归流"，变间接统治为直接统治，这种统治方式加强了汉藏的联系，促进了社会经济的发展。改土设屯，使嘉绒地区生产力得到了大幅度提高。同时，汉民大量迁入，人口增加，使得商业和手工业也得到一定发展。服装面料除传统的兽皮、氆氇、毡布、毯子等外，已能够制作较细的胡麻布和绒毛织品。来自汉区的绸缎、棉布广泛进入老百姓生活。随着与汉、羌、彝民族的交往，嘉绒吸收了外来民族的先进技术经验，丰富了嘉绒民间工艺，使嘉绒传统服饰更为华丽多彩。如：我们在丹巴调查时看到现存民间的乾隆时期女性服饰就异常华丽典雅，工艺也十分精细，衣上刺绣有二龙抢宝、蓝天白云、吉祥八宝等图案，上衣下裙，用真丝制作。在样式上与清以前相比嘉绒服装有了一些改进，由大领衣改为小领衣，到清晚期，出现了在斜襟边缘钉扣的习惯，领式也变为立领，而过去的大领衣则成为节日服装。男子有着毪衫者，也有"大袖圆领，帽用狐爪或狐腋镶若桶然，足着皮靴，腰系五色棉线宽带，系时将前后衣提耸蓬然"，俨如康人。

由于嘉绒地区自然环境的差异，社会经济发展的不平衡以及与周边民族的接触程度不同，清代嘉绒各地的服饰显现出明显的区域性特征。乾隆年间傅恒编撰的《皇清职贡图》及清后期的《绥靖屯志》《章谷屯志略》等方志都详细生动地记录了嘉绒地区之间的服饰差异特征。威茂瓦寺、杂谷等处介于其汉羌冲部，"其民衣服与内地相似"，妇女挽髻裹头巾，长衣褶裙；大小金川男子椎髻毡帽，短衣摺裙，身佩双刀，妇女"以黄牛毛续发作辫盘之，珊瑚为簪，短衣革带，长裙跣足"。革什咱（属今丹巴）男子戴羊皮帽，短衣短裙，外披毛褐，"番妇发绾双髻，插铁簪长尺许，短衣长裙，颇习耕织"。木坪男子剃发留辫，戴圆顶斗笠，穿长衣披红偏衫，女子双辫盘额前，"著大领短衣，细摺长裙，拖绣带"①。

清代，随着清王朝对嘉绒地区的封建统治的加强和藏、汉、羌民族之间经济文化交流的增多，汶川、理县及小金部分住在谷地、城镇附近的嘉绒藏族，由于受汉文化的影响较深，服饰呈现"汉化"倾向也是清时期重要的特征。《绥靖屯志》载："富者多着袜及薄底平鞋，渐遵汉制矣，贫者则否……其寨首士

---

① ［清］傅恒编著：《皇清职贡图》（卷六），辽沈书社 1991 年版。

兵，多从汉制，见汉官执礼甚恭，首戴白毡有盘帽，如汉人草帽样微小……头人则着汉服。"由于上层头人的影响，汉族服饰逐步传播到民间。女子服饰上衣改得短小紧身，斜襟也如汉式。金川一带妇女"如汉人之汗衣，窄袖，长仅及腰，贫富皆同"。《四川通志》嘉庆（卷九十八）亦载，五屯（杂谷脑、乾堡寨、上孟董、下孟董、九子寨）"屯弁兵等服饰俱与内地相同"，妇女穿短衣长裙，发结细辫，头裹花帕，耳带大环，男务耕猎，女织麻布毪子。另外，男子头缠青布或胡皱帕，留独辫，头戴瓜皮帽的汉族装扮在嘉绒地区皆有出现。

清末民初，嘉绒藏族的服饰在形制结构上逐步趋于一致。男子普遍着大领袍或衫，拴腰带，冬天加羊皮袄；女子穿马甲、长衫、褶裙、花腰带，冷天外加褂子。男蓄发辫，妇女顶头帕。在服装配色、衣料、腰带以及头帕大小、色调、饰品等方面不同地区又有差别。近汉地区或商业集镇，男子留满族发辫，头上包青布帕子或毛巾，着长衫，打裹脚，脚穿草鞋。而偏僻的山区和牧区服饰则宽袍长袖，腰束革带，佩戴藏刀。衣料多为本地的氆氇、毡布、胡麻布等。土司和头人用的则是外地货如：哔叽、呢、布和绸等。盛装比日常装繁复、精美，衣料多用绸缎、平绒等制成，衣襟处还镶上水獭皮、豹皮，纽扣用银铜等制成，发辫上要套各种金银制成的发圈，项戴珠串，胸花、嘎乌等。这一时期，服饰在生活中仍有着独特的社会意义，如三十岁以上妇女才能穿白褶裙，女子头帕具有区示婚姻状况的功能。

新中国成立以后，随着土司制度的废除和新中国民族政策的推行，藏族聚居地区社会生产关系及思想观念发生了重大变化。人们可以根据自身的经济条件和审美观念打扮自己，而不受千百年来以服饰"昭名分、辨等威"的传统习俗的制约。特别是1954年嘉绒被识别为藏族以后，嘉绒服饰强化了作为文化特征的差异，女性服饰形象成为区别于其他藏族族群的主要特征之一。20世纪50年代以后，一些统称为"番"的各地嘉绒藏族逐渐形成了小区域（寨、村、县）的服饰认同。女子传统服装样式变化不大，头饰变化各地有异，装饰更加多样化，服饰对个体人生的象征意义开始弱化。虽然受到汉族经济文化的影响，各地嘉绒服饰已不同程度的汉化。但从50年代的调查资料来看，嘉绒传统服饰仍是大多数嘉绒群众喜穿的服装，只是服装款式和风格又有一些变化，"志书记载的上穿短褂，下穿白褶长裙的装束现在已看不到了"，传统服饰在衣料、制作上越来越成品化、现代化、多样化，样式趋向简约、方便，在日常生活中，青年男女更多的是将传统服装与中西成品制服搭配使用。

目前，嘉绒藏族服饰的一致性，表现在方形头帕和前后两片围裙上，当地人称"三片式"。其他部分如服装样式、头帕色彩及绣花图案等则表现出地方性细节差异。因此，依据这些差异特点，可以把嘉绒服饰分为几个不同的区域类型，如丹巴、马尔康、理县为代表的三个区域等。以丹巴为嘉绒传统服饰的典型代表，一般头顶青色绣花吊穗头帕，外着深褐长衫，冬天披方形披风，内穿锦缎上衣，下着白褶长裙，腰前后还各系一条黑色围腰。马尔康一带服饰明显受到安多牧区服饰影响，编细辫，腰系革带并佩饰华丽。岷江河谷的嘉绒藏族受到羌族习俗影响，平时喜穿长衫，系围腰，冬天穿羊皮褂等。

二、嘉绒藏族传统服饰变迁的原因

一般来说，文化变迁往往是由外部刺激和文化内部的发展而引起的，这两个方面经常是同时或先后发生并相互作用的。具体分析嘉绒传统服饰变迁的原因，主要有以下几个方面：

1. 文化传播

根据文化人类学的传播理论，传播造成文化变异有两种类型：一种是接触传播，即不同族群文化间依据地理位置的接近，借助于文化或经济的媒介将一种或几种文化因子从一地向四周传递，这种变化在短时间内不显著，先总是由局部变化开始，然后逐渐加强向外渗透；一种是迁移传播，由拥有这种文化的个人或群体迁移，将该文化从一地传播到另一地，其特点是变化快、影响大。嘉绒服饰的变迁不仅有缓慢的接触融合，也有快速变化的迁移型传播。第一，嘉绒地区自古就是民族迁徙的走廊。在漫长的部族演进过程中古代夷系和氐羌先民等形成了朴素的、实用的服装和装饰风格，相互间得到了初步交流。第二，吐蕃东进对诸羌部落进行了长达两百余年军事征服和政治统治，使它们在相当程度上受到吐蕃文化的同化。但这种融合由于远离藏族文化核心区，处于势力比较薄弱的边缘地带，"吐蕃并没有彻底征服嘉良夷，使其保存了自己的一些独特的语言和风俗习惯，形成一种被藏族同化而未全化，与藏族融合而未全合的民族特殊区域"，故而嘉绒服饰既有吐蕃文化因子又同时保留了自身服饰文化特点。第三，汉文化的影响，早在秦汉时期，这个地区就与中原建立了臣属关系。唐以后，政治经济联系更为密切和广泛。清代以来，汉族人口大量迁入，逐渐形成汉藏羌杂居地区，嘉绒服饰开始汉化，"男子衣服与汉人同，惟女人装束头部与西番相似"，汉族服饰逐步在嘉绒地区得到普及和流传。第四，与周围异族或族群的联系。唐以后，汉、藏、羌民族格局基本形成，各民族服饰在长期交往接触中互相渗融并加以发展。黑水、马尔康等与安多牧区相邻的嘉绒服饰则带有牧区服饰的特点显得宽大、结实。邻近羌的地区，如汶川一带的嘉绒服饰样式与羌族的差不多，色彩喜用大面积的蓝色，衣襟边缘镶以宽边等。

简言之，嘉绒服饰变迁过程中两个重要时期皆缘于外来文化的传播和影响，即吐蕃与中原汉文化。吐蕃文化的传播始于吐蕃的统治以及大批将士驻留在嘉绒地区，与当地诸羌居民相杂处，并在以后相当长时间内彼此相互依存、融合发展，从而使嘉绒服饰与藏族主体服饰之间建立了某种一致性。嘉绒能够吸纳藏族服饰文化因子而呈现"藏"化，其原因有三点：（1）相似的自然生态环境和社会发展背景。（2）自吐蕃建立以来，以经济生产方式和生产关系为基础的社会形态和结构是相同的。（3）共同的民族文化和宗教信仰，形成了共同的社会文化心态、价值观以及审美情趣。中原文化的影响导致嘉绒服饰发生重大变迁是清朝改土归流以后。如前述，清朝为了加强统治，实行大规模移民屯田，内地先进文化、风俗习惯也随之传入，在此之后的一百年间嘉绒传统服饰发生了较大变化，不过，这种变化经历了强制变革到主动接受的过程。以上两个不同时期的服饰变迁都与外来民族人口的大量移入有关，其次，外来文化相对于嘉绒来说处于强势地位，正如著名人类学家伍兹所说"接触本身可能导致文化的分化，特别是在征服状态下，一个民族统治另一个民族的时候更是这样"。这种文化借取主要表现为经济不发达地区向经济发展地区文化的吸收和采纳，而反向的借取不明显。

2. 社会制度变革与转型

变迁是一个连续变化的过程，但并不否认在历史的某一具体时期，文化又可以是均衡稳定的，它的传承特征明显于变迁特性。民族服饰传承基础是传统的生产生活方式、相对封闭的环境和严格的阶级差别。众所周知，服饰具有调适其社会内部的人际关系、阶级分层等社会功能，在阶级社会服饰具有阶级性。嘉绒社会是世袭的封建领主制（土司制），社会内部等级森严，表现在服饰装扮上有着严格的规范，服装样式是没多大差别的，主要差别为材质和佩饰的不同。这些服饰习俗规定着人们的服饰行为并深入到心理，成为制约服饰发展的力量，而服饰的变异往往首先出现在统治阶层服饰的改变，所以，当环境发生变化，最大利益代表者首先作出反应，服饰便开始发生变化，然后再影响到这一民族的更多数量的群众。另一方面，这种领主制将农民束缚在土地上，自给自足的自然经济限制了与外界接触。因此，元明及清初时期，土司制度的延续一定意义上体现了服饰均衡稳定的特点。清代改土归流以后，社会形态结构发生变化（虽然保留了土司制度的内容），使得地主经济得到发展，改变了过去单一的社会结构和经济生产方式，农民获得了一定的自由，同时，汉、回等民族的大量加入，促进了商业、手工业的发展，社会阶层复杂化了。在这种情况下，汉、羌、回等民族文化的交流日益频繁，促进了嘉绒服饰文化的变迁，文化强制的社会功能开始减弱或变得中性，而审美的功能则突现出来，随之着装习惯和心理也跟着发生变化。

现代嘉绒服饰的兴起，是现代生活方式和旅游业经济博弈的结果。随着嘉绒地区交通条件改善、价值观念的更新，人们与外界接触和沟通日益频繁，除农牧经济之外还兼营多种经营，其生活方式逐步走向现代化，即一种与外界密切接触、信息交流快捷的，更加复杂和快速的生活方式。这种变化对嘉绒藏族服饰影响之大是前所未有的，反映在服饰方面包括服装的款式、风格、材质以及着装习俗都有一定的改变。生活空间的扩展和传统生活方式的变化使得服饰作为族群之间以及个人在社区环境中的区示性等社会功能逐渐弱化乃至丧失。而传统服饰质料厚重、结构繁复显然不能适应现代生活的要求，"不方便做事""不舒服"常常成为不穿传统服饰的缘由。由于汉装轻便、省事、时尚，款式多样，符合人们审美愿望和求异心理，因而受到青年人的广泛喜爱。然而，20世纪80年代后，旅游产业不断升温，旅游业给当地带来了经济效益，同时也带来了人们对本土文化的重新认识，那里的人们又重新穿戴嘉绒传统服饰。嘉绒服饰典雅大方、款式独特，自然成为一道亮丽的文化景观。在有游客聚集的景点，几乎都有租服装照相的摊点，笔者在不少地方考察时还看到小孩子身穿盛装供游客拍照挣钱。不仅如此，嘉绒服饰成为宝贵的文化资源也受到社会各界的重视。在这种情况下，传统服饰会相应出现一些变化，服装质料更加现代多样、结构变得简约而方便，服饰搭配也更随意，穿着时有的只在外面套上嘉绒标志性的"三片"（头帕、前后围各一片）。当然，服装的选择直接与所从事的工作有关。在特定的场域，如婚庆仪式、节日活动中的盛装，表达的是审美价值和文化内涵，与日常装相比盛装变化更为缓慢。在旅游景区，传统服饰也是一种文化表达，但展示的内容和形式却"符号化"了，让游客感受到的是一种变异的"异文化"，而非原生态的服饰文化。

3. 经济发展水平

服饰作为一种物质文化，直接受到经济发展水平的制约。嘉绒地区历来属于边徼之地，长期以来，嘉绒地区部落林立，互不统属，相互间纷争、兼并时有发生。虽然地理位置处于青藏高原向成都平原过渡的边缘，但仍属深山峡谷，气候寒冷，自然条件艰苦的川西高原，加上交通不便，就造成相对封闭的自然和社会环境，致使社会发展缓慢。川西藏汉贸易虽有上千年历史，但川西北藏族聚居区社会发展缓慢，生产技术落后，生产水平不高，加上手工业尚未从农牧业中分离出来，自然经济占着主导地位，因此产品交换仍不能满足人们生产生活的需要。从《皇清职贡图》所载来看，威茂杂谷、大小金川及革什咱、绰斯甲的属民夏季跣足或男跣足，女着履。《绥靖屯志》记金川一带"好徒跣，男女皆然，间有革靴"。新中国成立以前，嘉绒藏民少有随季节换装，在比较寒冷的地区，也有一年四季常穿一件老羊皮袍的现象。平民百姓衣装非常简单，注重实用、结实、保暖，一生有一身盛装足矣。如毡披过去是用于防雨雪，现在演变为一种装饰。从 19 世纪二三十年代一些考察记述看来，嘉绒服饰是非常朴素的。服饰的颜色一般为牛羊毛的本色，很少有染色情况。从服装材料来看，基本使用产自本地的氆氇、毡子、胡麻、皮毛等，除上层使用内地购进的丝绸之外，平民百姓"凡是自己能制造的东西，决不仰赖于交换"。到清后期，嘉绒民间还是传统的自缝自制。藏族同胞们所穿的衣服除自己制作外，更多的请当地裁缝（主要是回、汉民族）为满足家庭成员的需求到家里来缝制。如前述，嘉绒服饰呈现明显地域特征，其中一个重要原因就是经济发展水平不平衡。随着生产发展和人民生活水平的提高，商业经济进一步繁荣，嘉绒服饰在衣料、服装结构以及装饰上出现了一些变化。经济水平的提升促进了服饰功能从实用向审美的转变。由"褚巴毡衫"到锦衣布袍以及服饰制作上传统手工业被现代工业生产所取代，发式从挽髻到辫发戴头帕的变异，以及跣足到穿草鞋、布鞋、皮鞋的变迁，嘉绒藏族服饰中异质文化因子慢慢消失，都与经济发展分不开。

三、结语

嘉绒藏族服饰是一种文化符号。从整个历史过程来看均衡稳定是相对的，而发展变化是绝对的，嘉绒服饰在远古时代变迁徐缓，相对稳定，到了近代以后，服饰变迁的进程明显加快。

从文化地理学的角度来说，嘉绒由于处于文化边缘地带，因此自身文化丰富且具多元文化特点，在文化的选择上也具有相对的开放性。嘉绒服饰的变迁过程本身即是一个汉藏文化渗透融合的过程。服饰的变迁相对于历史长河来说是徐缓的，但就某一历史时段来说也存在快速的变革。当外来文化以其显著的优越性或政权的强制性辐射和覆盖该一族群文化时，文化变迁表现为剧烈的变化，在这样的物质经济和文化背景下，服饰首先发生变革，这是文化变迁中的普遍现象。从此意义说，物质生活的服饰又是民族文化中最活跃最革命的因素。

总而言之，嘉绒藏族传统服饰的现代化是不可避免的，其服饰的创新和变革是必然的选择，同时，也是适应社会变化的主动接受。

结　语

藏族服饰的现代变迁

藏族传统服饰有悠久的历史，它在上千年的传承过程中不断发展、演变，在传承历史文化信息的基础上又在不断地变异、革新和创造，同时，每一个历史时期的服饰都记录下了那个时代的印迹。人类学家们认为：文化变迁是不可避免的，它是人类文明的一种永恒因素。[①] 书中第三章详细梳理了藏族服饰在历史长河中发生的变迁状况。今天，整个社会蓬勃发展大步向前，现代化浪潮以前所未有之势覆盖着中华大地每一个角落。在这样一种背景下，藏族传统文化正面临巨大冲击，藏族服饰这一积淀深厚的文化遗产也悄然发生着变化。我们看到，这种变化既反映了商品经济和社会发展的必然后果，同时也体现了藏族民众对现代生活的向往和渴求。作为文化研究者，我们并不希望也没有理由让藏族同胞固守着自己的传统而放弃对新生活的追求，但是，面对藏族优秀的文化在社会急剧变迁过程中逐渐退化和消失，除了遗憾之外，我们也需要认真思考，在现代文明的时代背景下，藏族服饰如今面临怎样的困境，又如何保护以及如何发展和传承的问题。这里，笔者无法解决这一重大问题，只是提出思考。

一、现代化背景下藏族服饰的变化

任何社会任何时期中的服饰变化程度，取决于存在的两种力量之间的平衡，一种力量促进服饰的淘汰，一种力量阻碍服饰的进步。倾向于阻碍服饰变化的因素包括以下方面：（1）严格的阶级差别；（2）限制消费的法令；（3）习惯；

---

① Bronislaw Malinowski：*The Dynamics of Culture Change*, *An Inquiry into Race Relations in Africa*. Part One p. 1. New Haven and London Yale Uniuersity Press, 1945.

(4) 与现代世界隔离;(5) 对新事物的恐惧;(6) 政府的限制;(7) 极权主义。① 我们看到,20 世纪初,藏族传统社会也像世界上很多民族一样毫不留情地被敲开了自我封闭的大门,文化之间的沟通和交流不可避免地产生,风气之先的服饰等生活方式首先成为冲突的焦点之一。20 世纪初,改革藏军军事制度的"现代化"尝试就是以改变传统藏装为先导,将藏装改为西装,不久就遭到来自传统力量的强烈反对,噶厦保守官员的代表卓尼钦莫丹巴达杰,就常把藏军代本们"比作猴子,因为他们不着传统的藏袍而是西装革履,所以,人们只能看到他们的腿部",这些着装改革不仅受到来自传统力量的讥嘲和鄙视,甚至是政府当局的叱令:"全体众生不得穿着外国人服装与其他奇装异服等等。"② 当时,穿西装、皮鞋者不得进入罗布林卡,戴眼镜被视为异俗,妇女不戴传统的大头饰等也被人视为西藏传统价值观念和风俗习惯趋于堕落的象征。③ 虽然西藏首次现代化改革以失败告终,但是,以身着西装为代表的现代文化与身着藏装的传统文化之间的对话也从这里开始了带有里程碑意义的变迁历程。由于藏族聚居区特殊的自然条件和地理环境的限制,之后,现代服饰的传播并没有流向更广的其他藏族聚居区。这一时期,内地服饰也处于变革之中,动乱年代的内地服饰也不能给藏族聚居区社会留下多大的印象。直到 20 世纪 50 年代,藏族社会的各阶层人士还是以传统的藏族服饰为主,服饰特征也没有太大变化。④

自改革开放以来,由于现代传媒的发展、交通运输的便利,特别是商品经济的推动,藏族聚居区各地都或多或少地接受了现代化生活方式,即一种与外界密切接触、信息交流快捷的,更加复杂和快速的生活方式。特别是 20 世纪 90 年代以后,随着现代化进程的加快,藏族聚居区经济得到了快速发展,全球化进程又促进了各地区、各民族之间的空前的文化交流。藏族社会从生产、生活、

---

① [美] 玛里琳·霍恩著,乐竟泓等译:《服饰:人的第二皮肤》,上海人民出版社 1991 年版,第 127 页。

② 郭冠中译:《第十三世达赖喇嘛·土登嘉错土狗年十二月九日 (1899) 颁布的文告》,见中国社会科学院民族研究所历史室、西藏自治区历史档案馆:《藏文史料译文集》,1985 年版。

③ [美] 梅·戈尔斯坦著,杜永彬译:《喇嘛王国的覆灭》,中国藏学出版社 2005 年版,第137—138 页。

④ 日喀则政协编,德庆多吉译:《原后藏各阶层的服饰特征》,《西藏民俗》2001 年第 4 期。

教育以及人生观到价值观都呈现出各种变化，这些变化从根本意义上加速了藏族传统服饰的现代化变迁进程和向现代转型的步伐。

虽然现代时装的许多元素来自西方服饰款式，但由于其自身的轻便性和时尚性，使其已全面融入汉民族生活并成为汉族社会的主流服饰。随着藏族聚居区与内地关系的日益密切，汉族的穿戴习惯也通过文化和商业交流进入到藏族人民的生活之中。藏族人直接从市场上购买现代成衣，他们的服饰审美也潜移默化受到影响。对传统藏装，他们认为不能适应新时代高效率、快节奏的生活，藏族传统服饰作为民族文化的外显性标志，也只有在藏族传统节日或庆典仪式时候才穿，在藏族民众的日常生活中显现出日渐消退的趋势。藏族传统服饰与现代时装之间的这种对话状态在不同的地区和不同的人群呈现出不同的特点，具体说来表现在以下方面：

首先，藏族聚居区的大中城市经济发展较快，现代化程度也较高，藏族的传统服饰在这些地区消失得非常快，取而代之的是流行服装。拉萨、日喀则等现代都市，来自世界各地的游客以及各藏族聚居区的朝圣藏民汇聚于此，形成了一个多元开放的社会，传统和现代和谐共处，在各种外来文化的冲击下，藏族文化显示着强大的生命力和包容性。笔者2007年来到拉萨对藏族民众的穿戴进行调查时，强烈地感到这里人们着装的现代时尚气息，穿着藏装者多为农牧区民众以及当地老人。这种情况也同样存在于藏区的中小城镇：康定、昌都、巴塘、马尔康、林芝等。从总体趋势来看，经济越发达、越临近汉区的城镇居民传统服饰退化得越厉害。相反，在牧区和偏远的山区农村，由于交通闭塞、经济落后，他们的服饰变化非常小。农区居民生活稳定，经济来源多元化，他们通过城镇接受外来文化和信息，在服饰变化上介于城镇与牧区之间。而相当一部分地处偏远的自然条件恶劣牧区的牧民，由于落后的生产力和自给自足的生产方式的制约，他们的着装以适应自然环境为出发点，强调服装的应变功能和实用价值。传统的藏袍更能适应他们的生活需要，使这些地区的藏族人成了传统服饰的保留者和延续者，他们有的还用自产的羊毛和毛皮加工制作衣服，甚至有的贫困牧区还存在"一衣度春秋，一衣走天下"的现象。

其次，现代化的影响对同一社区中的不同人群是有差异的。一般来说，青年一代多受过良好的教育，思想开放，容易与外界交流，他们从小就穿着现代时装，对传统服装保持一种敬而远之的态度。2005年，笔者访问过一位民族高校青年教师，他即认为"好看还是好看，但太不方便，穿出来怕笑"。如果不是出于某种需要，他们是很难自觉穿上传统藏装的。从性别来看，男子服饰的变化比较突出，生活习惯和审美观念与内地没什么两样，方便、简洁、便宜的现代时装成为他们的首选。民族学者指出，"男子衣饰趋向便宜，女子衣饰趋向保守"，此原始衣饰演化之通例也。① 男子是家庭中的政治、经济的代表人，与外界的接触相对较多，藏族聚居区各地男子服饰趋于一致的特点也说明社会分工对男女性别服饰的不同要求和体现。随着藏族聚居区交通通信的便利，藏族青壮年男子外出务工者越来越多，如跑运输、办旅游等；妇女和老人则在家务农，做家务看孩子等。这样就进一步扩大了两性间的社会角色的区分，男性的社会交往较之从事单一的农牧生产时的范围扩大，更多地进入城镇就业。生活空间的扩展和传统生活方式的变化使得服饰作为族群之间以及个人在社区环境中的区示性等社会功能逐渐弱化乃至丧失。男性与外界接触过程中，在心理和认同上就容易发生某种转向：与外界主流服饰保持一致是适应社会的需要。因此，着汉装也成为男子与外界交往的体现，标志着"在外面有事做"。而女性和老人的社会活动空间则要求他们符合当地的传统，在服饰上成了"守旧"的人群。

在研究藏族服饰变迁中，藏族传统服饰被汉装代替是变化的一个方面，同时还应注意到藏族传统服饰本身所发生的变化。自20世纪80年代以来传统服饰的变迁速度加剧了，并呈现出三个方面的态势：（1）传统盛装礼服化；（2）传统生活服饰简约化、符号化；（3）藏族聚居区各地服饰"趋同化"。

第一种变迁态势具体表现为人们日常生活中少穿或不穿体现民族或族群风格的传统服装，取而代之的是从市场上购回的现代服装，而传统服装仅成为人们在参加重要的集体活动时或节日、庆典、婚礼上穿着的礼服。这样就将生活装和礼仪装截然分开了，传统服装成为民族文化和意识的一种表现，就是在外上班的机关人员往往也会迎合某种礼仪场合的需要制作一两套藏装。笔者在调查中发现如果不是节日或什么庆典的话，要想看到他们的盛装是很困难的。第二种态势也是所有服装发展的一种趋势，即日常生活装的简洁、方便，主要表现在服装款式和配饰上。就拿女子的头饰来说，卫藏地区的各种复杂头饰很多已固定成型，编好发辫后直接戴上即可。嘉绒藏族女子头饰，过去是用彩线混

---

① 马长寿：《马长寿民族学论集》，人民出版社2003年版，第64页。

合于发中编成独辫，然后盘绕于头。现在很多人将彩线编成辫后再与头发相接搭于头帕之上，旅游地区的女子头帕与发辫完全分开。嘉绒女子传统的"三片"（头上一片、腰前一片、腰后一片）过去基本上都是手工绣花而且图案复杂，现在很多都到制衣店定制，有手工的（绣工和花纹都没有以前的精细），也有机器批量生产的。妇女的发型，也向更为简便方向变化，牧区姑娘们无数根小碎辫也变少变短了。藏族同胞平时所着藏袍也多采用各种机织的轻巧、柔软的毛哔叽、涤纶、灯芯绒、平纹布等来制作，盛装藏袍还是用氆氇和丝绸挂面，但少有虎豹皮镶边。日常佩戴饰品方面，女子除代表族群标志的饰品外，一般还佩戴一两串项珠、手镯、耳环之类；男子饰品因人而异，但小巧方便携带的佩刀、

图 7 - 13　护身盒

护身盒等也越来越受人欢迎了（图 7-13），笔者在甘孜调查期间，常见有男子将小巧的护身盒拴在腰带上。藏靴的穿着需要与大脚裤、上衣等配套，出外也是平坦的大道，穿着藏靴就显得十分不便，即便上穿藏袍，脚上也还是喜欢穿轻便的皮鞋。从服饰社会学上来说，需求决定市场，来自工业生产的服装布料、彩线以及服装成品等，可供选择的花色种类繁多、色彩鲜艳、质料轻软，价格也便宜，符合人们对服饰的要求，因而占有大量的市场。这一趋向，从各地民族用品商店所出售的饰品、服装都可以看得出来。专门的缝纫店基本都采用缝纫机制作，所使用的材料也都是购自内地的衣料和扣子、花边等。过去在一些地方非常普及的绣花、编织腰带以及捻毛线、织氆氇、制靴、缝纫等工艺活动已逐渐衰落，以致在部分地区消失。就在康区的中心地区如理塘、新龙、甘孜等地，也很少有自己缝制衣服的情况，自己制作不仅费事麻烦，而且价格也不便宜。具有传统手艺的一代人已渐渐老去，而新的一代人对工艺完全陌生，以致后继无人。这种现象普遍存在于今天的广大少数民族地区。第三种态势也是第二种态势发展的必然。随着藏族聚居区各地之间交往日益频繁，几个文化区之间的差异逐渐缩小，藏族内部族群的外观特征相同或相似的元素越来越多，加之服装商品化和成衣化的趋势进一步促使具有符号化的"藏族服饰"在藏族聚居区各地推广，各地具有地域特色的亚族群标志的本土服饰悄然改变，这种服饰的趋同现象也可以说是"泛藏化"

现象。比如，最初在卫藏地区流行的女子无袖袍，现在藏族聚居区各地都能见到。过去，各地妇女围腰无论从色彩、面料和款式都有自己的特色，近年来，彩虹般的"邦典"已流行到藏族聚居区各地。兰州大学西北少数民族研究中心宗喀·漾正冈布教授认为，藏族服饰趋同现象还表现为"牧区化"趋向，其中一个典型的例子就是牧区的短上衣"堆通"，其方便、美观的特性不仅受到牧民喜爱，在农区也逐渐流行起来。

上面三个方面的态势是藏族传统服饰的款式、穿着风格等反映出来的变化趋势。从整个服饰区域来看，文化的中心区域的服饰变迁速度往往比偏远的区域快。文化学者认为文化边缘区域人群的服饰更能保持古老的服饰特征，许多文化现象都是这样。文化中心既是各种文化交流的中心，又是所在民族文化的核心，是文化冲突最激烈的区域，当然，也是文化走向多元融合变迁的中心区；文化边缘区的文化变迁往往处于相对缓慢和停滞状态，保留了更多的历史信息。这两种状态几乎同时存在。处于藏族聚居区边缘地带群体的服饰被认为是具有远古气息和文化特征的服饰，如阿里服饰基本上保守了古格王朝时期服饰的一些形貌。20 世纪初，在四川甘孜藏族聚居区流行的一种高腰长袖无领镶边的外衣上装（图 7 - 14），现仅在扎坝一带还能够看到（图 7 - 15）。造成边缘区域人群的服饰能够长久地保持稳定状态的原因很多，除地处僻远、相对封闭而外，有一点可以肯定的是他们的服饰具有更强烈地区分"我群"和"他群"的作用，他们也更加珍视作为象征民族标志的服饰。比如，宝兴硗碛藏族与许多接近汉地的民族地区不同的是，他们在服饰穿着上严守以往的传统。不仅女性身着传统服饰，与外界联系较多的男性在当地亦多穿传统服饰，而并不是仅在节日期间才予以展现。[1] 阿坝州黑水县的一个藏族村寨依然坚持着穿藏族服装的传统，村寨里的人在寨子里必须穿藏族服装，即使从外地打工回来的藏族人也要换上藏装才可以进入村寨。[2] 这种传统的固守说明了处在边缘区域的群体内聚需要的力量，在面对外来异质文化的冲击时，表现出强烈的排斥心理。当然，也不排除边缘区的文化变迁走向另一个极端的情况，那就是当遭遇强劲的外来文化冲击的时候，边缘区的人群全面接受外来文化而导致自身的原生文化的消亡。

---

① 邹立波：《一个"边缘"族群历史与文化的考察——以宝兴硗碛嘉绒藏族为例》，四川大学硕士论文 2006 年。

② 刘俊哲等：《四川藏族价值观研究》，民族出版社 2005 年版，第 224 页。

在文化传承和发展的过程中，由于种种原因，周边文化都随着时代而改变了，唯有偏居于某地的文化却奇迹般地保留了下来，这就是"文化孤岛"现象。如位于米拉山以东的工布"古休"服饰，有关研究认为独特的工布服仍保留了远古时期狩猎文化的遗存。①

图 7 – 14 义敦藏族女子

《1939 年：走进西康》第 136 页

图 7 – 15 扎坝藏族女子

石硕摄

与藏族服饰文化走向衰落的状况相反，20 世纪 80 年代后，旅游业给当地带来了经济效益，同时也带来了藏族聚居区人们对本土文化的重新认识。藏族服饰作为一种旅游资源，有了展示的空间和存在的现实价值，不少地区的藏族同胞又重新穿戴起藏族传统服饰。藏族服饰典雅大方、款式独特，自然成为一道亮丽的文化景观。在有游客聚集的景点，几乎都有租服装照相的摊点，笔者在不少地方考察时还看到小孩子身穿盛装和游客合影挣钱（图 7 – 16）。不仅如此，藏族服饰成为宝贵的文化资源也受到社会各界的重视。在这种情况下，传统服饰会相应出现一些变化，服装质料更加现代多样，结构变得简约而方便，服饰搭配也更随意，穿着时有的只在外面套上藏袍或戴上头饰，如丹巴甲居当地民众为了工作（旅游服务）方便，她们的服装已相当简化，里面是现代时装，只在外面套上象征嘉绒服饰的"三片"。九寨沟的导游则必须穿戴管委会统一制作的藏装。当然，服装的选择直接与所从事的工作有关。在特定的场域，如婚庆

---

① 姚兆麟：《工布及工布文化考述》，《民族研究》1998 年第 3 期。

仪式、节日活动中的盛装，表达的是审美价值和传统文化内涵，与日常装相比盛装变化更为缓慢。在旅游景区，传统服饰也是一种文化表达，但展示的内容和形式却"符号化"了，让游客感受到的是一种变异的"异文化"，而非原生态的服饰文化。

以上分析表明，在当代社会日益发展的现代文明的冲击下，藏族服饰文化加速了势不可挡的现代化进程，这种现代化进程一方面带来了传统服饰文化的全面衰落，包括服饰风格的改变、工艺技术以及服饰文化事象的衰微甚至消

图 7 - 16　身着传统服饰的孩子们

失。我们看到服式改变，款式更加简洁、轻便，服饰面料多样化等代表了服饰发展的一种趋势和潮流，这是社会发展的必然现象。然而，急速的变迁让人们还来不及细细地品味和研究，一些经历数千年积淀的人类文化遗产不知不觉消失了，实在令人叹惜。值得欣慰的是，现代文明给各民族带来繁荣和变化的同时，也带来民族文化的自省和自觉，一些有识之士呼吁保护传统文化。在国家和政府的重视和倡导下，传统服饰文化出现了复兴的趋向。据调查，随着经济水平的提高，人们重新重视藏族传统服饰。近年来，藏族传统服饰的拥有量大幅增加，贵重首饰的消费也占到较大的比重。[①] 在节日活动中，藏家儿女的服饰争奇斗艳，华美异常。与此同时，政府和社会各界对藏族传统服饰的关注和开展的保护工作也促进传统服饰的"复兴"。藏族服饰文化的复兴不是简单意义上的"回归"，而是以现代服饰理念与藏族传统审美相结合，以服饰的实用性和审美性创新准则的服饰变革，是中国现代服饰发展的需要。

二、关于藏族服饰的保护和发展的思考

藏族服饰变迁是社会变革引起的，是多重因素相互作用的结果，不能用简

---

① 扎嘎：《变化中的西藏安多牧民家庭经济》，《中国西藏》1996 年第 5 期。

单的因素来解释，笔者以为主要有以下几方面：（1）传统服饰的族徽作用和社会功能逐渐弱化。（2）生产生活方式的多样化和现代化。（3）社会经济的发展以及商品市场的繁荣。（4）文化交流的频繁，特别是主流文化的渗透。（5）传统藏装的实用功能降低，不仅制作费时、价高，而且也不方便。（6）宗教力量。这种变迁范围之广、力度之大都是史无前例的。我们明白，传统文化是人类文化的珍贵遗产，是建设现代文化的基础，也是未来文化的不竭之源。如何保护、弘扬和创新，是当代社会一个非常严肃的问题。

藏族服饰的保护在现实社会中未能得到应有的重视。服饰文化资源丰富的甘孜地区到目前为止不仅各个县没有包括服饰在内的博物馆，整个甘孜州也没有一个展示场馆。西藏博物馆中服饰展品也相对较少。在社会各界的推动下，藏族服饰于2007年被纳入无形文化遗产的保护之列，第二批国家级非物质文化遗产名录"藏族服饰"包含了以下地区服饰：西藏措美县、林芝地区、普兰县、安多县、申扎县以及青海省玉树州、门源县等地的藏族服饰，加上第一批"西藏山南地区、日喀则地区藏族邦典、卡垫织造技艺"，一共不到十项，所列项目主要涉及西藏及青海两个地区。事实上，各种藏族服饰类型中蕴含独特文化价值的还有很多，如四川甘孜扎巴服饰、乡城疯装、嘉绒服饰，以及甘南舟曲服饰、白马服饰等。尤其是一些处于边地、人口稀少的族群服饰亟待抢救性的保护。甘孜雅砻江支流鲜水河畔的扎巴服饰，如果没有切实的保护和抢救措施，可能要不了多久就再也见不到了。

对于藏族传统服饰的保护，首先，一个最基本、也是最有效的方法就是对藏族服饰面貌作一个详细的普查，做好真实详细的文字和影像记录工作；对即将消失的民族服饰和工艺需要投入更大的力量开展田野考察记录工作，利用现代化的摄影、照相设备将服饰工艺技术及服饰相关习俗制成影像资料，以便以后开展综合的研究分析工作。其次，各级政府文化部门要重视对博物馆的建设，必要时应当建立服饰专题博物馆或展示中心。最后，在政府的主导下，建立有效的藏族服饰文化保护机制。联合国教科文组织2001年在《世界文化多样性宣言》中指出：

> 应当把文化视为某个社会或某个社会群体特有的精神与物质、智力和情感方面的不同特点之总和；除了文学和艺术外，文化还包括生活方式、共处的方式、价值体系、传统和信仰。

文化遗产的提出和认定，关键的问题在于促成对遗产所寓含的文化多样性和族群生活方式的价值观的保护和传承。① 显然，仅对藏族服饰本身进行保护是不够的。藏族服饰传承所依赖的生态环境、社会环境也应当受到重视，而服饰所蕴含的文化意义和传承作用，也需要给予充分的估量和肯定。

　　藏族服饰是藏族文化的显性标志，是藏族优秀的文化瑰宝。对这种绚丽多姿的服饰文化开展各种形式的宣传、展示，在更广的范围内让更多的人认识和了解，让更多的人加入保护的行列中来，也是对服饰保护的促进。同时，通过优美的艺术展示有利于激发藏民族自身的民族自豪感和民族意识，使他们热爱并传承本民族的传统服饰。2007 年，由容中尔甲和杨丽萍联手推出的大型原生态歌舞剧《藏谜》，应该是艺术展现和宣传藏族文化（包括服饰）的成功范例。② 舞场上他们身着传统的民族服饰，甚至有的服装完全就是他们在家乡所穿的衣服，在灯光、音乐的衬托下，藏家儿女将藏族的歌舞发挥到极致。无疑，这种艺术的展演对藏族服饰的传播和保护有着一定的启示意义。所以，藏族服饰的保护和继承，关键是要唤起藏民族对自己服饰文化的自觉，而这种"自觉"的形成大致来自两个方面：一是在经济发展过程中藏族同胞认识到了藏族服饰的重要作用，靠服饰的传承能改变经济状态，如旅游业所带来的经济发展；一是通过艺术的展示，能唤起这个民族对自身服饰的自豪感。

　　"文化"在经济发展中具有重要作用。藏族服饰是活态的文化，也是藏族聚居区重要的旅游资源。这里并不想过多探讨旅游对传统文化带来的挑战，以及传统服饰"失真"和"变异"的问题。不可否认的是，旅游业的发展，为藏族传统服饰带来了现实需要，出于经济利益的驱动，人们购买民族服装，穿着并展示服饰文化，从物质和形式上保存了传统服饰。一些传统手工技艺在旅游的带动下焕发了新的活力，如腰带编织，过去都是为自己使用，现在也成为一种商品卖给游客。藏族服饰工艺的衰落，就是因为没有市场，不能以其谋生而导致后继无人。被称作"藏靴之乡"的青海省黄南州同仁县库乎乡江时加村，过

---

① 刘刚：《从空格人服饰所见西双版纳的文化多样性和世界文化遗产申报的阙疑——由西双版纳的事例说起》，见杨源等编：《民族服饰与文化遗产研究》，云南大学出版社 2005年版。

② 创作者以一个老阿妈去朝圣路上见闻为故事线索，再现了藏家儿女劳动、生活等一个个美丽的场景，在舞台灯光映衬下，藏族服饰显现出了鲜活的艺术魅力：长长水袖、别致辫筒、硕大银盾，以及五彩"邦典"、飘着红穗的英雄结、艳丽鲜活的色彩、满身披挂的饰物，无不映现出远古图腾的遗迹、奇风异俗和古老的宗教，它那独特韵味给观众留下了深刻印象。

去 60% 以上的男子会做藏靴,所做的"算巴"外形美观、经久耐用,产品远销青海、西藏、甘肃等地区。近年来,多数的农区和牧区群众很少穿手工制作的皮靴,喜欢穿厂家生产的轻便且价格便宜的新款皮鞋。藏靴生产逐年减少,最后,制鞋的老人们也不得不告别传统的制靴工艺。所以,保护要与开发结合起来,以合理利用来促进保护。西藏的藏装以及服饰手工艺品的开发已迈出尝试的步伐。笔者在西藏调查时看到一些服饰用品被制作成了精美、独具个性的手工艺品(彩图 35),店主告诉笔者"外国人就喜欢买这个"。这种商业行为对传统既有保留也有改变,这种改变使手工技艺有了生存空间,而且可以传承下去。不难设想,如果在市场调查的基础上,针对旅游者需求设计好不同层次的产品,并做好游客消费理念的引导和市场营销,我们相信市场前景是看好的。镪鲁、邦典以及帽子等都可以开发成特色商品,像这样的开发符合保护的原则,能够使一些珍贵的服饰文化资源得到有效的保护和继承。

藏族传统服饰在现代化的冲击下面临发展的困境:太现代,那会失掉自己;太传统,则会停滞不前,不适应现代社会。变迁并不是传统文化及其内涵的全部丧失,只是在这种急速的变化过程中,传统因素更多地保留于精神层面的行为准则、价值观念、信仰体系之中。那么,如何在传统与现代之间寻找一个平衡点,一直以来都是民族传统文化保护、继承和创新中值得思考的一个问题,这也是世界性的难题。藏族服饰民族特色鲜明,款式多样,男装豪放潇洒、女装端庄典雅,体现了古朴超然之美,富丽豪华之气。虽然传统藏族服饰与现代快节奏的生活不相适应,穿着不便、笨重,装饰烦琐,工艺复杂,难于洗涤。但是,我们要看到,藏族传统服饰的形式与文化内涵与现代服饰理念之间不乏契合之处。藏族服饰崇尚自然,受早期自然崇拜的影响,他们的服饰中体现出与自然和谐的关系,服饰的色彩、图案以及原材料来源于大自然的启示和馈赠,藏族服饰中所散发的古朴、粗拙、随和的自然气息也正迎合了当代服饰设计中的环保意识、审美取向和对大自然的热爱之情。藏族服装极富表现力,其样式简朴、线条流畅、灵活方便的着装更易于表现人的身材和心灵,展现了一种无拘无束、个性化的风格。黑格尔认为"心灵的表现才是人的形体中本质的东西",他欣赏古希腊罗马服装就因为它是"体现人的自由精神的服装"。[1] 现代

---

① [德]黑格尔著,朱光潜译:《美学》第一卷,商务印书馆 1979 年版,第 212 页。

服饰设计主张以人为本，即人要成为服装的主人，衣服应以舒适、方便为宜，还要能够适应人的精神追求和展示人的内心世界。藏族服饰尤其是藏袍的多变风格与当代服饰发展趋势中的舒展、自由、个性的设计理念不谋而合。今天看来似乎服饰的变迁走向了与传统服饰的背离，消亡不可避免，其实不然。事实上，传统藏族服饰并没有从藏族民众的生活中消失，在部分地区还仍然有着存在的意义，因此，藏族服饰发展只能走传统与现代结合的必然之路。但是，值得注意的是，在政府有目的、有组织、有计划地引导服饰改革的过程，要遵循服饰自身发展的规律，人为盲目地改造是不起作用的。举一个例子：20 世纪 90 年代，拉萨掀起了一股"改良藏装潮"，男式藏袍裁成了两半，腰部改成了收腰式，女装领子仿西式服装改成了翻领、毛领或竖领式样，结果并没有推广开来①，而翻领式衣服却留在了小孩子的服装上，以显示其可爱。追求时尚是人类共有的审美需求，关键要看这种创新是否符合人们历史形成的审美习惯、文化心理和价值观念。而 20 世纪 80 年代，由印度传过来的无袖女袍（phu meng）却成为传统与现代服装款式相结合的典范，备受藏族女子的青睐，并很快推广到各地藏族聚居区②。可见，在藏族传统服饰变迁过程中一样会有选择，一样会有放弃，民族服饰的创新需要有被民族认同的基础。人们的这种着装心理反映了希望有一种能体现现代服装理念、适应时代需要的现代藏装的出现。近年来，拉萨、日喀则等地设立了民族文化艺术研究所，开设了民族服装生产的工厂和销售点，一些颇具民族特色的结合了现代审美观念的现代藏装应运而生。③ 在拉萨，很多藏族年轻女子喜欢那种融入现代服饰元素、时装化了的藏装，拉萨老城区的"超凡"藏装店经营流行的时装化的女式藏装，生意一直很好。一些产生于民间艺人手中的现代服装也体现了在传统特色基础上进行的创新和改进（彩图 36）。

---

① 笔者以为这种领形并不适应高原气候，外翻领作为一种装饰显得有点多余，历史上的藏服领形以立领、大襟挂领为主。吐蕃时期出现的三角形翻领，据推测也是圆领的一种变化，这些领形都是高原气候的要求，里面服装要求开口小，冷风不易进入，外面的服装则要方便穿脱以适应气候的变化，于是产生了无扣斜襟式。

② 笔者认为，无袖袍受到藏人喜爱的原因是它既有传统藏袍的样式风格，相比又更简洁、大方、美观，尤其在夏季，它的优越性便显露无遗，内外皆宜。这种袍裙前面上身留有藏服的大襟式样，但腰下合缝成管状形，左右两边各宽出裙约 30 厘米，腰间伸出的两长布条代替了腰带，将多出的裙部拴在后面形成多褶，配上色调淡雅柔和的衬衣，很能显出女子的窈窕身材。

③ 国务院新闻办公室：《西藏藏族服饰》，五洲传播出版社 2001 年版，第 174—190 页。

附　录

清前期藏族聚居区各地服饰一览表

地区	男		女		注
西藏所属卫藏阿尔喀木	男戴高顶红缨毡帽，穿长领褐衣，项挂素珠。		女披发垂肩，亦有辫发者，或时戴红毡凉帽，富家则多缀珠玑，以相炫耀。衣外短内长，以五色褐布为之，能织番锦毛氆，足皆履革。		
西藏巴哷喀木	男子戴白毡锐顶帽，上插鸟羽三枝，着红褐长领衣，皂袜朱履，胸佩护心小镜，时负番锦等物赴藏贸易。		妇女盘髻戴红绿布冠，额缀珠钿，领围绣巾，肩披红单，衣用各色褐布，外系缘边，褐裙束以锦带，跣足不履，亦有着革鞮者。		
阿里噶尔渡	番民帽高尺余，以锦与缎为之，帽缘不甚宽，顶缀纬。		番妇帽以珠下垂，前后如旒密遮面顶间，着圆领大袖衣，系褐裙，见官长不除帽，唯以右手指自额上念唵嘛牛者三。		

地区	男		女		注
河州土指挥韩雯所辖珍珠族	男子两耳垂环，皮帽褐衣。		女披发于背，裹以彩帛缀大小石珠，长衣大袖或加半臂，以红帕束之。		河州，今甘肃临夏。珍珠族为"河州十八族"中一支。
洮州土指挥杨声所辖卓泥多族番民番妇	衣服与河州之珍珠族番民相仿。		妇人或以色布抹额，杂缀银饰其边，外番妇则多有粗服跣足者。		洮州，今甘肃临潭，卓泥，即卓尼。
庄浪土千户王国相等所辖华藏上札尔的等族番民番妇	番民毡帽红缨，衣长领褐衣。		女盘髻戴红毡尖顶帽，缀以砟碌后插金银凤钗，衣裙类，民妇而足履革靴，亦有披发，长衣者。		今天祝县，华藏族为"天祝三十六族"之一。
西宁县哆吧番民番妇	男子戴黄边红缨帽，衣十字花氆氇长领衣，常持数珠诵佛号。		妇人披发，约以青褐分垂之，缀水石镜为饰，衣藏布盘袄足履革靴，夏月亦或跣行。		哆吧，今湟中县多吧镇。

续表

地区	男		女		注
归德所番民	男缨帽褐衣。		妇披发戴帽，仍另以皮丝约发，缀珊瑚、玛瑙、银、铜等饰，左右双垂而中绺则长拖至足，衣色褐长衣。		今青海贵德。
文县番民	男帽插鸡翎，每家事毕常挟弓矢以射猎为事。		番妇以布抹额，杂缀珠石，衣五色褐布缘边衣，近亦多有效民间服饰者。		今甘肃文县。
龙安营辖白马路番民番妇	番民戴草帽，着羊裘，常负木柴入内地市易。		番妇辫发垂两肩，束以布或缀珠石，着缘边长衣花布半臂，颇知耕织。		今平武境内。
松潘镇属南坪营羊同各寨番民番妇	番民首戴皮帽，插雉尾，着缘边褐衣束带佩刀。		番妇垂发于肩，缀以珠石，长衫束带，跣足不履，项挂素珠，富者辄三四串，颇知纺绩。		今阿坝州南坪县。

地区	男		女		注
松潘镇中营辖西坝包子寺等处番民	番民薙发留辫，戴白毡缨帽，衣用羊皮以布缘之。		番妇发垂两辫，束以红帛缀螺蚌为饰，衣布褐缘边衣。		今阿坝州松潘县内。
松潘镇中营辖七步峨眉喜番民番妇	番民椎髻，耳贯大环，长领短衣，披羊皮。		番妇披发结辫，短衣布裙俱跣足。		今阿坝州黑水一带。
打箭炉	褚巴以绸缎氆氇为之，帽皆贩自藏，冬戴狐皮猞猁、夏戴锦帽，缘饰蟒缎或片锦、亦丝缨，间以獭皮覆顶上，腰佩刀、足着康，穿左耳，戴红珊瑚或绿松石。		平分其发作两辫，以红哈达互交于顶，中列银盘，饰以珊瑚、绿松石、蜜蜡、银钱，复以砗磲如髻悬于后身，内着无袖短衣，外披小方单，系百褶裙，足亦着康，其富者背大革带，缀珠宝炫耀。		今康定。
密纳克番人	男子戴圆顶毡盔，着窄袖绵甲，背负钱板，胫里行縢，赤足不履，出入必佩利刃，弯弓挟矢以射猎为事。		妇女披发后垂，蒙以青帛，缀珠为饰，耳戴大环，系青丝三绺，着三截缘边褐衣五色花袖，而肩背间交繁青红帛布，亦杂缀以珠石。		今甘孜州雅江木雅藏族。

续表

地区	男		女		注
威茂协辖瓦寺土司宣慰司番民番妇	番民衣服与内地相似。		妇女挽髻裹花布巾，长衣摺裙。		今阿坝州汶川县草坡乡。
威茂协辖杂谷各寨番民	番民戴布帽，耳缀铜环，衣褐佩刀。		番妇辫发接红牛毛盘之，以珊瑚松石为饰，短衣长裙，习织毛褐。		今阿坝州理县。
威茂协辖小金川番民番妇	番民椎髻毡帽，缀以豹尾，短衣摺裙身佩双刀。		番妇以黄牛毛续发作辫盘之，珊瑚为簪，短衣、革带、长裙，跣足往来负戴，亦知纺织。		
泰宁协属黎雅营辖木坪番民番妇	男薙发留辫，戴圆顶毡笠，着长衣披红偏衫。		番妇盘髻垂双辫于额前交挽之，着大领短衣，细摺长裙，拖绣带，勤于耕织。		今雅安宝兴县硗碛藏族。

地区	男		女		注
泰宁协属阜和营辖明正番民番妇	番民戴狐皮帽，耳缀大环、长衣、皮靴，常以铜合贮小佛像及经咒系肘腋间。		番妇拘髻，束以绛帛，杂缀珠石，戴狐皮缨帽，着大领短衣，细摺长裙，腰拖绣带，足履绣鞋，颇知纺织。		明正土司，治地打箭炉，今康定。
阜和营辖纳夺番民番妇	番民薙发留辫，戴深簷缨帽，染黄羊皮或虎皮镶之，衣毛褐及无面羊裘，束带、佩刀，以耕牧为生。		番妇披发，以松石为饰，耳缀大环，着短衣，系五色细摺裙，能织褐。		今西藏江达县境内。
阜和营辖德尔格特番民番妇	番民戴狐皮帽，着布褐长衣，佩刀。		番妇辫发以绛帕抹额，杂缀珠石，短衣长裙，前系缘边色帛一幅，能织褐。		今甘孜州德格、石渠一带。
巴塘、里塘番民番妇	番民皮帽，毛褐长衣，佩刀。		番妇辫发，续以牛毛缀珠石为饰，着大领长衣、五色布裙。		

续表

地区	男		女		注
阜和营辖革什咱番民番妇	番民戴羊皮帽，短衣短裙，外披毛褐，出入必佩刀执械。		番妇发绾双髻插铁簪长尺许，短衣长裙，颇习耕织。		治地，革什咱，今甘孜州丹巴县。
阜和营辖绰斯甲番民番妇	番民皮帽、褐衣、短裙、大带。		番妇披发垢面，耳缀大环，短衣长裙，足着革履。		治地，绰斯甲，今金川县观间桥。
阜和营辖霍耳章谷等处番民番妇	番民戴狐帽、着毛褐长衣，亦有衣帛者，革带、皮靴、驰马射猎。		番妇披发，系松石为饰，短衣长裙，前系幅布，能织褐。		今炉霍、甘孜一带。
阜和营辖春科番民番妇	与霍耳等处服饰相似，唯衣裘多有用虎皮者。				今石渠县内。

续表

地区	男		女		注
阜和营辖纳喇滚番民番妇	番民戴狐皮帽，耳缀大环，着毛褐长衣，佩刀。		番妇披发，抹以红帛结珠石为缨络垂之，着大领褐衣，系五色褐裙。		今新龙县内。
阜和营辖上下瞻对番民番妇	番民椎髻，戴黄羊皮帽，着毛褐长衣，佩刀。		番妇蓬首不栉，唯剪额发露面，亦缀珠石为饰，短衣长裙，能织毛褐。		今新龙县。
鹤庆等府古宗番民番妇	男子戴红缨黄皮帽，耳缀银环，衣花褐，佩刀系囊，着皮靴。		妇人辫发以珊瑚银豆为饰，着五色布衣裙，披花褐于背，足履革靴。		
龙巴	与古宗相同。				今尼西一带。"龙巴"，藏语意为山沟里的人。

　　说明：表中图像主要选自《皇清职贡图》。兹仅选取区域内极具代表性服饰，与表中所选相似者未列出。如威茂协辖沃日各寨番民服饰、河州土百户王车位所辖乩藏族番民服饰、洮州杨声所辖的吉巴等族服饰、威茂协辖金川服饰，等等。"龙巴"仍属藏族，选自余庆远（嘉庆年间）撰《维西夷人图》（维西傈僳族自治县志编委会办公室编印 1994年）。"阿里噶尔渡""打箭炉"选自马少云、盛梅溪（乾隆五十七年）著：《卫藏图识》（载于《近代中国史料丛刊》，文海出版社 1985 年版）。

参考文献

一、文献及著作

1. 魏征等：《隋书》，中华书局标点本，1973 年版。

2. 李延寿：《北史》，中华书局标点本，1974 年版。

3. 刘昫，张昭远：《旧唐书》，中华书局标点本，1975 年版。

4. 欧阳修：《新唐书》，中华书局标点本，1975 年版。

5. 杜佑：《通典》，中华书局 1988 年版。

6. 西藏研究室编辑部：《清实录藏族史料》，西藏人民出版社 1982 年版。

7. 王忠：《新唐书吐蕃传笺证》，科学出版社 1985 年版。

8. 苏晋仁等：《〈册府元龟〉吐蕃史料》，四川民族出版社 1981 年版。

9. 索文清等：《藏族史料集》（一）、（二）（三）、（四），四川民族出版社 1993 年版。

10. 松巴堪布·益西班觉著，蒲文成，才让译：《如意宝树史》，甘肃民族出版社 1994 年版。

11. ［意］伯戴克：《18 世纪前期的中原与西藏》，西藏人民出版社 1987 年版。

12. 拔塞囊著，佟锦华，黄布凡译注：《拔协》，四川人民出版社 1990 年版。

13. 《藏族简史》，西藏人民出版社 1985 年版。

14. 恰白·次旦平措等：《西藏通史·松石宝串》，西藏古籍出版社 2004 年版。

15. 丹珠昂奔：《藏族文化发展史》，甘肃教育出版社 2001 年版。

16. 《西藏志·卫藏通志》，西藏人民出版社 1982 年版。

17.《西藏图考、西招图略》，西藏人民出版社1982年版。

18. 巴俄·祖拉陈哇著，黄颢译：《贤者喜宴》，载《西藏民族学院学报》1983—1985年各期。

19. 格桑曲批译：《更敦群培文集精要》，中国藏学出版社1996年版。

20. ［法］石泰安著，耿昇译：《川甘青藏走廊古部落》，四川民族出版社1992年版。

21. 任乃强：《西康图经》，西藏古籍出版社2000年版。

22. 石硕：《藏族族源与藏东古文明》，四川人民出版社2001年版。

23. 张云：《上古西藏与波斯文明》，中国藏学出版社2005年版。

24. ［意］图齐著，向红笳译：《西藏考古》，西藏人民出版社1987年版。

25. ［法］石泰安著，耿昇译：《西藏的文明》，中国藏学出版社1999年版。

26. ［美］梅·戈尔斯坦著，杜永彬译：《喇嘛王国的覆灭》，中国藏学出版社2005年版。

27. ［法］石泰安著，耿昇译：《西藏史诗和说唱艺人》，中国藏学出版社2005年版。

28. ［意］图齐等著，向红笳译：《喜马拉雅的人与神》，中国藏学出版社2005年版。

29. ［奥地利］内贝斯基·沃杰科维茨著，谢继胜译：《西藏的神灵和鬼怪》，西藏人民出版社1993年版。

30. 王森：《西藏佛教发展史略》，中国社会科学出版社1997年版。

31. 班达仓宗巴·觉桑布著，陈庆英译：《汉藏史集》，西藏人民出版社1986年版。

32. 石硕：《西藏文明东向发展史》，四川人民出版社1994年版。

33.《中国地方志民俗资料汇编》西南卷（上、下），北京图书馆出版社1991年版。

34. 傅恒等编著：《皇清职贡图》，辽沈书社1991年版。

35. 久美却吉多杰编著，曲甘·完玛多杰译：《藏传佛教神明大全》，青海民族出版社2006年版。

36. 格勒：《论藏族文化的起源形成与周围民族的关系》，中山大学出版社1988年版。

37. 次仁央宗:《西藏贵族世家》,中国藏学出版社2005年版。

38. 萧腾麟:《西藏见闻录》,载丁世良等《中国地方志民俗资料汇编》西南卷(下),书目文献出版社1988年版。

39. 周霭联:《西藏纪游》,中国藏学出版社2006年版。

40.《西藏研究》编辑部:《西藏志·卫藏通志》,西藏人民出版社1982年版。

41. 余庆远:《维西见闻纪》,维西傈僳族自治县志编委会办公室编印1994年版。

42. 赵心愚等编:《康区藏族社会珍稀资料辑要》(上、下),巴蜀书社2006年版。

43. 周锡银等:《藏族原始宗教》,四川人民出版社1999年版。

44. 李永宪:《西藏原始艺术》,河北教育出版社2000年版。

45. 梁钦:《江源藏俗录》,华艺出版社1993年版。

46. 王恒杰:《迪庆藏族社会》,中国藏学出版社1995年版。

47. 赵吕甫:《云南志校释》,中国科学出版社1985年版。

48. 洲塔:《甘肃藏族部落的社会与历史研究》,甘肃民族出版社1996年版。

49. 刘勇等:《道孚藏族多元文化》,四川民族出版社2005年版。

50. 更敦群培:《更敦群培文集精要·白史》,中国藏学出版社1996年版。

51.(清)姚莹:《康輶纪行》,全国图书馆文献缩微复制中心1992年版。

52. 谢天沙:《康藏行》,工艺出版社1951年版。

53. 扎雅著,谢继胜译:《西藏宗教艺术》,西藏人民出版社1989年版。

54. 庄学本:《羌戎考察记》,四川民族出版社2007年版。

55. [英]路易斯·金、仁钦拉姆合著,汪今鸾译:《西藏风俗志》,商务印书馆1931年版。

56. 马少云等:《卫藏图识》,载沈龙云《近代中国史料丛刊》561辑,文海出版社1985年版。

57. 康定民族师专编写组编纂:《甘孜藏族自治州民族志》,当代中国出版社1994年版。

58. 崔丹:《嘉绒藏族史志》,民族出版社1995年版。

59. 陈家琎主编:《西藏地方志资料集成》第1集、第2集,中国藏学出版社 1999 年版。

　　60. 刘曼卿：《康藏轺征》（第二版），商务印书馆 1934 年版。

　　61. 黄淑娉等：《文化人类学理论方法研究》，广东高等教育出版社 1995 年版。

　　62. 庄孔韶主编：《人类学概论》，中国人民大学出版社 2006 年版。

　　63. ［美］威廉·A. 哈维兰著，瞿铁鹏等译：《文化人类学》，上海社会科学院出版社 2006 年版。

　　64. ［美］C. 恩伯，M. 恩伯著，杜杉杉译：《文化的变异——现代文化人类学通论》，辽宁人民出版社 1988 年版。

　　65. ［美］斯特伦著，金泽等译：《人与神——宗教生活的理解》，上海人民出版社 1991 年版。

　　66. ［美］F. 博厄斯著，金辉译：《原始艺术》，上海文艺出版社 1989 年版。

　　67. ［美］罗伯特·C. 尤林著，何国强译：《理解文化：从人类学和社会理论视角》，北京大学出版社 2005 年版。

　　68. 沈从文：《中国古代服饰研究》，上海书店 2002 年版。

　　69. 华梅：《人类服饰文化学》，天津人民出版社 1995 年版。

　　70. 王继平：《服饰文化学》，华中理工大学出版社 1998 年版。

　　71. ［美］玛里琳·霍恩著，乐竟泓等译：《服饰：人的第二皮肤》，上海人民出版社 1991 年版。

　　72. 中国民族博物馆编：《中国民族服饰研究》，民族出版社 2003 年版。

　　73. 杨源，何星亮主编：《民族服饰与文化遗产研究——中国民族学学会 2004 年年会论文集》，云南大学出版社 2005 年版。

　　74. 戴平：《中国民族服饰文化研究》，上海人民出版社 2000 年版。

　　75. 段梅：《东方霓裳解读中国少数民族服饰》，民族出版社 2004 年版。

　　76. 安旭：《藏族服饰艺术》，南开大学出版社 1988 年版。

　　77. 杨清凡：《藏族服饰史》，青海人民出版社 2003 年版。

　　78. 邓启耀：《民族服饰：一种文化符号　中国西南少数民族服饰文化研究》，云南人民出版社 1991 年版。

　　79. 杨阳编：《中国少数民族服饰赏析》，高等教育出版社 1994 年版。

80. 杨圣敏主编：《黄河文化丛书，服饰卷》，内蒙古人民出版社 2001 年版。

81. 韦荣慧编著：《中国少数民族服饰》，中国画报出版社 2004 年版。

82. 徐海荣：《中国服饰大典》，华夏出版社 2000 年版。

83. 看召草：《清代安多藏区服饰研究》（藏文版），甘肃民族出版社 2004 年版。

84. 何琼：《西部民族文化研究》，民族出版社 2004 年版。

85. 陈立明等：《西藏民俗文化》，中国藏学出版社 2003 年版。

86. 刘瑞璞，陈果，王丽绢：《藏族结构的人文精神：藏族古典袍服结构研究》，中国纺织出版社 2017 年版。

87. 白靖毅，徐蛲彤：《裳舞之南：云南（迪庆）藏族舞蹈与服饰文化研究》，中国纺织出版社 2015 年版。

88. 范晔：《后汉书：冉駹夷传》，中华书局 1965 年版，第 2858 页。

89. 戴平：《中国民族服饰文化研究》，上海人民出版社 1994 年版，第 1 页。

90. ［清］傅恒编著：《皇清职贡图：卷六》，辽沈书社 1991 年版。

91. 《嘉庆四川通志》，巴蜀书社影印本 1984 年版。

92. 格勒：《甘孜藏族自治州史话》，四川民族出版社 1984 年版，第 136 页。

93. ［美］克莱德·M. 伍兹著：《文化变迁》，何瑞福译，河北人民出版社 1989 年版，第 36 页。

94. 崔丹：《嘉绒藏族史志》，民族出版社 1995 年版，第 511 页。

95. 四川省编辑组：《四川省甘孜州藏族社会历史调查》，四川省社会科学院出版社 1985 年版，第 10 页。

二、图册

1. 张鹰主编：《服装佩饰》，重庆出版社 2001 年版。

2. 《中国藏族服饰》，北京出版社、西藏人民出版社 2002 年版。

3. 安旭，李泳编著：《西藏藏族服饰》，五洲传播出版社 2001 年版。

4. 李致主编：《中国·四川甘孜藏族服饰奇观》，四川人民出版社 1995 年版。

5. 杨源编著：《中国民族服饰文化图典》，大众文艺出版社 1999 年版。

三、调查资料

1. 《藏族社会历史调查》(1−6),西藏人民出版社1987年版。

2. 西南民族学院民族研究所:《草地藏族调查材料》,1984年铅印本。

3. 四川藏学研究所编:《嘉绒藏族研究资料纵丛编》,1995年铅印本。

4. 四川省编辑组:《四川省阿坝州藏族社会历史调查》,四川省社会科学院出版社1985年版。

5. 四川省编辑组:《四川省甘孜州藏族社会历史调查》,四川省社会科学院出版社1985年版。

6. 《嘉绒藏族调查材料》,西南民族学院民族研究所1984年编印。

7. 周锡银,冉光荣等整理:《白马藏人调查资料辑录》,四川省民族研究所1980年编印。

8. 康巴:《嘉绒藏族族源探索》,见《嘉绒史料集》。

四、论文

1. 安旭:《藏族服饰的形成和特点》,《民族研究》1980年第4期。

2. 宁世群:《论藏族的服饰文化和艺术》,《西藏艺术研究》1994年第1期。

3. 罗荣:《藏族服饰刍议》,《中央民族大学学报》1993年第3期。

4. 王尧:《吐蕃饮馔与服饰》,《中亚学刊》1987年第2期。

5. [匈] 西瑟尔·卡尔梅著,胡文和译:《七世纪至十一世纪西藏服装》,《西藏研究》1985年第3期。

6. [印] A. ch. 帕乃杰著,吕建福译:《佛教对藏族生活和文化的影响》,《西藏研究》1990年第3期。

7. 多尔杰:《嘉绒藏族服饰文化调查》,《中国藏学》1993年第2期。

8. 王一清:《甘南藏族服饰》,《甘肃民族研究》1990年第3期。

9. 刘夏蓓:《隆务河流域的藏族及其服饰文化》,《西北民族研究》1998年第1期。

10. 费孝通:《关于我国民族的识别问题》,《中国社会科学》1980年第1期。

11. 伊尔,赵荣璋:《藏民族的崇白习俗及其审美属性》,《黑龙江民族丛刊》1999年第1期。

12. 姚兆麟：《藏族文化研究的新贡献——评〈藏族服饰艺术〉兼述工布"古休"的渊源》，载《西藏研究》1990 年第 2 期。

13. 仁真洛色等：《藏族服饰的区域特征及其文化内涵》，载杨岭多吉主编：《四川藏学研究·四》，四川民族出版社 1997 年版。

14. 李涛：《藏族服饰的流变与特色》，《西藏民俗》1994 年第 4 期。

15. 魏新春：《藏族服饰文化的宗教意蕴》，《西南民族大学学报》2001 年第 1 期。

16. 桑吉才让：《藏族服饰的地域特征及审美情趣》，《青海师专学报》2003 年第 4 期。

17. 李玉琴：《藏族服饰区划新探》，《民族研究》2007 年第 1 期。

18. 桑吉卓玛：《藏族民间美容美发洗涤除味法》，《民俗研究》1995 年第 1 期。

19. 先巴：《湟中藏族妇女头饰"哈热"》，《青海民俗研究》1990 年第 4 期。

20. 乐天：《青海藏族服饰文化》，《青海民族研究》1995 年第 1 期。

21. 拉毛措：《青海藏族妇女服饰》，《中国藏学》2001 年第 1 期。

22. 陈亚艳：《浅谈青海藏族服饰蕴藏的民族文化心理》，《青海民族研究》2001 年第 2 期。

23. 叶玉林：《天人合一　取法自然——藏族服饰美学》，《西藏艺术研究》1996 年第 3 期。

24. 吴俊荣：《西藏各教派所尚服色与中央王朝服色制度的关系》，《西藏研究》1988 年第 2 期。

25. ［日］上村六郎：《西藏的毛织物——以氆氇为主题》，《衣的生活研究》37 号 1977 年第 11 期。

26. 刘睿萍等：《藏族服饰的风格特征及其文化内涵》，《服装设计师》2001 年第 5 期。

27. 周润年：《青海玉树藏族服饰》，《中央民族大学学报》1993 年第 5 期。

28. 何周德：《试析藏族绘面习俗》，《西藏研究》1996 年第 3 期。

29. 张鹰：《藏族人的装饰》，《西藏民俗》2004 年第 2 期。

30. 桑吉才让：《形成舟曲藏族服饰独特的结构式样的历史渊源及其艺术特

点》，《甘肃民族研究》1995 年第 3 期。

31. 姚兆麟：《工布及工布文化考述》，《民族研究》1998 年第 3 期。

32. 华锐·东智：《华锐藏区服饰的历史渊源及艺术特色》，《西北民族学院学报》2001 年第 3 期。

33. 叶星生：《西藏城镇与草原服饰及其图纹艺术》，《西藏民俗》1992 年第 2 期。

34. 郭登彪：《华锐藏族妇女发饰探源》，《青海民族研究》2006 年第 3 期。

35. 吕霞：《隆务河畔的藏族民间服饰及其审美意蕴》，《青海民族学院学报》2003 年第 1 期。

36. 董志强：《青海藏族服饰成因的初步探讨》，《青海师专学报》2003 年第 4 期。

37. 甘措：《湟水流域藏族服饰及其演变》，《青海民族研究》1999 年第 1 期。

38. 马宁：《舟曲藏族服饰初探——舟曲藏族服饰的分类及其文化内涵》，《西藏民院学报》2004 年第 4 期。

39. 旦秀英：《安多妇女服饰装饰艺术》，《西藏艺术研究》2001 年第 4 期。

40. 汤夺先：《论藏族人生仪礼中的头饰》，《中国藏学》2002 年第 4 期。

41. 李立新：《藏族服饰之佩饰艺术研究》，《国际纺织导报》2008 年第 6 期。

42. 袁姝丽等：《川西康巴藏族染织装饰纹样的分类及审美价值》，《西南民族大学学报》2004 年第 5 期。

43. 康·格桑益希：《藏族民间编织工艺》，《西北民族大学学报》2004 年第 5 期。

44. 张昌富：《嘉绒藏族的服饰艺术》，《西藏艺术研究》1998 年第 4 期。

45. 袁姝丽：《川西嘉绒藏族刺绣、纺织品的表现形式及造型特征》，《天府新论》2004 年第 5 期。

46. 李玉琴：《嘉绒藏族传统服饰变迁述论》，《西藏研究》2007 年第 1 期。

47. 何晏文：《我国少数民族服饰的主要特征》，《民族研究》1992 年第 5 期。

48. 次仁白觉著，达瓦次仁译：《藏传佛教僧服概述》，《西藏民俗》1995 年第 4 期。

49. 伊尔·赵荣璋：《藏传佛教格鲁派（黄教）的喇嘛及扎巴服饰》，《甘肃画报》2000 年第 2 期。

50. 吕霞：《隆务河畔的僧侣服饰》，《青海民族研究》2002 年第 1 期。

51. 森田登代子：《チベット自治区ンガリ、ツァン地方の女性の服飾》，《日本服飾学会誌》20 号，2001 年。

52. 冯汉骥，童恩正：《岷江上游的石棺葬》，《考古学报》1973 年第 2 期。

53. 德吉卓嘎：《试论嘉绒藏族的族源》，《西藏研究》2004 年第 2 期。

54. 陈汛舟：《略论历史上川西北地区的藏汉贸易》，《中国藏学汉文版》1990 年第 3 期。

55. 转引自：陈泛舟：《试论明代对川西北民族地区的政策》，《西南民族学院学报》1986 年第 1 期。

56. 凌立：《丹巴嘉绒藏族的民俗文化概述》，《西北民院学报》2000 年第 4 期。

57. 申鸿：《川西嘉绒藏族服饰审美与历史文化研究》. 2005.

五、网站

1. 中国网 http：//www. china. com. cn/.

2. 中国藏族民信网 http：//www. tibetanct. com/.

3. 拉卜楞网景 http：//gn. gs. vnet. cn/.

4. 舟曲在线 http：//www. gszhouqu. cn/.

5. 新华网甘肃频道 http：//www. gs. xinhuanet. com/.

后　记

本书是在博士论文的基础上修改和补充完成的。

笔者于 2005 年考入四川大学中国藏学研究所攻读博士学位，师从石硕教授。老师严谨的治学态度以及对学术的执着与热情令人钦佩。三年来，无论是专业知识的学习还是思维方式的启迪都使我受益匪浅。在我学习和开展这项研究的过程中，老师给予了很多的指导帮助，并在百忙之中为本书写序，勉励学生，谨此表示由衷的感谢！在多年的学习中，中国藏学研究所的霍巍教授、徐君教授及其他各位老师，如历史文化学院的陈廷湘教授、刘复生教授，四川省民研所袁晓文研究员、李锦研究员，北京服装学院杨源教授等都对我给予了诸多的关怀和指教，在此致以深深的谢意。

中国藏学研究中心张云研究员、中央民族大学曾国庆教授、四川省民族研究所李绍明研究员、四川大学冉光荣教授，以及西南民族大学杨嘉铭教授、张建世教授、吴建国教授等多位专家，对我的这一研究都提出过很好的建议和意见，在此表示诚挚的谢意。

多年来，笔者数次深入藏族聚居区实地考察，得到了当地政府和旅游文化局的大力支持和协助。他们是：西藏自治区旅游局、青海海北州人民政府、门源县人民政府、中甸旅游局、道孚县接待办、稻城旅游文化局、德荣旅游文化局、林芝旅游文化局、炉霍县旅游文化局、乡城旅游文化局、雅江旅游局等。在藏工作的鲍栋、曹彪林等同学提供考察便利，杨永红和美郎宗贞协助问卷调查；拉萨策墨林寺裁缝店的巴桑、姐德秀镇的边巴卓玛、中甸四方街藏装缝纫店的李正春师傅、理塘寺高僧昂旺泽仁和俄色·洛绒登巴活佛，还有不知名的藏族老乡的友好协助和配合，才使我能够得到丰富的一手资料；

西藏社会科学院次旺仁钦研究员、四川省民研所李星星研究员、成都市文物考古研究所的陈剑研究员无私地将其调查和收集的服饰图片提供给我参考。另外，西南民族大学的拉先博士帮助我解决藏文注音的困难，康定师专多杰老师协助我藏文资料的阅读，在此一并致谢。

时光荏苒，本书首版迄今已 10 年。由于研究的需要，笔者考察了四川大部分藏区，收集到了不少有关服饰的一手资料。四川藏族服饰与其他省区藏族服饰有共性也有其地方特性。因此，在校阅书稿时，得以对初版中存在的一些不准确表述和校对的疏漏给予修订，同时也将四川藏族服饰的研究内容以个案形式呈现丰富前面的研究。

时至 2 月底，才得知杨嘉铭先生辞世，实在让人震惊和悲痛，虽有疫情阻隔但不影响对他老人家的追思和悼念。先生一生潜心康藏研究，著述颇丰，涉历面广，包括历史、建筑、唐卡、格萨尔以及服饰艺术等。我在西南民族大学工作期间，感受到了先生对于后学晚辈的提携和帮助，曾两次有幸陪同先生深入阿坝藏区考察服饰和织绣，其音容笑貌历历在目。借此次再版机会，选取先生所拍部分服饰图片加入文中插图，以作为永久的纪念。

本书的这次出版，得到了中国书籍出版社的大力支持，为此表示深深的谢意。不足甚至错误之处，还望读者不吝指正。

李玉琴

2020 年 4 月 18 日于蓉城